普通高等教育"十四五"网络空间安全专业系列教材

数字图像处理实验教程

（Python 版）

武光利　徐世鹏◎主　编

张　静　李　燕◎副主编

中国铁道出版社有限公司

2023年·北京

内 容 简 介

本书针对高等学校数字图像处理课程编写，对数字图像处理技术进行理论讲解和编程实现，通过实现过程加深读者对理论知识的理解，同时能够提高读者的实际动手能力。全书共分10章，主要包括Python编程基础、数字图像处理基础、图像增强实验、图像复原实验、图像压缩实验、形态学图像处理实验、图像分割实验、手写文字识别实验、图像分类实验和目标检测实验等内容。

本书主要利用Python对数字图像相关知识点进行实现，每个实验详细给出了具体的环节，以帮助读者轻松掌握。本书遵从由简到难的原则，读者可在学习的过程中逐步提高自己的动手能力。

本书适合作为数字图像处理课程的实验教材，也可作为数字图像处理爱好者的参考书。

图书在版编目(CIP)数据

数字图像处理实验教程：Python版/武光利，徐世鹏主编. —北京：中国铁道出版社有限公司，2023.9(2024.7重印)
普通高等教育"十四五"网络空间安全专业系列教材
ISBN 978-7-113-30419-5

Ⅰ.①数… Ⅱ.①武… ②徐… Ⅲ.①数字图像处理-高等学校-教材 Ⅳ.①TN911.73

中国国家版本馆CIP数据核字(2023)第138753号

书　　名： 数字图像处理实验教程(Python版)
作　　者： 武光利　徐世鹏

策　　划： 潘晨曦　　**编辑部电话：**(010)51873135
责任编辑： 包　宁
编辑助理： 谢世博
封面设计： 郑春鹏
责任校对： 安海燕
责任印制： 樊启鹏

出版发行： 中国铁道出版社有限公司(100054，北京市西城区右安门西街8号)
网　　址： https://www.tdpress.com/51eds/
印　　刷： 北京铭成印刷有限公司
版　　次： 2023年9月第1版　2024年7月第2次印刷
开　　本： 787 mm×1 092 mm　1/16　**印张：** 14.75　**字数：** 368千
书　　号： ISBN 978-7-113-30419-5
定　　价： 45.00元

前　言

随着计算机技术的发展，数字图像处理技术被广泛应用于航空航天、通信工程、生物医学工程、工业和工程、军事公安等领域，成为人们日常生活中不可缺少的技术手段。

高等学校数字图像处理课程包含的内容较多，且大多数内容无法直观地理解，因此常见教材都采用理论结合实验的方式进行编写。目前在实验方面，多数教材都使用 MATLAB 软件实现图像处理的经典算法。相对于 MATLAB，Python 具有代码简短、可读性高、工具包多等特点，并且更契合于企业需求，因此本书以 Python 作为编程语言，对多个经典实验进行实现。

本书共分 10 章，内容包括 Python 基础知识、数字图像处理基础、图像增强实验、图像复原实验、图像压缩实验、形态学图像处理实验、图像分割实验、手写文字识别实验、图像分类实验、目标检测实验。

本书由武光利、徐世鹏任主编，张静、李燕任副主编，其中，第 1、2 章由武光利编写，第 3、4 章由李燕编写，第 5、6、7 章由徐世鹏编写，第 8、9、10 由张静编写。全书由武光利、徐世鹏进行统稿定稿，李燕和张静对部分章节进行了统稿。在编写过程中，王圣焘、唐惠莉、兰萍、何敏、许同杰、王星月、姚锐等参加了部分章节的编写和程序调试等工作。

本书编写过程中参考了大量的数字图像处理文献，对这些文献的作者表示诚挚的感谢。同时本书的编写得到了甘肃政法大学的大力支持，在此表示衷心的感谢。

由于编者水平有限，书中难免存在不足之处，望读者批评指正。

编　者

2023 年 6 月

目　录

第 1 章　Python 编程基础

Python 是当今主流的编程语言之一，是“一种解释性的、面向对象的、带有动态语义的高级程序设计语言”。它能简单而又高效地实现面向对象编程，同时拥有高效的高级数据结构。常见的数字图像处理所使用的编程语言是 MATLAB，但随着 Python 语言的发展，其基本能够实现所有 MATLAB 所能实现的数字图像处理功能。并且相对于 MATLAB 语言来说，Python 语言更简洁易懂。同时，Python 语言是开源代码，其拥有很多的开源社区，可以从中获取大量工具包和扩展库，能够比较容易地实现诸多功能。

本书利用 Python 语言的编程优势，结合数字图像处理基础知识，实现数字图像处理基础和扩展实验。本章主要对 Python 语言的基础知识进行介绍，为后续章节提供基础保障。

1.1　Python 安装

1.1.1　Anaconda 安装

在使用 Python 之前，需要对其进行下载和安装。常见的方法是从 Python 官网下载并安装，但该方法获得的是 Python 本身，并不包含使用到的其他工具包。因此，本书使用的方法是安装 Anaconda。Anaconda 是一个开源的 Python 发行版本，其在包含 Python 的同时集成了常用的 180 多个科学包及其依赖项，安装后能够满足基本的 Python 编程需求。

通常，从 Anaconda 官网下载合适的版本，主要考虑对应的 Python 版本，本书中的所有代码均在 Python 3 中编程实现。也可以在国内镜像网站（如清华镜像和阿里云镜像）下载，以便节省时间。下载后按照安装提示进行安装，建议大家不要安装在 C 盘。

1.1.2　PyCharm 安装

在安装好 Anaconda 后，其默认的编辑环境在操作系统的终端下进行，这增加了习惯使用界面操作的使用者的编程难度，因此需要选择合适的 IDE 实现编程。通常使用的有 PyCharm、Visual Studio Code、Sublime Text、JuPyter/IPython Notebook 等。综合考虑，本书选择 PyCharm 完成所有代码的编辑和实现。

PyCharm 安装包从其官网获取，然后进行安装。在选择安装包时需要注意选择合适的操作系统和版本。操作系统包括 Windows、Linux 和 macOS，按照实际选择即可。PyCharm 版本分为专业版（收费版）和社区版（免费版），选择社区版即可满足本书的所有编程，下载好合适的版本后，打开安装包，按照提示安装即可，注意尽量不要安装到 C 盘。

PyCharm 安装好之后需要进行环境配置，选择菜单栏中的 File→settings 命令，弹出“设置”窗口，选择项目代码，找到 Python 解释器，如图 1.1 所示。然后在解释器中选择自己刚才安装好的 Python。注意，这里的 Python 路径要选择正确，即在 Anaconda 目录下的 Python。

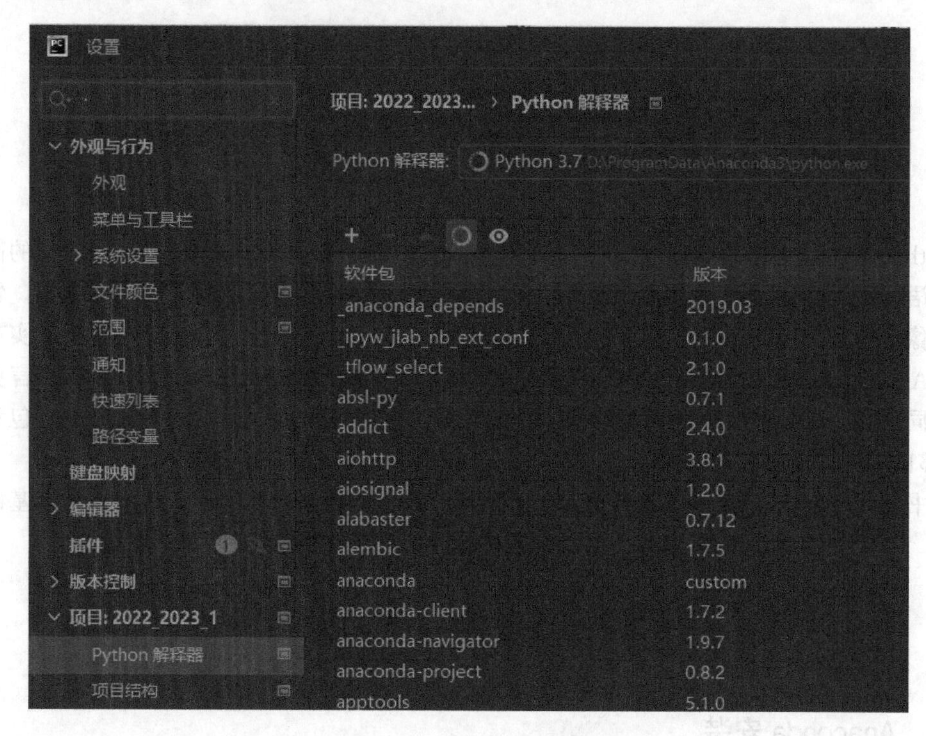

图 1.1 PyCharm 配置

1.2 Python 基本数据类型

Python 中的变量无须声明，但是在使用每个变量时都要赋值，这样才能完成创建。虽然变量没有类型，但是内存中的对象还是有类型的区别。Python 的标准数据类型有数字(Number)、字符串(String)、列表(List)、元组(Tuple)、集合(Set)、字典(Dictionary)。结合数字图像处理的需求，下面将对本书用到的相关知识点进行介绍。

1.2.1 数字(Number)

Python 基本包含了所有常见数字类型，包括 int、float、bool、complex 等。在使用时直接给变量进行赋值即可，不需要其他操作。示例代码如下：

```
a,b,c,d=10,0.5,True,3+0j
print(type(a),'',type(b),'',type(c),'',type(d),'')
```

结果如图 1.2 所示。

```
<class 'int'>  <class 'float'>  <class 'bool'>  <class 'complex'>
```

图 1.2 数据类型示例

不同类型数据之间可以进行转换,转换格式为:数据类型(待转换数据)。注意复数不能转换为 int 和 float 类型。示例代码如下:

```
a,b,c,d=10,0.5,True,3+2j
print(type(float(a)),'',type(int(b)),'',type(complex(c)),'',type(bool(d)),'')
```

结果如图 1.3 所示。

```
<class 'float'>   <class 'int'>   <class 'complex'>  <class 'bool'>
```

图 1.3 数据类型转换示例

Python 同样可以对数字进行运算,包括加(+)、减(-)、乘(*)、除(/)、幂运算(**)、整除(//)。示例代码如下:

```
a,b=20,10
print(a+b,'',a-b,'',a*b,'',a/3,'',a//3,'',a**3)
```

结果如图 1.4 所示。

```
30  10  200  6.666666666666667  6  8000
```

图 1.4 数据运算类型

1.2.2 字符串(String)

Python 中字符串一般使用单引号(')或双引号(")创建,将字符串直接赋值给变量便完成创建。示例代码如下:

```
st='Hello world!'
print(st)
```

结果如图 1.5 所示。

```
Hello world!
```

图 1.5 字符串创建示例

如果要获取字符串的子字符串,可以通过中括号[]对字符串进行单个元素的访问和截取,格式为:字符串[起始位置索引:终止位置索引],索引值以 0 位分界线,正数从前往后索引,负数从后往前索引。注意,Python 中的索引是从 0 开始,字符串截取时索引是左闭右开。示例代码如下:

```
st='Digital image processing'
print(st[4],'',st[0:2],'',st[-4:-2])
```

结果如图 1.6 所示。

```
t  Di  si
```

图 1.6 字符串截取示例图

1.2.3 元组(Tuple)

元组使用小括号()创建,元素之间用逗号隔开,也可以不用小括号。注意,元组的长度和内容都是固定不变的,当元组中包含一个元素时,需要在元素后面添加逗号,否则会被认为是运算符。示例代码如下:

```
tup1=(3,4,5)
tup2=1,2,3
tup3=(2,)
print(tup1,'',tup2,'',tup3)
```

结果如图1.7所示。

```
(3, 4, 5)  (1, 2, 3)  (2,)
```

图1.7 元组创建示例

元组中的元素也可以通过中括号[]获取,索引同样是从0开始,示例代码如下:

```
tup=(1,2,3,4,5,6)
print(tup[0],'',tup[4])
```

结果如图1.8所示。

```
1  5
```

图1.8 元组元素访问示例

可以使用"+"将元组进行连接,同时元素拥有count()方法计算元素出现的频率。示例代码如下:

```
tup1=(3,4,5)
tup2=(1,2,3)
tup3=tup2+tup1
print(tup3,'',tup3.count(3))
```

结果如图1.9所示。

```
(1, 2, 3, 3, 4, 5)  2
```

图1.9 元素操作示例

1.2.4 列表(List)

列表使用中括号[]创建,元素用逗号","隔开,元素的访问和字符串类似。与元组不同,列表的长度和内容可以修改。示例代码如下:

```
lis=['赤','橙','黄','绿','青','蓝','紫']
print(lis)
```

```
lis[2]='白'
print(lis)
print(lis[2],'',lis[-1])
```

结果如图 1.10 所示。

```
['赤', '橙', '黄', '绿', '青', '蓝', '紫']
['赤', '橙', '白', '绿', '青', '蓝', '紫']
白 紫
```

图 1.10　列表创建及访问示例

和字符串类似,列表可以利用切片实现,格式为:序列[起始位置索引:终止位置索引],依然服从左闭右开原则。同时,可以利用切片给其他变量赋值。示例代码如下:

```
lis1=['赤','橙','黄','绿','青','蓝','紫']
lis2=lis1[2:5]
lis3=lis1[-4:-1]
print(lis1)
print(lis2)
print(lis3)
```

结果如图 1.11 所示。

```
['赤', '橙', '黄', '绿', '青', '蓝', '紫']
['黄', '绿', '青']
['绿', '青', '蓝']
```

图 1.11　列表切片示例

1.2.5　字典(Dict)

字典也是一种可变容器模型,又称哈希表或者关联数组。字典使用大括号{}创建,包含键和值,是对应关系,成对出现且用冒号分隔,不同的键值对用逗号隔开。示例代码如下:

```
dic={'姓名':'张三','性别':'男','年龄':'20'}
print(dic)
```

结果如图 1.12 所示。

```
{'姓名': '张三', '性别': '男', '年龄': '20'}
```

图 1.12　字典创建示例

字典的访问和其他数据类型相似,只不过索引值是键,输出的是值。同时也可以通过这种方式修改字典中的元素。示例代码如下:

```
dic={'姓名':'张三','性别':'男','年龄':'20'}
print(dic['姓名'])
dic['姓名']='李四'
print(dic['姓名'])
```

张三
李四

图 1.13　字典访问示例

结果如图 1.13 所示。

1.2.6　集合(Set)

集合是一种无序且元素唯一的容器。可以使用大括号{}或 set()创建集合。注意创建空集合必须使用 set(),防止与创建字典混淆。示例代码如下:

```
se1={1,2,3,4}
se2=set([1,2,3,4])
print(se1,'',se2)
```

结果如图 1.14 所示。

{1, 2, 3, 4}　{1, 2, 3, 4}

图 1.14　集合的创建示例

1.3　常　用　库

丰富的 Python 库是 Python 的一大特色,它是具有相关功能模块的集合,为 Python 使用者提供了极大便利。本书最常用的库包括 NumPy、OpenCV 和 Matplotlib。

1.3.1　NumPy

NumPy(Numerical Python)是 Python 的常见库,其能够存储和处理大型矩阵,支持高维度数组和矩阵的运算,使用非常广泛,在本书中也经常用到。

NumPy 的核心内容就是创建 N 维数组,N 是非负整数,数组的索引都是从 0 开始。本书中使用 NumPy 的导入方式为 import numpy as np,在创建数组时使用的格式是:

```
np.array(object,dtype=None,copy=True,orde=None,subok=False,ndmin=0)
```

其中,object 是数据或者嵌套的数组,dtype 是数组元素的数据类型,copy 是对象是否需要复制,order 是创建数组的样式,subok 是返回数组类型,ndmin 是指定生成数组的最小维度,除了 object 之外都有默认值,除非特殊需要,否则不特定赋值。有时有特殊需求,可以创建全 0 或者全 1 数组,也可以使用 arange 创建数组(创建格式:起始位置 start,终止位置 stop,步长 step),示例代码如下:

```
import numpy as np
num1=np.array([[1,2,3],[4,5,6]])
num2=np.zeros(2)
num3=np.ones(2)
num4=np.arange(0,5,2)
print(num1[0],'',num1[1],'',num2,'',num3,'',num4)
```

结果如图 1.15 所示。

```
[1 2 3]   [4 5 6]   [0. 0.]   [1. 1.]   [0 2 4]
```

图 1.15　NumPy 数组创建示例

创建好的数组有多种属性，常用的包括：ndim 秩，轴的数量或维度的数量；shape 数组的维度；size 数组元素总个数；dtype 数组中元素类型。示例代码如下：

```
import numpy as np
num=np.array([[[1,2,3],[4,5,6]],[[7,8,9],[10,11,12]]])
print(num.ndim,'',num.shape,'',num.size,'',num.dtype)
```

结果如图 1.16 所示。

```
3   (2, 2, 3)   12   int32
```

图 1.16　多维数组属性示例

切片和索引是数组重要的两个操作，其中切片和列表类似，可以基于 $0\sim n$ 下标进行索引。同时，切片和索引也可以用类似 arange 的格式实现。示例代码如下：

```
import numpy as np
num=np.arange(0,10,2)
print(num,'',num[0:4:2])
```

结果如图 1.17 所示。

```
[0 2 4 6 8]   [0 4]
```

图 1.17　数组切片和索引示例

NumPy 的数组中也包含了一系列对数组的操作，本书中常用的有修改数组形状和数组元素的添加与删除等，详情见表 1.1。

表 1.1　数组常见操作

操作	函数	描述
修改数组形状	reshape	不改变数据的情况修改形状
	flat	数组元素迭代器
	flatten	以一维的形式返回复制的数组，不改变原始数组
	ravel	以一维的形式返回数组，改变原始数组
数组元素的添加与删除	resize	返回指定形状的新数组
	append	将值添加到数组末尾
	insert	沿指定轴将值插入指定下标之前
	delete	删除某个轴的子数组，并返回删除后的新数组
	unique	查找数组内的唯一元素

1.3.2　Matplotlib

Matplotlib 是用于可视化的 Python 库，由于使用简单、代码清晰易懂，得到广泛使用。本书中使用的是该库中的pyplot,主要用于实现画布的创建、图片的读取、图片的展示、标签等功能。使用时该库的导入格式通常为:import matplotlib. pyplot as plt,pyplot 模块常见的功能见表 1.2。

表 1.2 pyplot 常见功能

实现功能	函数	描述
绘图	bar	绘制条形图
	barh	绘制水平条形图
	boxplot	绘制箱型图
	hist	绘制直方图
	his2d	绘制 2D 直方图
	pie	绘制饼状图
	plot	在坐标轴上画线或者标记
	polar	绘制极坐标图
	scatter	绘制 x 与 y 的散点图
	stackplot	绘制堆叠图
	stem	用来二维离散数据绘制(又称“火柴图”)
	step	绘制阶梯图
	quiver	绘制一个二维箭头向量图
图像处理	imread	从文件中读取图像的数据并形成数组
	imsave	将数组另存为图像文件
	imshow	在数轴区域内显示图像
坐标处理	axes	在画布(Figure)中添加轴
	text	向轴添加文本
	title	设置当前轴的标题
	xlabel	设置 x 轴标签
	xlim	获取或者设置 x 轴区间大小
	xscale	设置 x 轴缩放比例
	xticks	获取或设置 x 轴刻标和相应标签
	ylabel	设置 y 轴的标签
	ylim	获取或设置 y 轴的区间大小
	yscale	设置 y 轴的缩放比例
	yticks	获取或设置 y 轴的刻标和相应标签
画布处理	figtext	在画布上添加文本
	figure	创建一个新画布
	show	显示数字
	savefig	保存当前画布
	close	关闭画布窗口

1.3.3 OpenCV

在Python中，OpenCV是其绑定库Opencv-python，主要用来解决计算机视觉问题，导入格式通常为：import cv2。OpenCV可以实现多个功能，本书中常用的包括图像的基本操作、图像的运算、几何变换、图像平滑、形态学转换、图像阈值、图像的梯度、图像的轮廓等。

图像的基本操作包括图像的获取、保存、像素值的修改、属性的获取、通道的拆分与合并等；图像的运算包括算数运算（加法、减法、乘法、除法）和逻辑运算（与、或、非、异或）；图像的几何变换有图像的平移、镜像、放大、缩小、旋转等；图像的平滑是通过不同的方法和滤波器对图像进行卷积和滤波；形态学转换包括图像的腐蚀、膨胀、开运算、闭运算等；图像阈值包括简单阈值和自适应阈值等；图像的梯度包括Sobel算子、Scharr算子、Laplacian算子等；图像的轮廓包括轮廓的查找、图像的矩、图像的面积、图像的周长等。根据本书中的使用情况，表1.3给出了常用函数及其功能描述。

表1.3 OpenCV常见功能

实现功能	函数	描述
图像的基本操作	imread	从文件中读取图像的数据并形成数组
	imwrite	将数组另存为图像文件
	imshow	显示图像
	waitKey	等待用户按键触发
	namedWindow	创建窗口
	destroyWindow	关闭窗口
	destroyAllWindows	关闭所有窗口
	shape	获取图像形状
	size	获取图像像素数目
	dtype	获取图像数据类型
	split	拆分通道
	merge	合并通道
	cvtColor	颜色通道变换
图像运算	add	图像加法
	subtract	图像减法
	multiply	图像乘法
	divide	图像除法
	bitwise_and	图像按位与运算
	bitwise_or	图像按位或运算
	bitwise_not	图像按位非运算
	bitwise_xor	图像按位异或运算
图像几何变换	resize	图像扩展或缩放
	getAffineTransform	创建变换矩阵

续表

实现功能	函数	描述
图像几何变换	warpAffine	放射变换
	getRotationMatrix2D	图像旋转
	warpPerspective	透视变换
图像的平滑和锐化	filter2D	图像卷积
	blur	图像均值滤波
	boxFilter	图像盒子滤波
	GuassianBlur	图像高斯滤波(又称高斯模糊)
	getGuassianKernel	高斯核构建
	medianBlur	图像中值滤波(又称中值模糊)
	bilateralFilter	图像双边滤波
图像形态学转换	erode	图像腐蚀
	dilate	图像膨胀
	morphologyEx	图像开运算、闭运算、梯度、礼帽、黑帽
	getStructuringElement	结构化元素
图像阈值	threshold	图像简单阈值
	adaptiveThreshold	图像自适应阈值
图像的梯度	Sobel	Sobel 算子
	Scharr	Scharr 算子
	Laplacian	Laplacian 算子
图像的轮廓	Canny	图像 Canny 边缘检测
	findContours	查找轮廓
	drawContours	绘制轮廓
	moments	图像的矩
	contourArea	图像的面积
	arcLength	图像的周长
	approxPolyDP	图像的近似
	convexHull	图像的凸包
	isContourConvex	凸显过的凸性检测
	boundingRect	图像的边界矩形
	minAreaRect	旋转的边界矩形
	boxPoints	图像角点获取
	minEnclosingCircle	图像最小外接圆
	ellipse	图像旋转边界内切圆
	fitLine	图像直线拟合
	fitEllipse	图像椭圆拟合

续表

实现功能	函数	描述
其他常用函数	calcHist	绘制直方图
	equalizeHist	直方图均衡化
	normalize	直方图归一化
	dct	离散余弦变换
	pyrUp	图像上采样(可用于创建图像金字塔)
	pyrDown	图像下采样(可用于创建图像金字塔)

1.4 Python 编程

了解 Python 的基本数据类型和常用库后，还需要掌握 Python 的控制流语句和函数的定义，这样才能进行基本编程。

1.4.1 控制流语句

Python 程序设计中的控制语句有三种，分别为顺序、分支和循环。顺序结构是指按照程序语句的顺序，从上到下依次执行；分支结构是指执行下一步语句时有多个可选分支，要根据当前状态进行选择执行；循环结构是指在满足一定条件下的重复执行，直到不满足条件。

分支语句主要是指 if 条件语句，对条件进行判断，根据判断结果(True 或者 False)选择符合的分支语句执行。if 条件语句的基本格式如图 1.18 所示，有单条件语句和多条件语句，多条件语句中 elif 语句可以有多条。if 语句判断条件可以为大于(>)、小于(<)、等于(==)、大于或等于(>=)、小于或等于(<=)等，需要同时判断多个条件时可以根据需求选择与(or)和或(and)实现。

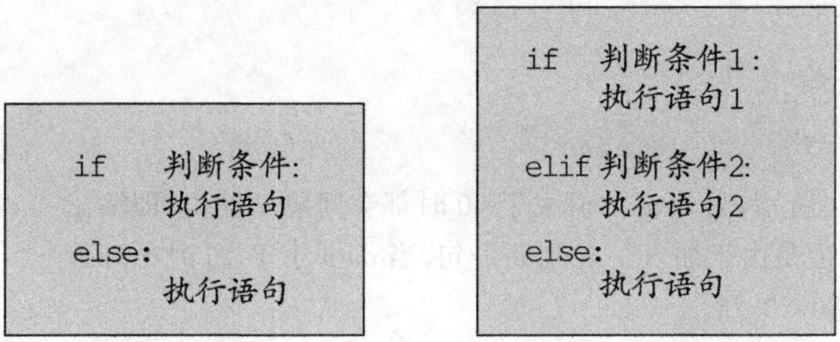

```
if    判断条件:
      执行语句
else:
      执行语句
```

(a) 单条件判断语句

```
if    判断条件1:
      执行语句1
elif 判断条件2:
      执行语句2
else:
      执行语句
```

(b) 多条件判断语句

图 1.18　if 条件语句格式

以学习成绩为例的多条件语句代码如下：

```
scor=75
if scor>=90:
    print('优秀')
elif scor>=80:
    print('良好')
```

```
elif scor>=70:
    print('中等')
elif scor>=60:
    print('及格')
else:
    print('不及格')
```

结果如图1.19所示。

中等

图1.19 if条件语句示例

Python提供了两种循环语句,while循环和for循环。while是判断给定的条件为True时执行循环,否则跳出循环。判断条件可以是任何表达式,任何非零、非空的值都为True,当判断结果为False时循环结束,其格式如图1.20(a)所示。for循环则是遍历序列的所有项目,遍历完成后退出循环,其格式如图1.20(b)所示。

```
while 判断条件:
    执行语句(块)
```

(a) while循环格式

```
for迭代变量 in可迭代对象:
    执行语句(块)
```

(b) for循环格式

图1.20 循环语句格式

循环除了正常结束外,还有两种终止循环的方法,即使用break和continue。break是终止循环,即使while循环判断结果为True或for循环没有遍历完所有元素,循环都会终止。示例代码如下:

```
data=80
while data>70:
    print(data)
    data-=2
    if data<75:
        break
```

结果如图1.21所示,当data的值大于60时都会间隔2输出,即输出80,78,76,74,72。但是由于加入了if判断语句,当data小于75时循环终止,因此只输出了80,78,76。

```
80
78
76
```

图1.21 break示例

continue则是跳过当前剩余语句,直接进行下一轮循环。示例代码如下:

```
for i in range(4):
    if i==2:
        continue
    print(i)
```

如图1.22所示,本来应该输出0,1,2,3四个数,但是由于当i值为2时执行了continue,跳过当次循环,结果2没有输出。

1.4.2　函数的定义

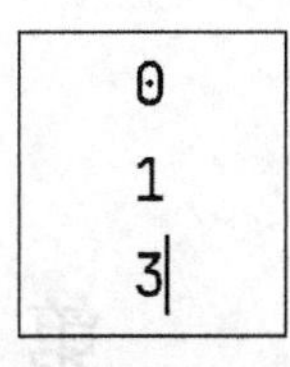

图 1.22　continue 示例

函数是具有特定功能的、可重复使用的代码段，能够提高程序的模块化和代码的复用率。Python 中除了很多内置函数，如 print()和 float()等，用户也可以根据需求自己编写函数，称为自定义函数。Python 中使用 def 关键字定义函数，函数名可以是除关键字之外的任何有效 Python 标识符，其格式如图 1.23 所示。

```
def函数名([形式参数列表]):
    函数体
```

图 1.23　定义函数格式

示例代码如下：

```
def add_num(scr1,scr2):
    return scr1+scr2
print('{}+{}={}'.format(10,15,add_num(10,15)))
```

给出了简单的定义函数的例子，利用自定义函数实现简单的加法运算，结果如图 1.24 所示。

```
10 + 15 = 25
```

图 1.24　自定义函数示例

习　题

1. 按照安装流程，在自己的计算机上配置好 Python 环境。
2. 练习数字、字符串、元组、字典、集合数据类型的创建、修改、转换等操作。
3. 学习 NumPy、Matplotlib、OpenCV 的基本操作。
4. 练习 Python 的控制流语句。

第 2 章　数字图像处理基础

数字图像处理包括数字图像的输入、输出、显示、点运算、代数运算和几何变换等。

2.1　图像的读取、显示和保存

2.1.1　图像的读取

数字图像处理的第一步便是图像的读取，常用的读取方法有两种，即利用 OpenCV 和 Matplotlib 读取。

使用 OpenCV 读入时，需要 imread( ) 函数实现，读入格式为：cv2. imread(文件名，标记符(flag))，文件名需要用单引号或者双引号括起来。标记符默认值为 1，表述读入彩色图像（通道顺序为 BGR）。当标记符设置为 0 的时，表示读入灰度图。示例代码如下：

```
import cv2
img1=cv2.imread('001.bmp')
img2=cv2.imread('001.bmp',0)
print(img1.shape,'',img2.shape)
```

结果如图 2.1 所示，从图中可以看到，当标记符使用默认值时，显示图像数据为三维数据，即彩色图像。而将标记符设置为 0 时，图像数据为二维数据，即灰度图。

```
(512, 512, 3)  (512, 512)
```

图 2.1　OpenCV 读入图片示例

还可使用 matplotlib. pyplot 中的 imread()函数实现图片数据的读入，格式为：matplotlib. pyplot. imread (文件名称，格式(format))，文件名需要用单引号或者双引号括起来。其中 format 为读入图像格式，通常使用默认值 None，表示读入图像格式由扩展名决定。与 OpenCV 读入不同，matplotlib. pyplot 读入的图像数据根据图片本身决定是彩色图还是灰度图。如果是彩色图，该方法读入的彩色图默认通道为 RGB。示例代码如下：

```
import matplotlib.pyplot as plt
img=plt.imread('001.bmp')
print(img.shape)
```

结果如图 2.2 所示，由于示例中采用的是彩色图片，所以读入的图片数据是三维数据。

(512, 512, 3)

图 2.2　Matplotlib 读入图片示例

2.1.2　图像的显示

读入的数字图像数据经过处理后，为了能够及时查看处理效果，需要对图像进行显示。和图像的读入相同，通常可以使用 OpenCV 和 matplotlib. pyplot 实现图像的显示。

使用 OpenCV 显示图像的格式为：cv2. imshow(显示名称，图像数据)，其中显示名称由自己命名(不能为中文)，需要用单引号或者双引号括起来。通常，在完成图片显示时，还需要搭配 waitKey()和 destroyAllWindows()函数。waitKey()是一个键盘绑定函数，它的时间尺度是毫秒级，即函数等待特定的几毫秒，看是否有键盘输入。通常将其值设定为 0，表示无限等待，直到使用者关闭显示窗口。destroyAllWindows()函数用于关闭所有打开的窗口，如果不全部关闭，可以使用 destroyWindow()函数实现，在括号中输入想要删除的窗口名即可。示例代码如下：

```
import cv2
img=cv2.imread('001.bmp')
cv2.imshow('001',img)
cv2.waitKey(0)
```

结果如图 2.3 所示。

同样，使用 matplotlib. pyplot 中的 imshow()函数可以实现图像的显示，常用格式为：matplotlib. pyplot. imshow(文件名，颜色图谱(cmap))，文件名需要用单引号或者双引号括起来，颜色图谱的默认绘制为 RGB 空间，如果要绘制灰度图，需要表明灰度空间(gray)。同时，最后还需要使用 show()函数完成显示。如果要给图片命名，可以使用 title()函数实现。示例代码如下：

```
import matplotlib.pyplot as plt
img=plt.imread('001.bmp')
plt.imshow(img)
plt.title('001')
plt.show()
```

结果如图 2.4 所示。

图 2.3　OpenCV 图片显示

图 2.4　matplotlib. pyplot 显示图像

说明：图 2.4 中纵坐标、横坐标数值分别代表图像像素点各方向位置，全书同。

通常为了能够对比处理前后图片的变化,需要将多张图片显示在一起,matplotlib.pyplot 中的 subplot()函数可以实现该功能。括号中一般输入三个整数(*abc*),表示将整个画布分为 *a* 行 *b* 列共 $a\times b$ 块,当前在第 *c* 块上作图,这三个数也可以用逗号隔开。示例代码如下:

```
import matplotlib.pyplot as plt
img=plt.imread('001.bmp')
img1=img+10
plt.subplot(121)
plt.imshow(img)
plt.title('original')
plt.subplot(122)
plt.imshow(img1)
plt.title('processed')
plt.show()
```

结果如图 2.5 所示。

图 2.5 subplot()函数绘图示例

有时候也需要将 OpenCV 处理过的数据用 matplotlib.pyplot 中 subplot()函数进行对比显示,这时需要注意两种方法读入彩色图后的通道顺序是不一样的,需要提前转换。使用 OpenCV 中的 cvtColor()函数实现,具体实现方法如下:

```
import cv2
import matplotlib.pyplot as plt
img=cv2.imread('001.bmp')
img=cv2.cvtColor(img,cv2.COLOR_BGR2RGB)
plt.imshow(img)
plt.title('001')
plt.show()
```

结果如图 2.6 所示。

图 2.6 通道顺序转换

2.1.3 图像的保存

图像的保存同样可以使用两种方法完成,使用 OpenCV

的一般格式为：cv2. imwrite(文件名，图像出具)，其中文件名要使用单引号或者双引号括起来；使用 matplotlib. pyplot 时一般格式为：matplotlib. pyplot. imsave(文件名)，其中文件名要使用单引号或者双引号括起来。

2.2 点 运 算

点运算是针对每个像素点上的灰度值进行运算，从而得到新的符合需求的图像。点运算是最简单最具有代表性的图像处理方法，该方法不改变图像像素点之间的位置关系，只修改像素点的灰度值，因此又称灰度变换。

从数学角度来看，点运算通常可以分为线性点运算和非线性点运算。

2.2.1 线性点运算

线性点运算是指像素点的灰度值的变换过程是线性变换，通常这种变换可以通过线性方程来描述，如式(2.1)所示。

$$s = ar + b \tag{2.1}$$

其中，s 为输出灰度值，r 为输入灰度值，a 和 b 为变换系数。线性关系可以通过图 2.7 表示。

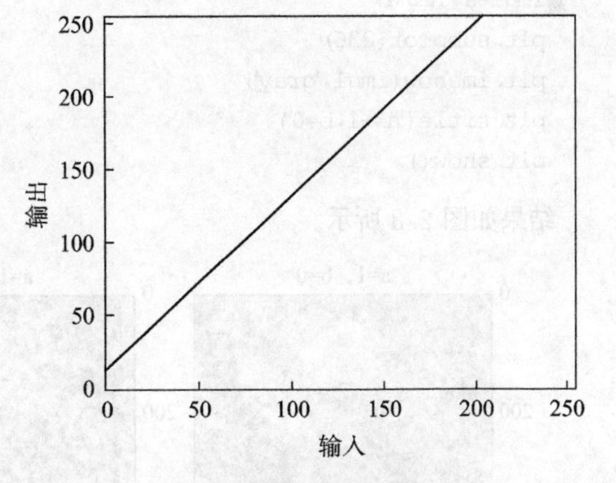

图 2.7 线性变换示意图

通过调整 a 和 b 的取值，可以得到不同的变换效果：

(1)当 $a=1,b=0$ 时，输入和输出相等，即输出原图像。

(2)当 $a=1,b>0$ 时，输出灰度值变大，图像整体变亮。

(3)当 $a=1,b<0$ 时，输出灰度值变小，图像整体变暗。

(4)当 $a>1$ 时，输出图像对比度增大。

(5)当 $0<a<1$ 时，输出图像对比度减小。

(6)当 $a<0$ 时，图像暗区变亮，亮区变暗，完成图像求补。

以下为调整 a 和 b 的示例代码：

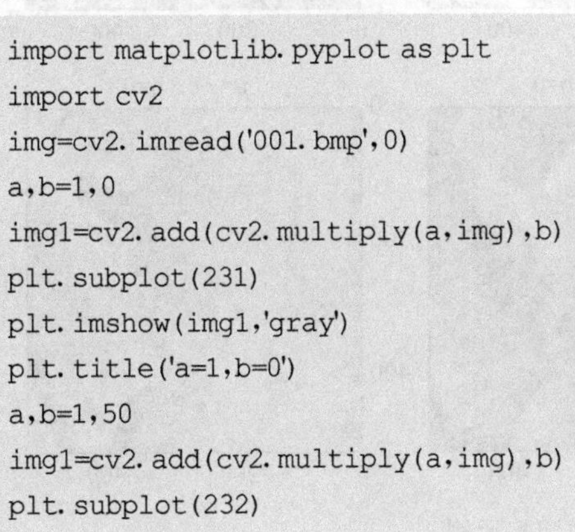

```
import matplotlib. pyplot as plt
import cv2
img=cv2. imread('001. bmp',0)
a,b=1,0
img1=cv2. add(cv2. multiply(a,img),b)
plt. subplot(231)
plt. imshow(img1,'gray')
plt. title('a=1,b=0')
a,b=1,50
img1=cv2. add(cv2. multiply(a,img),b)
plt. subplot(232)
```

```
plt.imshow(img1,'gray')
plt.title('a=1,b=50')
a,b=1,-50
img1=cv2.add(cv2.multiply(a,img),b)
plt.subplot(233)
plt.imshow(img1,'gray')
plt.title('a=1,b=-50')
a,b=1.5,0
img1=cv2.add(cv2.multiply(a,img),b)
plt.subplot(234)
plt.imshow(img1,'gray')
plt.title('a=1.5,b=0')
a,b=0.3,0
img1=cv2.add(cv2.multiply(a,img),b)
plt.subplot(235)
plt.imshow(img1,'gray')
plt.title('a=0.3,b=0')
a,b=-1,0
img1=a*img+b
plt.subplot(236)
plt.imshow(img1,'gray')
plt.title('a=-1,b=0')
plt.show()
```

结果如图 2.8 所示。

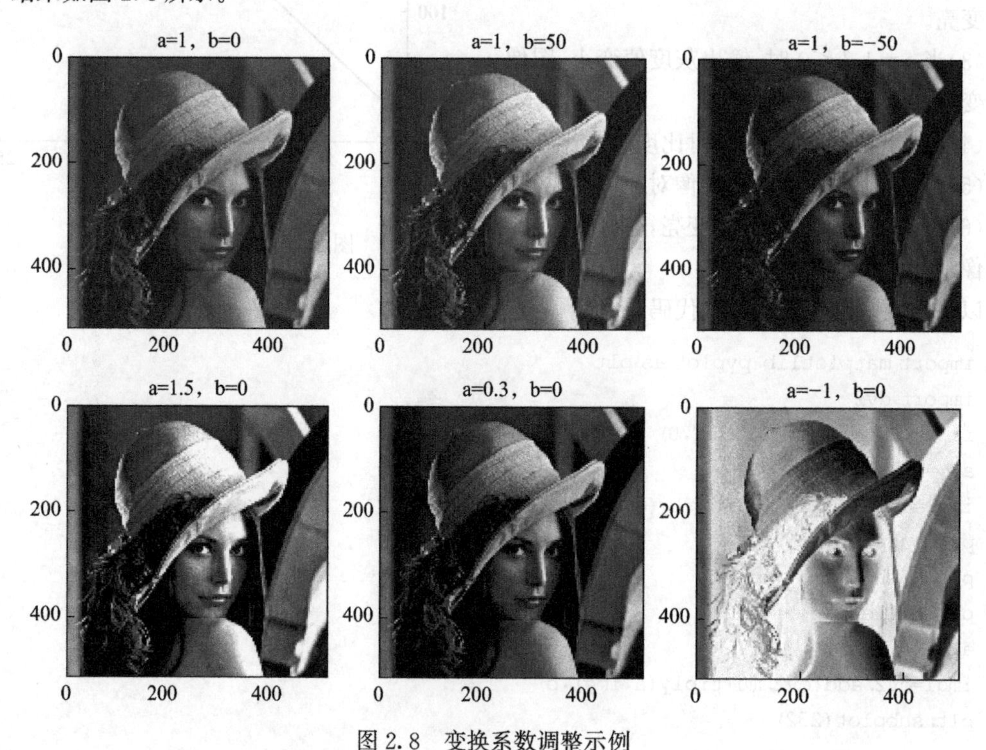

图 2.8 变换系数调整示例

2.2.2 非线性点运算

常见的非线性运算有两种,即对数运算和幂次运算。对数运算可以用式(2.2)表示:

$$s = c\log_2(1+r) \tag{2.2}$$

其中,s 为输出灰度值,r 为输入灰度值,c 为常数。对数变换曲线如图 2.9 所示,这里默认灰度值都是大于或等于 0。从图中可以看出,对数变换可以将灰度值低的区域进行拉伸,使图像暗区的灰度值增大,提高图像的亮度。

幂次变换可以用式(2.3)表示:

$$s = cr^{\gamma} \tag{2.3}$$

其中,s 为输出灰度值,r 为输入灰度值,c 和 γ 为正常数。幂次变换比对数变换更为复杂,根据 γ 值的不同,幂次变换会得到不同的结果。γ 值以 1 为分界线,当值大于 1 时可以产生和对数运算相同的结果,即将灰度值低的区域进行扩展,灰度值高的区域进行压缩,提高图像亮度。当 γ 值小于 1 时,将得到相反的结果,即灰度值高的区域进行扩展,将灰度值低的区域进行压缩,减小图像亮度。当 $c=\gamma=1$ 时,将是简单的线性变换,输入与输出相等。图 2.10 给出了 $c=1$ 时,γ 取不同值时的幂次变换曲线。从中可以看出,随着 γ 不断增大,变换结果逐渐由加亮减暗变成加暗减亮。

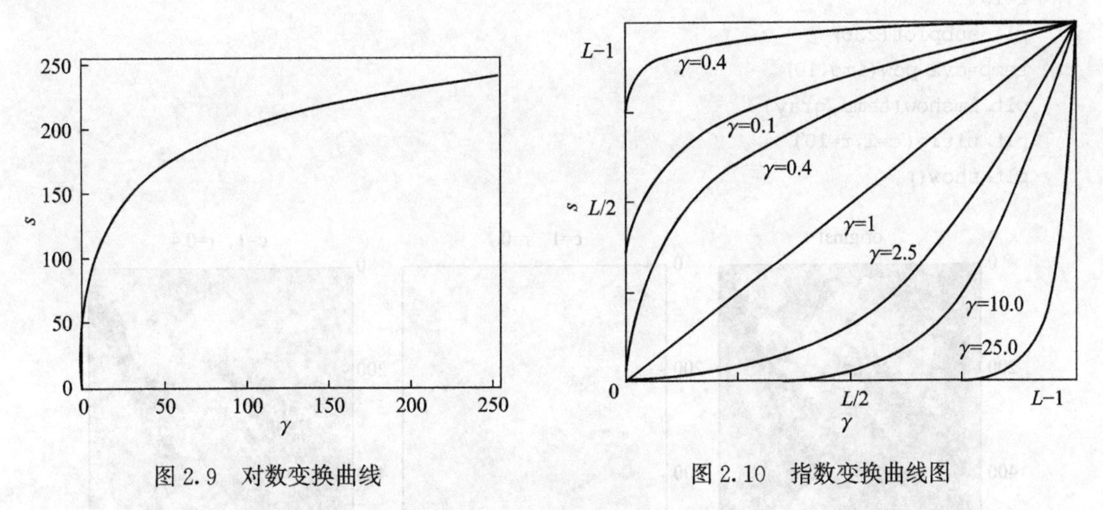

图 2.9 对数变换曲线

图 2.10 指数变换曲线图

图 2.11 给出了使用幂次变换对图像处理的结果,从中也可以看出与上面描述相同的结论。示例代码如下:

```
import cv2
import matplotlib.pyplot as plt
img=cv2.imread('001.bmp',0)
img=img/255
plt.subplot(231)
plt.imshow(img,'gray')
plt.title('original')
r=0.1
plt.subplot(232)
temp=cv2.pow(img,0.1)
```

```
plt.imshow(temp,'gray')
plt.title('c=1,r=0.1')
r=0.4
plt.subplot(233)
temp=cv2.pow(img,0.4)
plt.imshow(temp,'gray')
plt.title('c=1,r=0.4')
r=1
plt.subplot(234)
temp=cv2.pow(img,1)
plt.imshow(temp,'gray')
plt.title('c=1,r=1')
r=2.5
plt.subplot(235)
temp=cv2.pow(img,2.5)
plt.imshow(temp,'gray')
plt.title('c=1,r=2.5')
r=10
plt.subplot(236)
temp=cv2.pow(img,10)
plt.imshow(temp,'gray')
plt.title('c=1,r=10')
plt.show()
```

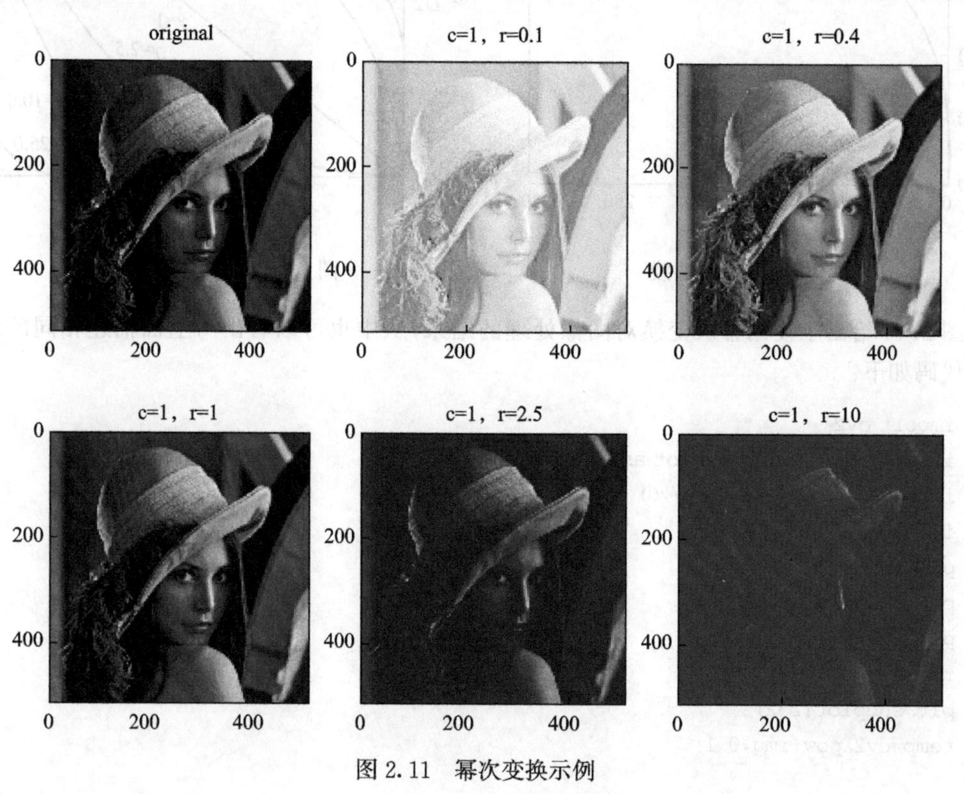

图 2.11　幂次变换示例

2.3 代数运算和逻辑运算

代数运算是对两幅或者两幅以上的图像进行加、减、乘、除运算，从而得到预期的结果。逻辑运算则包括与、或、非等，主要用于二值图像的处理，在图像理解与分析理解领域比较实用。

2.3.1 加法运算

加法的通用表达式如式(2.4)所示：

$$C(x,y)=A(x,y)+B(x,y) \tag{2.4}$$

其中，$A(x,y)$和$B(x,y)$为输入图像，$C(x,y)$为输出图像。

加法运算通常用来去除加性噪声，因为当噪声可以用一个独立分布的随机模型表示和描述时，就可以利用平均值方法减低信号的噪声。

假设当前存在某个静止场景或物体的多幅图片集合，如果这些图片都被随机噪声干扰，那就可使用加法进行一定程度的去噪。示例代码如下：

```
import numpy as np
import cv2
import matplotlib.pyplot as plt
img=cv2.imread('001.bmp',0)
img=np.array(img)
img.flags.writeable=True
img=img/255
img_n=GaussianNoise(img,0,0.05)
plt.subplot(131)
plt.imshow(img,'gray')
plt.title('原图')
plt.subplot(132)
plt.imshow(img_n,'gray')
plt.title('带噪声图片')
k=np.zeros([img.shape[0],img.shape[1]])
for i in range(100):
    j=GaussianNoise(img,0,0.05)
    k=k+j
k=k/100
plt.subplot(133)
plt.imshow(k,'gray')
plt.title('去噪后图片')
plt.show()
```

该示例中首先给读入的图片进行加噪，得到10幅带噪声的图片，然后将10幅图片加起来求平均，最后得到去噪后的图片，结果如图2.12所示。该示例中加入的噪声是高斯噪声，需要读者自己动手实现。

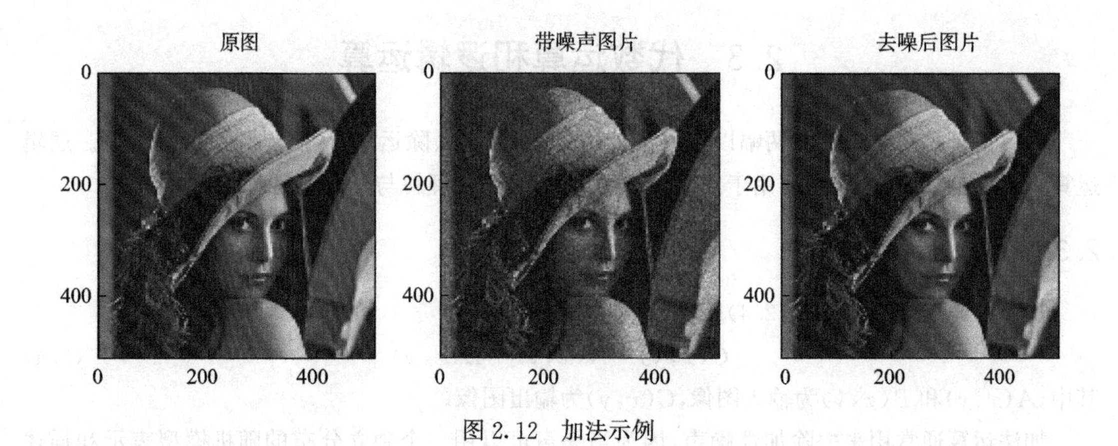

图 2.12 加法示例

2.3.2 减法运算

加法与减法相反,减法表达式如式(2.5)所示:

$$C(x,y)=A(x,y)-B(x,y) \tag{2.5}$$

常用来检测变化和运动的物体,又称差分运算。将同一景物不同时间拍摄的图像进行减法运算,可以实现对该区域的动态监测、运动目标检测和跟踪等操作。示例代码如下:

```
import numpy as np
import cv2
import matplotlib.pyplot as plt
img=cv2.imread('001.bmp',0)
img=img/255
img_n=GaussianNoise(img,0.1 ,0.05)
K=img_n-img
plt.subplot(131)
plt.imshow(img_n,'gray')
plt.title('有噪图像')
plt.subplot(132)
plt.imshow(img,'gray')
plt.title('原始图像')
plt.subplot(133)
plt.imshow(K,'gray')
plt.title('提取的噪声')
plt.show()
```

结果如图 2.13 所示,从图中可以看到通过减法运算,提取出了所加入的高斯噪声。

2.3.3 乘法运算

乘法运算表达式如式(2.6)所示:

$$C(x,y)=A(x,y)\times B(x,y) \tag{2.6}$$

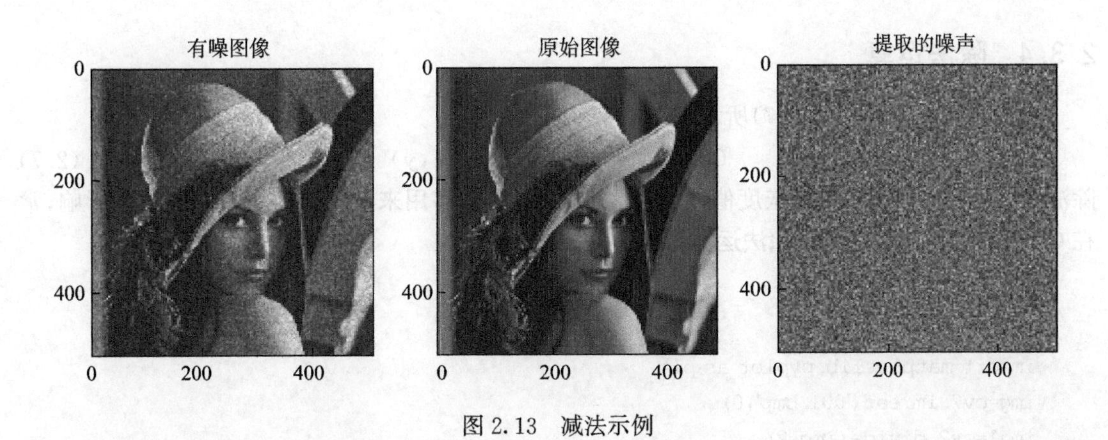

图 2.13 减法示例

乘法运算能够实现灰度值的改变,达到修改图像亮度的目的。乘法也可以用来获得掩模图像,将所需要留下的区域设置为 1,将不需要保留的区域设置为 0,这样就能够通过乘法运算获取图像的目标区域。同时,乘法运算也经常用来实现卷积或相关处理。乘法运算示例代码如下:

```
import numpy as np
import cv2
import matplotlib.pyplot as plt
img=cv2.imread('001.bmp',0)
img1=cv2.multiply(1.2,img)
img2=cv2.multiply(2,img)
plt.subplot(131)
plt.imshow(img,'gray')
plt.title('原始图片')
plt.subplot(132)
plt.imshow(img1,'gray')
plt.title('乘以 1.2')
plt.subplot(133)
plt.imshow(img2,'gray')
plt.title('乘以 2')
plt.show()
```

结果如图 2.14 所示,从结果可以看出,乘法运算修改了图像的亮度。

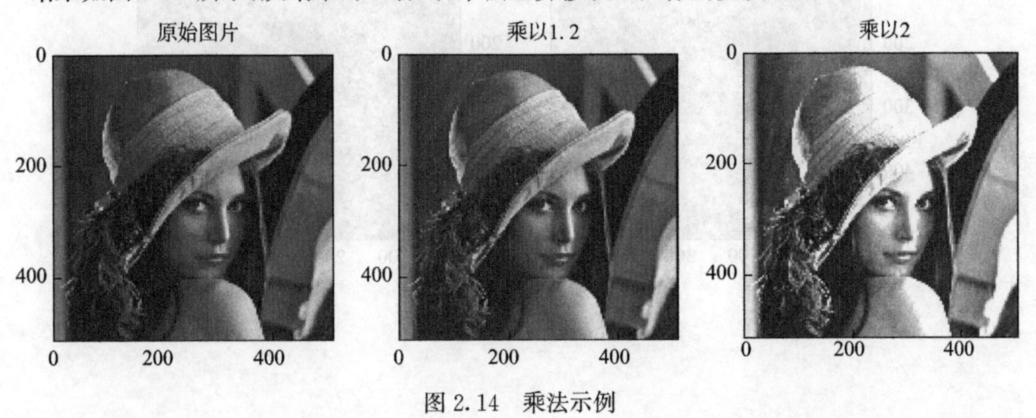

图 2.14 乘法示例

2.3.4 除法运算

除法运算表达式如式(2.7)所示：

$$C(x,y)=A(x,y)\div B(x,y) \tag{2.7}$$

除法运算也可以改变像素的灰度值，调整图像亮度。也能够用来校正成像设备的非线性影响，常在 CT 等医学图像中用到。除法运算示例代码如下：

```
import numpy as np
import cv2
import matplotlib.pyplot as plt
img=cv2.imread('001.bmp',0)
img1=cv2.divide(img,2)
img2=cv2.divide(img,4)
img3=cv2.divide(img,8)
plt.subplot(141)
plt.imshow(img,'gray',vmin=0,vmax=255)
plt.title('原始图像')
plt.subplot(142)
plt.imshow(img1,'gray',vmin=0,vmax=255)
plt.title('除以 2')
plt.subplot(143)
plt.imshow(img2,'gray',vmin=0,vmax=255)
plt.title('除以 4')
plt.subplot(144)
plt.imshow(img3,'gray',vmin=0,vmax=255)
plt.title('除以 8')
plt.show()
```

结果如图 2.15 所示。

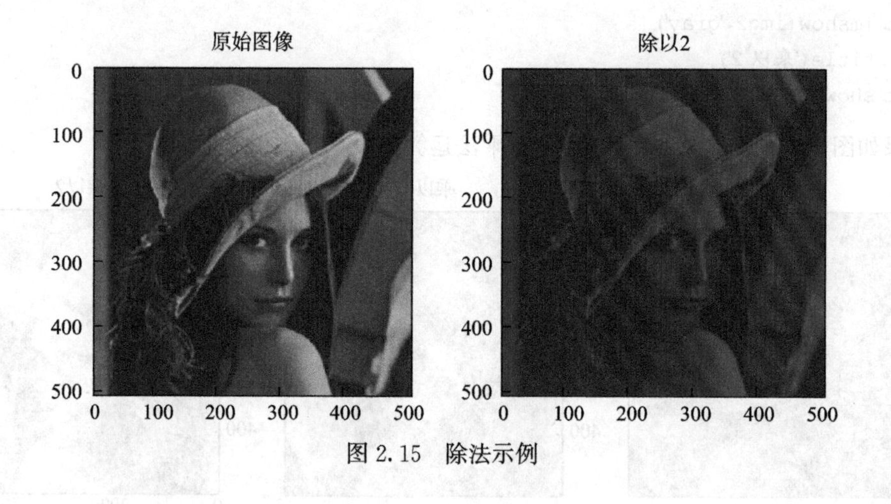

图 2.15 除法示例

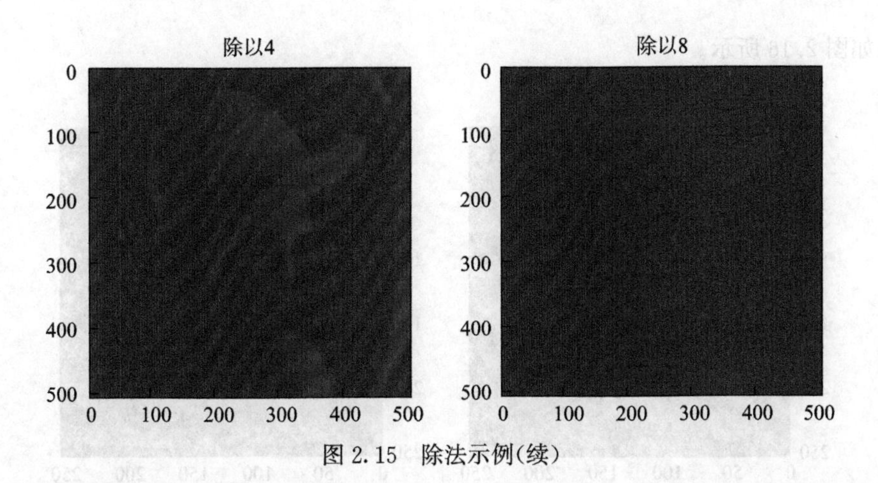

图 2.15　除法示例(续)

2.3.5　逻辑运算

常见的逻辑运算有与(and)、或(or)、非(not),主要是针对二值图像进行操作。在图像的信息隐藏中使用较多,用来获取图像的低位平面。在图像处理与分析中,也可以用来提取图像的兴趣区域或者重要区域。示例代码如下:

```
import cv2
from matplotlib import pyplot as plt
import numpy as np
A=np.zeros([256,256])
A[80:150,80:120]=1
plt.subplot(151)
plt.imshow(A,'gray')
plt.title('A 图',)
B=np.zeros([256,256])
B[50:100,50:100]=1
plt.subplot(152)
plt.imshow(B,'gray')
plt.title('B 图')
C=cv2.bitwise_and(A,B)
plt.subplot(153)
plt.imshow(C,'gray')
plt.title('A,B 相与结果')
D=cv2.bitwise_or(A,B)
plt.subplot(154)
plt.imshow(D,'gray')
plt.title('A,B 相或结果')
E=cv2.bitwise_not(A)
plt.subplot(155)
plt.imshow(E,'gray')
plt.title('A 图取反')
plt.show()
```

结果如图2.16所示。

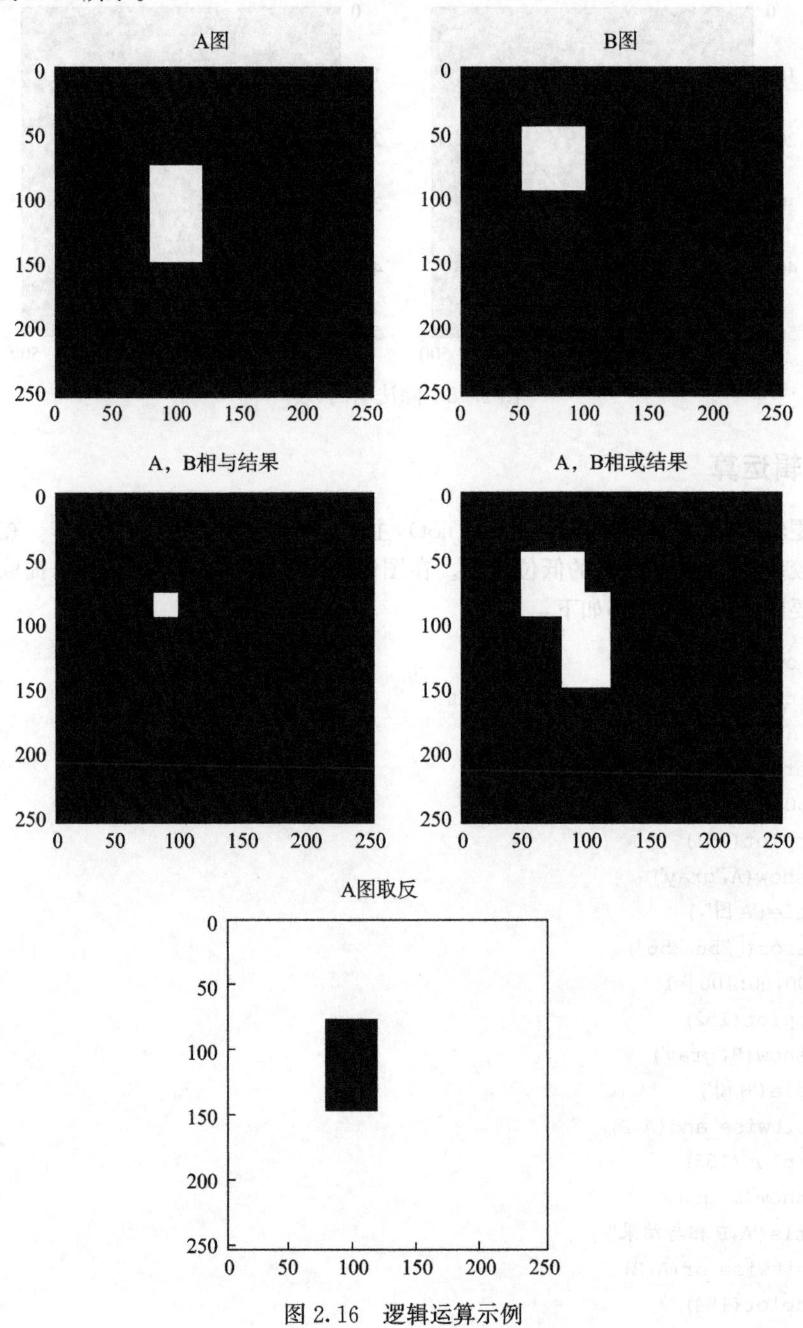

图2.16 逻辑运算示例

2.4 几何运算

几何运算又称几何变换，是数字图像处理重要的内容之一，它可以对像素的位置、图像的形状进行改变。几何变换可以用式(2.8)表示：

$$g(x,y)=f(u,v)=f(A(x,y),B(x,y)) \tag{2.8}$$

其中，$u=A(x,y)$，$v=B(x,y)$。几何变换的目的是通过对位置或像素值的改变，达到使用者预期的目的。应用领域广泛，如天气预报，卫星拍摄的遥感图片有各种角度的，为了能够有利于读懂和处理，就需要进行一定的平移、旋转、缩放等操作。

常见的几何变换可分为位置变换和形状变换。位置变换包括推想的平移、镜像和旋转，形状变换包括图像的放大和缩小。

2.4.1 图像的平移

图像平移是最简单也是最常用的图像几何变换之一，如图 2.17 所示。

设平移前像素点坐标为(x_0,y_0)，经过平移$(\Delta x,\Delta y)$后，得到新的坐标位置(x_1,y_1)，此时 $x_1=x_0+\Delta x$，$y_1=y_0+\Delta y$，可以用矩阵的方式表示为：

$$\begin{pmatrix} x_1 \\ y_1 \\ 1 \end{pmatrix}=\begin{pmatrix} 1 & 0 & \Delta x \\ 0 & 1 & \Delta y \\ 0 & 0 & 1 \end{pmatrix}\begin{pmatrix} x_0 \\ y_0 \\ 1 \end{pmatrix} \tag{2.9}$$

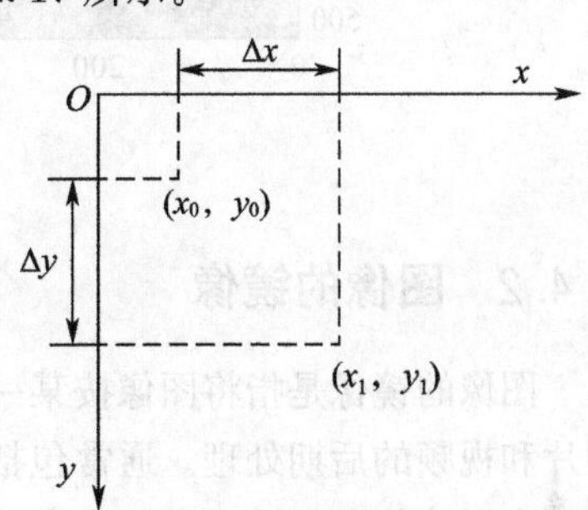

图 2.17 图像平移

当图像通过平移后，有些像素点在原图中没有对应的点，这时可以将像素值统一设置为 0 或者 255。图像平移示例代码如下：

```
import cv2
from matplotlib import pyplot as plt
import numpy as np
img=cv2.imread('001.bmp',0)
plt.subplot(121)
plt.imshow(img,'gray')
plt.title('原始图像')
[m,n]=  np.shape(img)
g=np.zeros([m,n])
a,b=20,20
for i in range(m):
    for j in range(n):
        if((i-a>0) and(i-a<m)and(j-b>0) and(j-b<n)):
            g[i,j]=img[i-a,j-b]
        else:
            g[i,j]= 0
plt.subplot(122)
plt.imshow(g,'gray')
plt.title('平移后的图像')
plt.show()
```

结果如图 2.18 所示。

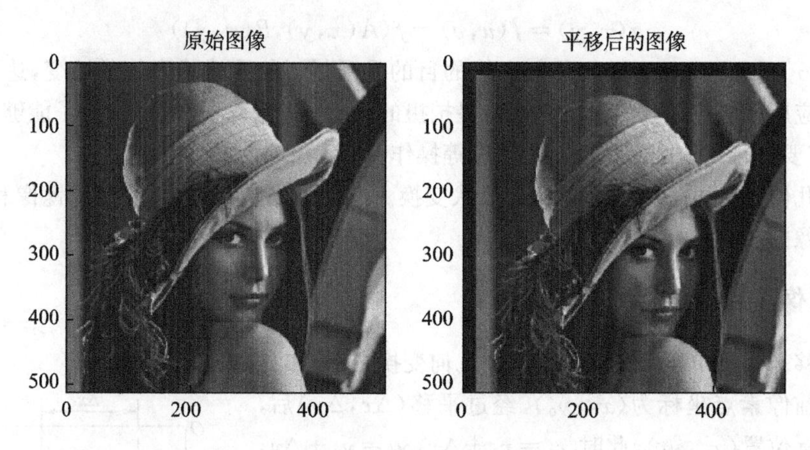

图 2.18 图像平移示例

2.4.2 图像的镜像

图像的镜像是指将图像按某一参照面进行 180°旋转，在人们日常生活中非常常用，如拍摄的图片和视频的后期处理。通常包括水平镜像和垂直镜像。

水平镜像是以垂直方向为参照面，将图像进行 180°旋转，即旋转后的图像和原图像可以以垂直方向为对称轴进行重合。变换公式如下：

$$\begin{pmatrix} x_1 \\ y_1 \\ 1 \end{pmatrix} = \begin{pmatrix} -1 & 0 & w \\ 0 & 1 & 0 \\ 0 & 0 & 1 \end{pmatrix} \begin{pmatrix} x_0 \\ y_0 \\ 1 \end{pmatrix} \tag{2.10}$$

其中，w 是图像的宽度。示例代码如下：

```
import cv2
from matplotlib import pyplot as plt
import numpy as np
img=cv2.imread('001.bmp',0)
plt.subplot(121)
plt.imshow(img,'gray')
plt.title('原始图像')
[m,n]=np.shape(img)
g=np.zeros([m,n])
for i in range(m):
    for j in range(n):
        g[i,j]=img[i,n-j-1]
plt.subplot(122)
plt.imshow(g,'gray')
plt.title('水平镜像后的图像')
plt.show()
```

结果如图 2.19 所示。

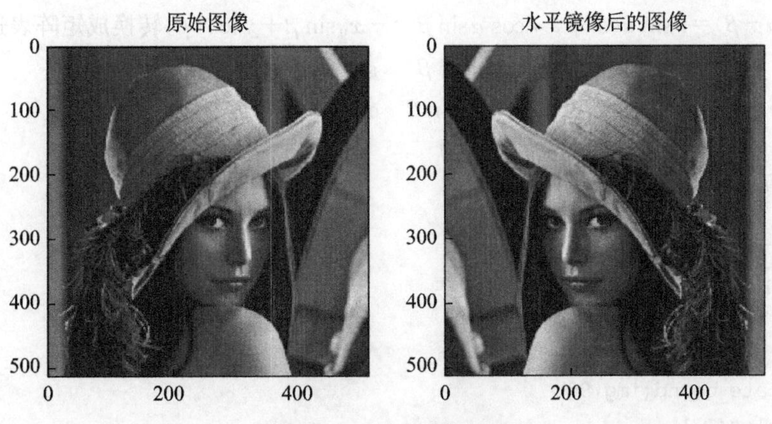

图 2.19　水平镜像示例

垂直镜像则是以水平方向为参照面，将图像进行 180°旋转。垂直镜像公式如下：

$$\begin{pmatrix} x_1 \\ y_2 \\ 1 \end{pmatrix} = \begin{pmatrix} 1 & 0 & 0 \\ 0 & -1 & h \\ 0 & 0 & 1 \end{pmatrix} \begin{pmatrix} x_0 \\ y_0 \\ 1 \end{pmatrix} \tag{2.11}$$

其中，h 是图像的高度。示例代码和水平镜像类似，只是在循环中将 g[i,j]＝img[i,n-j-1]改为 g[i,j]＝img[m-i-1,j]即可，结果如图 2.20 所示。

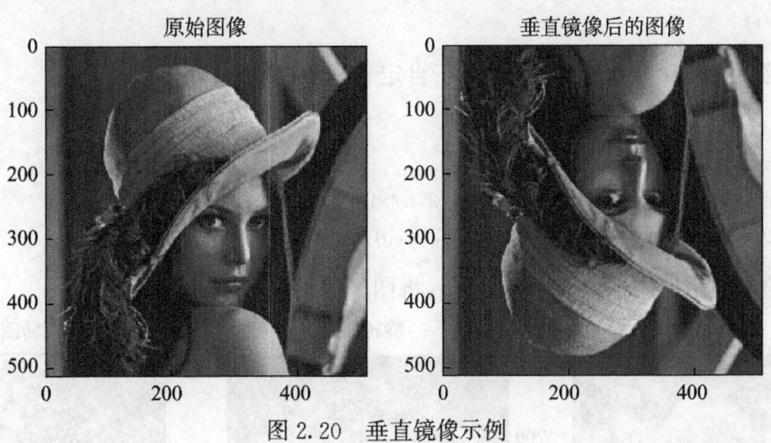

图 2.20　垂直镜像示例

2.4.3　图像的旋转

图像的旋转一般是指，以图像的中心为原点，图像上的像素进行任意角度的旋转。旋转之后，像素点位置发生变化，部分像素可能由于落在显示区域之外。这时如果想要显示全图，就要扩大显示区域。

通常图像的旋转采用极坐标的方式进行，设像素某点坐标为 $A_0(x_0, y_0)$，旋转后的坐标为 $A(x, y)$，转换成极坐标后的极角为 α，旋转角度为 β，极径为 r 如图 2.21 所示。

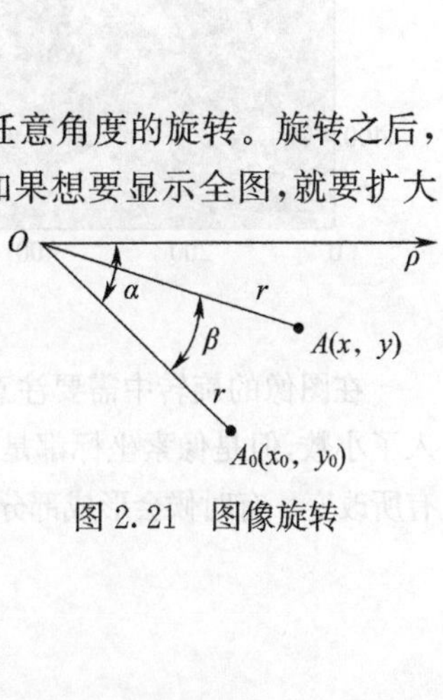

图 2.21　图像旋转

根据极坐标公式，可得 $x_0 = r\cos\alpha$，$y_0 = r\sin\alpha$。旋转 β 角度后获得新的位置 $x = r\cos(\alpha-\beta) = r\cos\alpha\cos\beta + r\sin\alpha\sin\beta = x_0\cos\beta + y_0\sin\beta$，

$y=r\sin(\alpha-\beta)=r\sin\alpha\cos\beta-r\cos\alpha\sin\beta=-x_0\sin\beta+y_0\cos\beta$,转换成矩阵表达式为:

$$\begin{pmatrix}x\\y\\1\end{pmatrix}=\begin{pmatrix}\cos\beta & \sin\beta & 0\\-\sin\beta & \cos\beta & 0\\0 & 0 & 1\end{pmatrix}\begin{pmatrix}x_0\\y_0\\1\end{pmatrix} \tag{2.12}$$

示例代码如下:

```
import cv2
from matplotlib import pyplot as plt
img=cv2.imread('001.bmp',0)
img1=rotate_bound(img,60)
img2=rotate_bound(img,90)
plt.subplot(131)
plt.imshow(img,'gray')
plt.title('原始图')
plt.subplot(132)
plt.imshow(img1,'gray')
plt.title('旋转图像')
plt.subplot(133)
plt.imshow(img2,'gray')
plt.title('旋转图像')
plt.show()
```

这里面用到了 rotate_bound()函数,属于自定义函数,其定义如下:

```
def rotate_bound(image,angle):
    (h,w)=image.shape
    M=cv2.getRotationMatrix2D((w/2,h/2),-angle,1.0)
    return cv2.warpAffine(image,M,(w,h))
```

图 2.22 给出了示例结果,从中可以看出,将图像分别旋转了 60°和 90°。

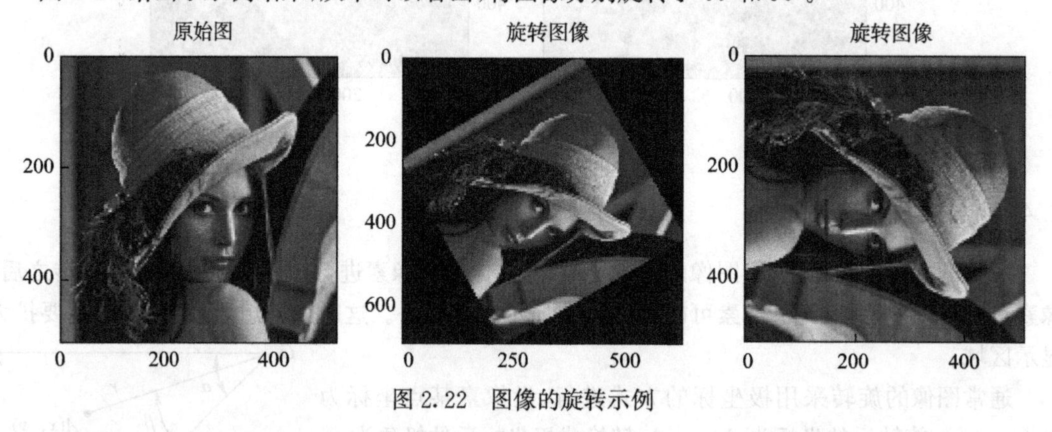

图 2.22 图像的旋转示例

在图像的旋转中需要注意,部分像素点可能会发生改变。这是由于计算时有三角函数的出现引入了小数,但是像素坐标都是整数,因此有个取整过程。这会导致有些位置没有取到,从而引起图像有所改变。有时候会形成部分空白点,这时需要对这些点进行插值处理,否则会影响图像的视觉效果。

2.4.4　图像的缩放

缩放是指按照一定的比例将图像进行缩小或者放大，从而获得一幅新的图像。缩放都是在纵向和横向两个方向，如果两个方向缩放比例相同，称为全比例缩放。如果两个方向缩放比例不相同，有可能会使图像发生畸变，降低图像的视觉效果。设图像中某点的坐标为 $A_0(x_0, y_0)$，缩放后坐标变为 $A(x, y)$，两个方向的缩放系数分别为 α 和 β，可得矩阵表达式为：

$$\begin{pmatrix} x \\ y \\ 1 \end{pmatrix} = \begin{pmatrix} \alpha & 0 & 0 \\ 0 & \beta & 0 \\ 0 & 0 & 1 \end{pmatrix} \begin{pmatrix} x_0 \\ y_0 \\ 1 \end{pmatrix} \tag{2.13}$$

其中，全比例缩放时 $\alpha=\beta$，当该值大于 1 时为放大，小于 1 时为缩小。

图像缩放时有可能出现新的位置像素点在原始图像中没有对应像素点，尤其是在图像放大时，需要进行插值处理。最简单的插值法就是最近邻插值法，是将最近点的像素值直接赋值给该像素点即可，但该方法在图像放大时可能会引起马赛克效应。另一种常用方法就是数学上的插值法，该方法能够获得更好的插值效果，但计算开销会增大。

图像的缩小相对简单，因为只需要按比例删减行或者列即可。但是在图像扩大时就需要考虑像素值的填充，需要选择合适的插值方法。图像全比例缩小的示例代码如下：

```
import cv2
from matplotlib import pyplot as plt
img=cv2.imread('001.bmp',0)
w,h=img.shape
plt.subplot(131)
plt.imshow(img,'gray')
plt.title('原始图片')
plt.subplot(132)
plt.imshow(cv2.resize(img,(int(0.5*w),int(0.5*h))),'gray')
plt.title('缩放系数为 0.5 图片')
plt.subplot(133)
plt.imshow(cv2.resize(img,(int(0.25*w),int(0.25*h))),'gray')
plt.title('缩放系数为 0.25 图片')
plt.show()
```

结果如图 2.23 所示，从图中可以看出，缩放系数越小图像质量越差。

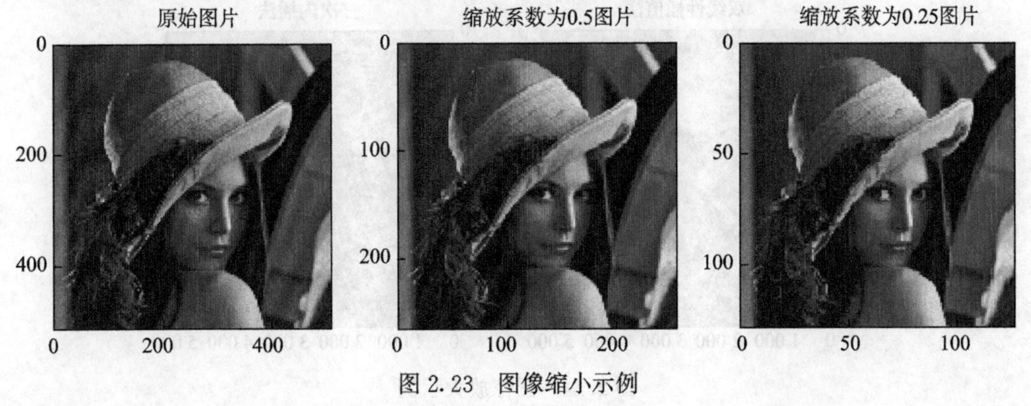

图 2.23　图像缩小示例

图像全比例放大的示例代码如下：

```
img=cv2.imread('001.bmp',0)
w,h=img.shape
img1=cv2.resize(img,(10*h,10*w),interpolation=cv2.INTER_NEAREST)
img2=cv2.resize(img,(10*h,10*w),interpolation=cv2.INTER_LINEAR)
img3=cv2.resize(img,(10*h,10*w),interpolation=cv2.INTER_CUBIC)
plt.subplot(141)
plt.imshow(img,'gray')
plt.title('原始图像')
plt.subplot(142)
plt.imshow(img1,'gray')
plt.title('最近邻法')
plt.subplot(143)
plt.imshow(img2,'gray')
plt.title('双线性插值法')
plt.subplot(144)
plt.imshow(img3,'gray')
plt.title('三次内插法')
plt.show()
```

结果如图 2.24 所示，该示例中用到的缩放系数为 10，然后用 3 种不同的插值方法进行了插值。从图中能够看出，三次内插法的插值结果应该是最好的。但是由于最终显示时画布的限制，该结果并不能很好地展示出来。

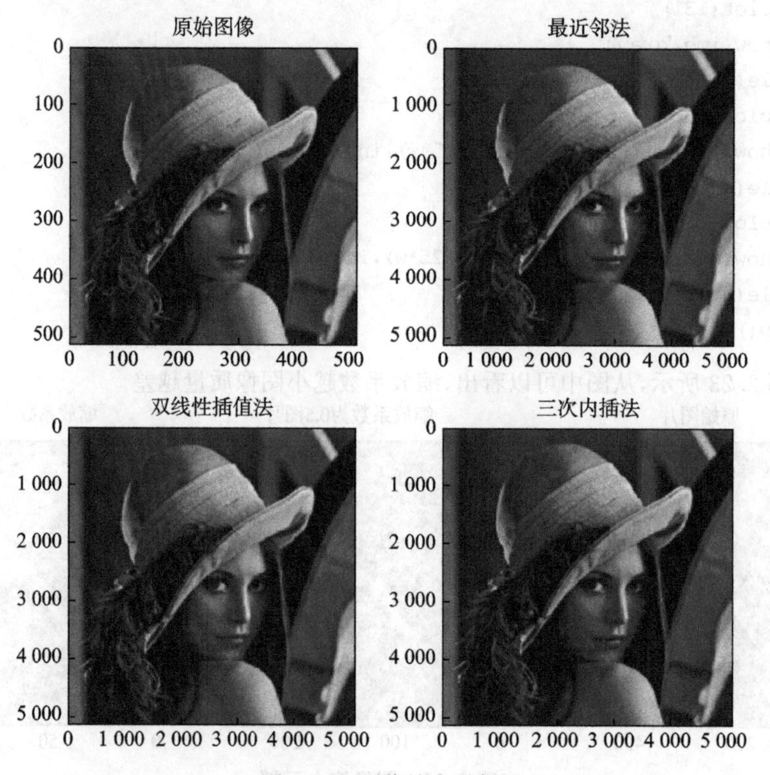

图 2.24 图像放大示例

2.5　灰度直方图

灰度直方图是图像灰度级分布的函数，是对灰度分布的统计。灰度直方图将图像中所有像素点按照其灰度级的大小，统计每个值出现的频率，可以用公式表示为

$$p(k)=\frac{n_k}{n} \tag{2.14}$$

其中，n 是像素点的个数，n_k 是 k 级像素点的个数，且满足：

$$\sum_{k=0}^{L-1} p(k)=1 \tag{2.15}$$

灰度直方图仅仅反映了图像灰度级出现频率的分布，但是不能反映出具体位置的分布，即不能由灰度直方图确定图像，所以存在不同的图像可能有同样的灰度直方图，但是一幅图像只能存在一个灰度直方图。同时，图像若分割成子图，则所有子图的直方图加起来就是原图像的直方图。图像直方图的示例代码如下：

```
import cv2
import matplotlib.pyplot as plt
img=cv2.imread('001.bmp',0)
plt.subplot(131)
plt.imshow(img,'gray')
plt.title('原图')
plt.subplot(132)
hist=cv2.calcHist([img],[0],None,[256],[0,255])
plt.plot(hist)
plt.title('灰度直方图 1')
plt.subplot(133)
plt.hist(img.ravel(),256,[0,256])
plt.title('灰度直方图 2')
plt.show()
```

结果如图 2.25 所示。图中分别用 OpenCV 和 Matplotlib 两个常用库获取图像的灰度直方图，可以看出两种方法画出的直方图一致。

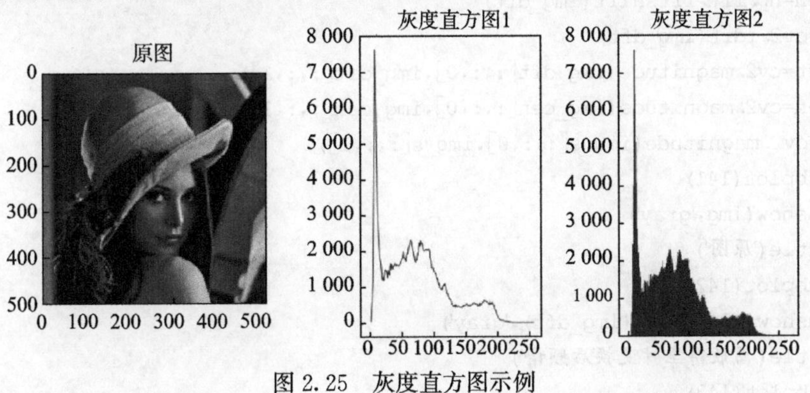

图 2.25　灰度直方图示例

说明：图 2.25 中直方图的纵坐标是 0 到 1 之间的值表示频率，如果大于 1 表示次数，横坐标表示级数，全书同。

2.6 图像变换

图像变换是将图像从空间域变换到变换域(频率域),从而在频率域对图像进行处理,可以实现某些在空间域无法实现的操作。通常在将图像变换到频率域处理完成后,还需要将其逆变换回来,否则处理后的图像无法正常显示。

常见的图像变换包括离散傅里叶变换和离散余弦变换等。

2.6.1 离散傅里叶变换

离散傅里叶变换是信号以离散形式从空间域变换到频域,一维离散傅里叶变换的公式为

$$F(u)=\sum_{x=0}^{N-1}f(x)\mathrm{e}^{-\mathrm{j}2\pi ux/N} \tag{2.16}$$

其中,N 表示离散序列的长度,$u=0,1,2,\cdots,N-1$,表示傅里叶变换的频谱。其逆变换为

$$f(x)=\frac{1}{N}\sum_{u=0}^{N-1}F(u)\mathrm{e}^{\mathrm{j}2\pi ux/N} \tag{2.17}$$

由于图像是二维数据,因此本书中涉及的都是二维离散傅里叶变换,其公式为

$$F(u,v)=\frac{1}{N}\sum_{x=0}^{N-1}\sum_{y=0}^{N-1}f(x)\mathrm{e}^{-\mathrm{j}2\pi(ux+vy)/N} \tag{2.18}$$

其中,N 表示离散序列的长度,$u=0,1,2,\cdots,N-1$,$v=0,1,2,\cdots,N-1$。对应的逆变换公式为

$$f(x,y)=\frac{1}{N}\sum_{u=0}^{N-1}\sum_{v=0}^{N-1}F(u,v)\mathrm{e}^{\mathrm{j}2\pi(ux+vy)/N} \tag{2.19}$$

图像通过离散傅里叶变换,由空间域变换到频域,能量进行重新分布,可以通过对频域的数据进行处理,达到处理数字图像的目的。图像离散傅里叶变换示例代码如下:

```
import cv2
import numpy as np
import matplotlib.pyplot as plt
img=cv2.imread('001.bmp',0)
img_dft=cv2.dft(img/255,flags=cv2.DFT_COMPLEX_OUTPUT)
img_cen=np.fft.fftshift(img_dft)
img_s=cv2.idft(img_dft)
img_dft=cv2.magnitude(img_dft[:,:,0],img_dft[:,:,1])
img_cen=cv2.magnitude(img_cen[:,:,0],img_cen[:,:,1])
img_s=cv2.magnitude(img_s[:,:,0],img_s[:,:,1])
plt.subplot(141)
plt.imshow(img,'gray')
plt.title('原图')
plt.subplot(142)
plt.imshow(20*np.log(img_dft),'gray')
plt.title('离散傅里叶变换后频谱')
plt.subplot(143)
plt.imshow(20*np.log(img_cen),'gray')
plt.title('中心化后频谱')
```

```
plt.subplot(144)
plt.imshow(img_s,'gray')
plt.title('逆变换后图像')
plt.show()
```

结果如图 2.26 所示。

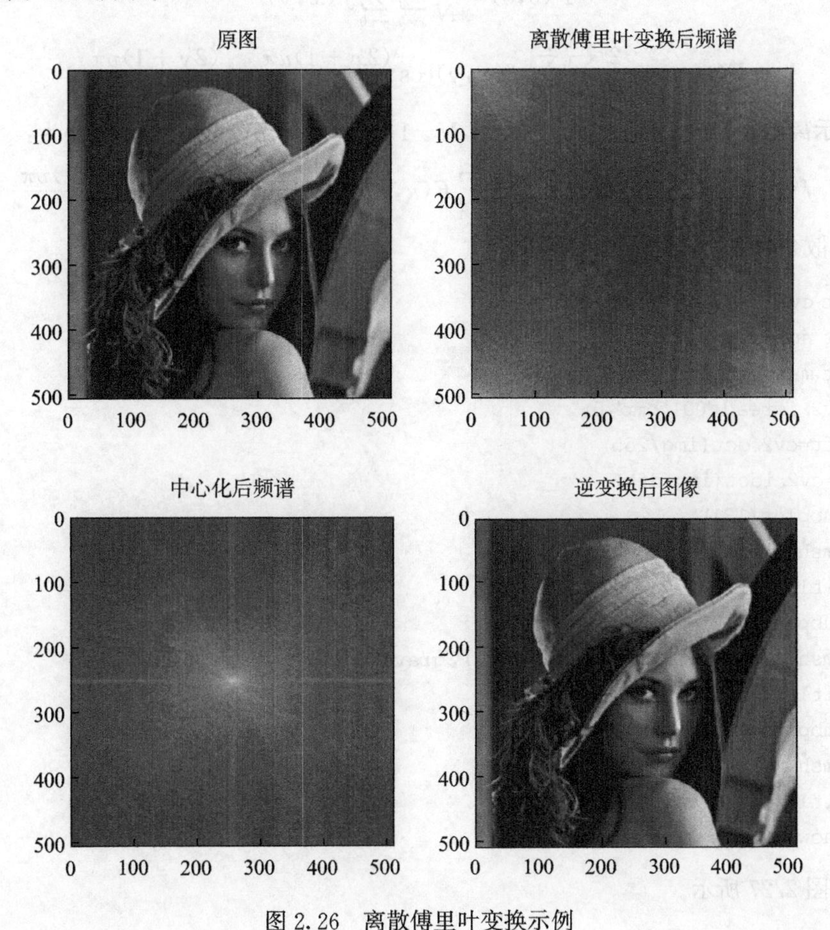

图 2.26　离散傅里叶变换示例

2.6.2　离散余弦变换

离散余弦变换是一种特殊的离散傅里叶变换，当函数为实偶函数时，傅里叶变换展开式只存在余弦项，故称为离散余弦变换。一维离散余弦公式如下：

$$F(0)=\frac{1}{\sqrt{N}}\sum_{x=0}^{N-1}f(x)$$

$$F(u)=\sqrt{\frac{2}{N}}\sum_{x=0}^{N-1}f(x)\cos\frac{(2x+1)u\pi}{2N} \tag{2.20}$$

其中，N 表示离散序列的长度；$u=0,1,2,\cdots,N-1$，表示傅里叶变换的频谱。其反变换如下：

$$f(x)=\sqrt{\frac{1}{N}}F(0)+\sqrt{\frac{2}{N}}\sum_{u=1}^{N-1}F(u)\cos\frac{(2x+1)u\pi}{2N} \tag{2.21}$$

同样,图像中常用的是二维的离散余弦变换,尤其是在图像的压缩中。二维离散余弦变换公式如下:

$$F(0,0)=\frac{1}{N}\sum_{x=0}^{N-1}\sum_{y=0}^{N-1}f(x,y)$$

$$F(u,v)=\frac{2}{N}\sum_{x=0}^{N-1}\sum_{y=0}^{N-1}f(x,y)\cos\frac{(2x+1)u\pi}{2N}\cos\frac{(2y+1)v\pi}{2N} \tag{2.22}$$

其中,N 表示离散序列的长度;$u=0,1,2,\cdots,N-1$;$v=0,1,2,\cdots,N-1$。其变换为:

$$f(x,y)=\frac{1}{N}F(0,0)+\frac{2}{N}\sum_{u=1}^{N-1}\sum_{v=1}^{N-1}F(u,v)\cos\frac{(2x+1)u\pi}{2N}\cos\frac{(2y+1)v\pi}{2N} \tag{2.23}$$

图像离散余弦变换示例代码如下:

```
import cv2
import numpy as np
import matplotlib.pyplot as plt
img=cv2.imread('001.bmp',0)
img_dft=cv2.dct(img/255)
img_s=cv2.idct(img_dft)
plt.subplot(131)
plt.imshow(img,'gray')
plt.title('原图')
plt.subplot(132)
plt.imshow(20* np.log(abs(img_dft)),'gray')
plt.title('离散余弦变换后频谱')
plt.subplot(133)
plt.imshow(img_s,'gray')
plt.title('逆变换后图像')
plt.show()
```

结果如图 2.27 所示。

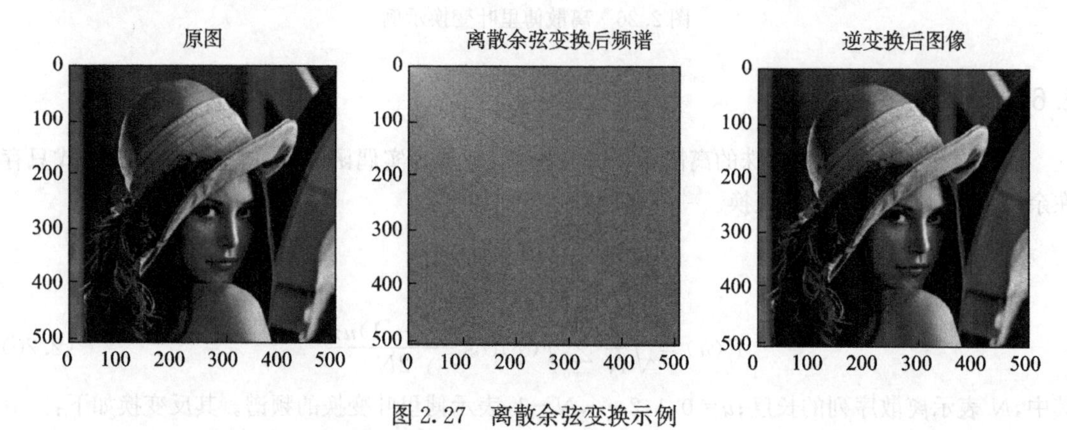

图 2.27 离散余弦变换示例

习　题

1. 分别利用 OpenCV 和 Matplotlib 实现图片的读取、显示和写入。
2. 实现图像的点运算、代数运算、逻辑运算、集合运算。
3. 画出图像的直方图。
4. 实现图像的离散傅里叶变换和离散余弦变换，观察频域系数的特点。

第3章 图像增强实验

图像增强就是为获取图像某些信息或获取视觉更好的图像，通过对图像的某些特征(如边缘、轮廓、对比度等)进行强调或锐化，有选择地突出、削弱或抑制部分信息，如图3.1所示。由于图像会在传输或者处理过程中引入噪声降低图像的质量，致使部分特征无法提取或者图像变得模糊。而图像增强就是针对这些问题进行处理，提供更符合需求的图像。

图3.1　图像增强示例

图像增强的目的：

(1)对图像的视觉效果进行改善，或者使得图像更方便地用来处理和分析。

(2)去除或者减少图像中的噪声，加大图像对比度。

(3)对图像中某些冗余细节信息进行抑制或者突出某些感兴趣的地方。

3.1　图像增强基础

图像增强技术主要分为两大类：一是图像空域增强；二是图像频域增强。图像空域增强基本都是利用图像基础处理方法，对图像像素的大小或者分布情况进行修改，以达到增强的目的。图像频域增强则需要将图像变换到频率域，然后进行滤波等操作，达到增强的目的。

3.1.1　图像空域增强

图像处理中，空域是指由像素组成的空间，也就是图像域。图像空域增强法是直接在图像所在的二维空间进行处理，以此来改变其特性的增强方法。图像空域增强方法又可分为点处理和模板处理，其中点处理包括图像灰度变换、直方图均衡等，模板处理包括线性、非线性平滑和锐化等。

图像空域增强是指增强构成图像的像素，空域方法是直接对这些像素进行操作的过程，空域处理可由下式定义：

$$g(x,y)=T(f(x,y)) \tag{3.1}$$

其中，$f(x,y)$是输入图像，$g(x,y)$是处理后的图像，T 是对 f 的一种变换操作，其定义在(x,y)的邻域。T 可以是使用者自行设计的处理方式，也可以利用已经存在的方法实现特定的功能。

点(x,y)的邻域通常指以该点为中心的正方形或矩形子图像，如图 3.2 所示。子图像的中心从一个像素向另一个像素移动，比如，可以从左上角开始，T 操作应用到每个(x,y)位置得到该点的输出 g，该过程仅仅用在小范围邻域中的图像像素。尽管像近似于圆的其他邻域形状有时也用，但正方形和矩形阵列因其容易执行操作而占主导地位。

T 操作最简单的形式可以理解为是单个像素（邻域为 1×1）（即单个像素）。在这种情况下，仅仅对该点本身的灰度值进行修改，T 操作称为灰度级变换函数（又称强度映射），形式为

$$s=T(r) \tag{3.2}$$

其中，r 是变换前任意像素点的灰度值，s 是变换后对应点的灰度值。

通常情况下，空域增强是根据对图像增强的需求，选择合适的变换函数，包括线性变换、非线性变换、数学运算和逻辑运算、滤波函数等。通过变换函数获得变换后的图像，达到图像增强的目的。需要注意，滤波时要注意模板的选择，模板是二维阵列，对滤波结果起着至关重要的作用。

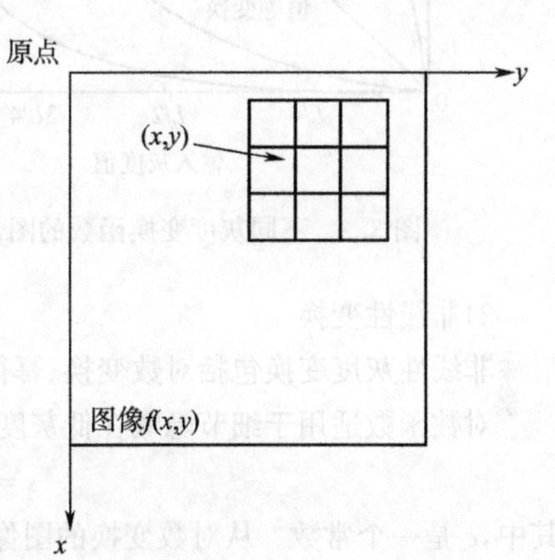

图 3.2 图像中(x,y)点的 3×3 邻域

空域图像的常用方法有灰度变换、空域滤波和直方图处理等。

1. 灰度变换

灰度变换和第 2 章中点运算、代数运算和逻辑运算类似，是指根据某种目标条件按一定映射关系逐点改变源图像中每个像素灰度值的方法。目的是改善画质，使图像的显示效果更加清晰。图像的灰度变换处理是图像增强处理技术中的一种非常基础、直接的空间域图像处理方法，也是图像数字化软件和图像显示软件的重要组成部分。

数字图像的灰度值大小表示了不同的亮度，通过对灰度值大小的调整，就可以实现图像亮度的调整。假设源图像像素的灰度值为 $f(x,y)$，处理后图像像素的灰度值为 $g(x,y)$，则灰度变换可表示为：

$$g(x,y)=T(f(x,y)) \tag{3.3}$$

其中，函数 T 是灰度变换函数，表示输入灰度值和输出灰度值之间的转换关系。灰度变换的核心问题是变换函数的选择，同样的图像经过不同的变换函数处理后会得到不同的结果。通常变换函数的选择是根据图像增强所要达到的目的来选择的，如要使对比度增加，就要选择对灰度有扩展的函数，这样就能够增加像素点之间的灰度差值，提高图像的清晰程度。

根据变换函数的不同，图像灰度变换又可分为灰度线性变换和灰度非线性变换，不同灰度变换函数的图像如图 3.3 所示。

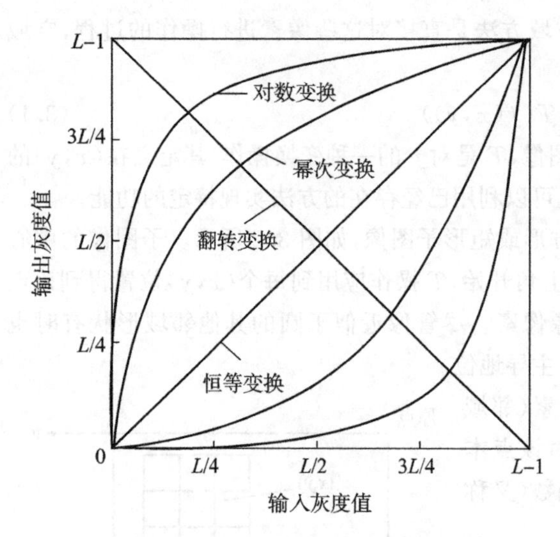

图 3.3 不同灰度变换函数的图像

1)线性变换

线性变换中线性点运算是经常使用灰度变换,该方法通过变换函数使得灰度值进行线性变化,达到图像增强的目的。在 2.2 节中已经有详细的描述,根据 a 和 b 为变换系数可以对灰度值进行拉升和压缩,以扩张或压缩对比图。

灰度线性变换还常用于图像反转,在灰度图像灰度级范围$[0,L-1]$中,其反转的公式如下所示:

$$s=L-1-r \tag{3.4}$$

其中,r 表示原始图像的灰度级,s 表示变换后的灰度级,变换后的效果就是暗的变亮,亮的变暗。

2)非线性变换

非线性灰度变换包括对数变换、幂律(伽马)变换、分段线性变换函数等。

对数函数适用于细节隐藏在低灰度值的图像中的情况,对数变换函数定义为:

$$s=f(r)=c\log_2(1+r) \tag{3.5}$$

其中,c 是一个常数。从对数变换的图像中可以看出,对数函数放大输入图像低灰度值的范围,呈现出更多的细节,从而将输入图像高灰度值的范围进行压缩,减少更多细节。

幂律(伽马)变换函数的定义为:

$$s=f(r)=cr^{\gamma} \tag{3.6}$$

当 $\gamma=1$ 时,f 是恒等变换;$\gamma>1$ 时,伽马变换与对数变换的效果相反,进行灰度级的压缩;当 $\gamma<1$ 时,伽马变换与对数变换的效果相似。

2. 空域滤波

空域滤波通过模板对图像进行处理,达到图像增强的目的。空域滤波器以模板中心像素点为参考,逐像素进行移动,并通过计算获得新的像素值,即模板中心所处像素点的值。当模板遍历过所有像素后,滤波完成,得到增强后的图像。简单的空域滤波可用公式表示如下:

$$g(x,y)=\sum_{s=-a}^{a}\sum_{t=-b}^{b}w(x,t)f(x+s,y+t) \tag{3.7}$$

其中,$f(x,y)$表示输入的图片,$g(x,y)$表示输出的过滤图像,$w(s,t)$表示 $m\times n$ 的空域滤波器。空域滤波的过程就是不断地用一个卷积核在图像上与同样大小的局部作用,作用结果更新在中心点上,所以需要 m 和 n 为奇数,通常情况下使用的模板大小为 3×3、5×5 或者 7×7。

根据滤波器功能的不同,通常滤波分为平滑滤波和锐化滤波。

1)平滑滤波

平滑滤波也可以认为是低频增强的空域滤波技术。它的主要目的是进行去噪,但是有时也可用来在图片上制造模糊效果。空间域的平滑滤波相对简单,通常采用简单平均法进行,即求邻近像素点的平均亮度值。此时,邻域的大小与平滑的效果直接相关,邻域越大平滑的效果越好,但邻域过大，平滑会使边缘信息损失越大，从而使输出的图像变得模糊，因此核心问题便是如何合理选择邻域。图 3.4 给出了 3×3 模板的例子，中心点坐标为(a,b)，邻域为 8 邻域。

根据图中模板可得滤波后灰度级为：

$$g(x,y)=\frac{1}{9}\sum_{m=-1}^{1}\sum_{n=-1}^{1}f(a+m,b+n) \tag{3.8}$$

其对应的模板如图 3.5 所示。

$(a-1,b-1)$	$(a-1,b)$	$(a-1,b+1)$
$(a,b-1)$	(a,b)	$(a,b+1)$
$(a+1,b-1)$	$(a+1,b)$	$(a+1,b+1)$

图 3.4　3×3 邻域示例图

$\frac{1}{9}\times$

1	1	1
1	1	1
1	1	1

图 3.5　模板示例

简单的图像滤波效果如图 3.6 所示，该图中使用了 3×3 大小的模板进行了滤波。从图中可以看出，图像经过简单的平滑处理后虽然噪声减少了，但同时图像也变得模糊了。

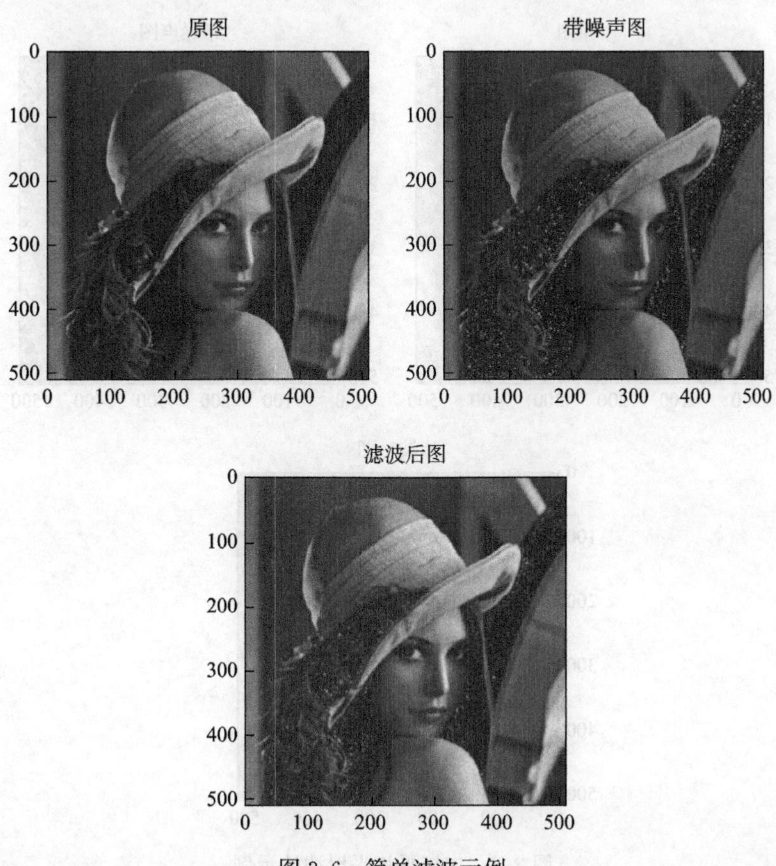

图 3.6　简单滤波示例

简单的平均滤波虽然计算方便，但是在滤波时会降低图像的分辨率，使图像细节和边缘变得模糊。同时随着邻域的增大，这种情况愈发严重。为了弥补这个缺陷，滤波时使用加权滤波，即模板中每个位置的权重不同，这样就可以根据图像本身的特点调整权重。图 3.7(a)所示为 3×3 模板的加权平均法的通用表示，图 3.7(b)所示为平均加权模板的示例。从中能够看出，每个像素点对最终计算的灰度值的影响不同，这样更符合图像本身的特性。同时由于加权平均滤波器一般中心点的权重比邻域的高，这样就可以克服边界节点被平均的现象，一定程度上避免了由于滤波出现图像模糊的现象。如高斯滤波器就是典型的加权平均平滑滤波器，很适合于去除高斯噪声，是一种线性滤波器。

w_1	w_2	w_3
w_4	w_5	w_6
w_7	w_8	w_9

(a) 模板表

$\frac{1}{16}\times$

1	2	1
2	4	2
1	2	1

(b) 模板示例

图 3.7　加权平均 3×3 模板示例

图 3.8 所示为使用加权平均滤波器进行平滑滤波的结果，使用模板大小为 3×3。

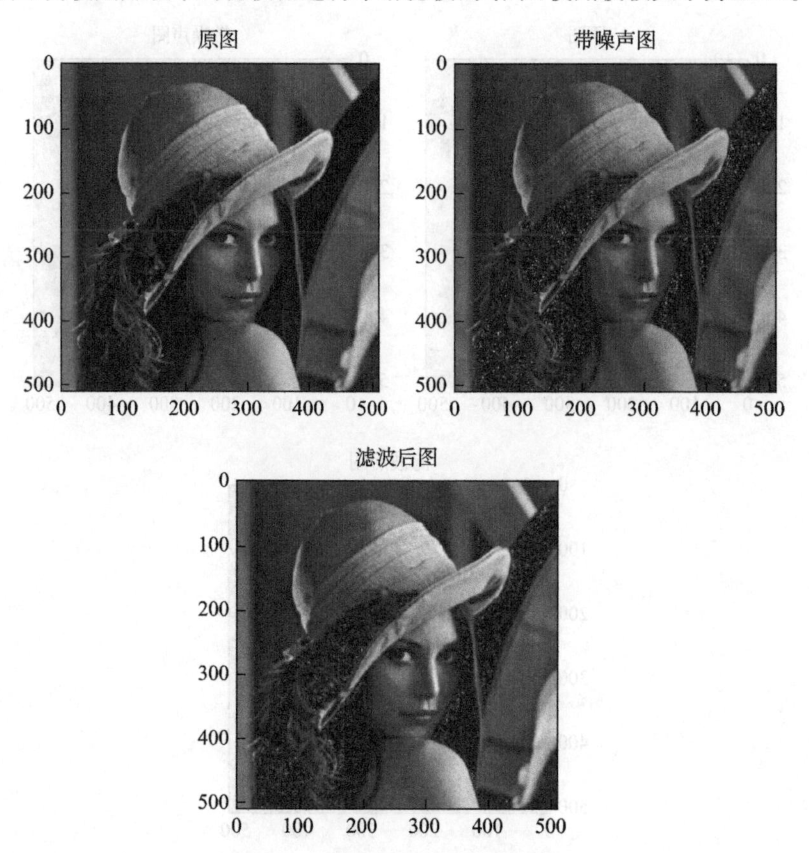

图 3.8　加权平均平滑滤波示例

从图 3.8 中可以看出对平滑滤波进行稍微修改就会得到另一种平滑滤波，即超限像素平滑滤波。该方法将计算得到的灰度值和当前像素值进行比较，如果它们的差值大于阈值，那么对该点灰度级进行修改，否则灰度级不变，其公式如下：

$$g'(x,y)=\begin{cases}g(x,y) & |f(x,y)-g(x,y)|>T\\ f(x,y) & |f(x,y)-g(x,y)|\leqslant T\end{cases} \tag{3.9}$$

其中，$g'(x,y)$是最终的灰度值，$g(x,y)$是计算后的灰度值，$f(x,y)$是原始灰度值，T 是阈值。从中可以看出，当计算得到的灰度值与原始灰度值过大时，认为是边界区域，就不再改变灰度值。通过这样操作，改善了滤波后图像变模糊的情况。

而非线性滤波则很适合用于去除脉冲噪声，中值滤波就是非线性滤波的一种。中值滤波将每一像素点的灰度值设置为该点某邻域窗口内的所有像素点灰度值的中值。中值滤波的方法是用某种结构的二维滑动模板（一般所选取的模板都是奇数行和奇数列），将模板内像素按照灰度级的大小进行排序，生成单调上升（或下降）的二维数据序列。然后将位于中间位置的灰度级作为当前像素点的像素值，让周围的灰度级接近真实值，从而消除孤立的噪声点，其结果如图 3.9 所示。该方法也会在一定程度上带来图像的模糊效应。

图 3.9　中值滤波示例图

2）锐化滤波

锐化滤波器的作用是突出物体的边缘信息，常用于图像识别中。图像平滑通过积分过程使图像模糊，而图像锐化则是通过微分使图像边缘突出，其结果如图 3.10 所示。从中可以看出，梯度锐化将边缘信息都凸显了出来，但是图像的具体内容却变得不清晰。

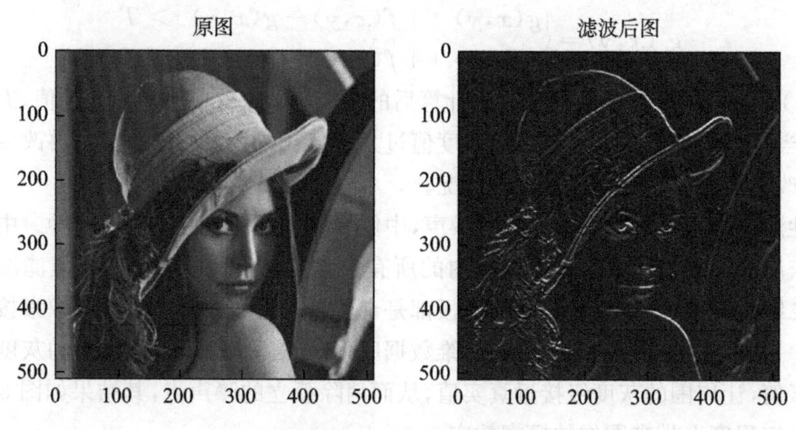

图 3.10 锐化滤波示例

最常用的图像锐化方法是梯度，梯度本身是矢量，但是在离散的图像数据中心，通常只关心梯度的大小，因此这里所谓的梯度指的是梯度的大小，是个标量。并且为了更好地计算，通常使用一阶差分近似一阶偏导数，二阶差分替代二阶偏导数。如下面公式所示：

$$f'_x=f(x+1,y)-f(x,y) \tag{3.10}$$

$$f'_y=f(x,y+1)-f(x,y) \tag{3.11}$$

其中，f'_x 和 f'_y 分别表示两个方向上的偏导数。在计算梯度时，为了方便，通常采用取最大值或取两个方向上梯度值和的方式来进行。如下面公式所示：

$$g'(x,y)=\max\{|f'_x|,|f'_y|\} \quad 或 \quad g'(x,y)=|f'_x|+|f'_y| \tag{3.12}$$

除了计算得到的梯度算子外，常用的还有 Roberts、Prewitt 和 Sobel 梯度算子，来增强图像边缘。这三种算子都属于一阶算子，它们对应的模板分别如图 3.11 所示。从图中可以看到，梯度算子都考虑到了方向，且所有位置上的值加起来为 0。

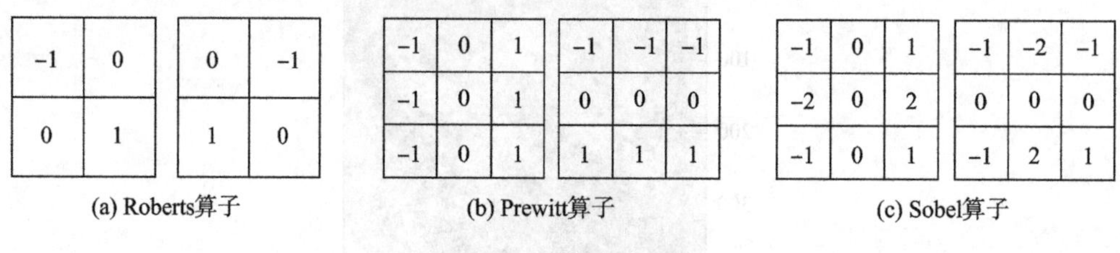

图 3.11 梯度算子

由于轮廓和边缘在一幅图中常常具有任意方向，而差分运算具有方向性，如果差分运算的方向选取不合适，则和差分方向不一致的边缘和轮廓就检测不出来，所以梯度算子的选择对图像锐化十分重要。

3. 直方图处理

直方图能够将图像灰度值的分布情况展示出来，其 x 轴为图像的灰度级，从 $0\sim L-1$（L 为量化的灰度级数，通常为 256)，y 轴是对应灰度级的像素个数或者像素个数所占总像素数的百分比。数字图像的直方图是离散函数：

$$h(r_k)=n_k \tag{3.13}$$

其中，r_k 是第 k 级灰度值 $r_k=k$，n_k 是图像中灰度值为 r_k 的像素个数。通常用 MN 表示图像像素

的总数除以其每个分量n_k来归一化直方图(像素个数所占总像素数的百分比),即

$$p_r(r_k)=n_k/MN \tag{3.14}$$

其中,M和N分别是图像的行和列的维度,$k=0,1,\cdots,L-1$,归一化直方图的所有分量和为1。

如果数字图像的直方图分布比较集中,通过直方图即可直观地看到像素集中分布于某个部分。这样的分布会使得图像的对比度差,影响图像的清晰度。直方图均衡化便是为了解决这个问题,把分布较为集中的图像变换为均匀分布的形式。这样增加了像素灰度值的动态范围,使得图像的对比度增大,提升了图像的质量。r是变换前任意像素点的灰度值,s是变换后对应点的灰度值,灰度变换函数$T(r)$通常需要满足两个条件:

(1)$T(r)$在空间$0\leqslant r\leqslant L-1$上为严格单调递增函数。

(2)当$0\leqslant r\leqslant L-1$时,$0\leqslant T(r)\leqslant L-1$。

该条件(1)保证从s到r的逆映射是单值的,即一对一的,防止出现二义性;条件(2)保证输出灰度的范围与输入灰度的范围相同,这是因为图像灰度值的范围在量化后是固定的。因此,使用如下灰度变换函数便可以得到均衡分布的图像,即实现直方图均衡化:

$$s_k=T(r_k)=(L-1)\sum_{i=0}^{k}p_r(r_i) \tag{3.15}$$

以上变换满足上面两个条件。均衡化的步骤如下:

(1)统计图像中每个灰度级的像素个数,计算图像中每个灰度级出现的概率,获得原始直方图。

(2)根据式(3.15)得到直方图累计分布。

(3)根据直方图累计分布计算变换后的灰度级。

(4)输出映射后的图像。

直方图匹配或直方图规定化是指处理后的图像具有规定的直方图形状。具体说来就是,要找到一个灰度变换函数,使图像在该灰度变换函数的作用下,产生一个指定形状的直方图,所谓规定的直方图形状,其实就是一个指定的概率密度函数。

假设r和z分别表示输入图像和输出图像的灰度级,$p_r(r)$是输入图像的概率密度函数,$p_z(z)$是我们希望输出图像所具有的指定概率密度函数,由式(3.15)可知,知道$p_r(r)$就能得到$T(r)$。定义随机变量z:

$$G(z)=(L-1)\int_0^T p_z(t)\mathrm{d}t=s \tag{3.16}$$

由式(3.16)可知,知道$p_z(z)$就能得到$G(z)$,而$p_z(z)$就是指定概率密度函数。可得:

$$z=G^{-1}(T(r))=G^{-1}(s) \tag{3.17}$$

上式即为要求的直方图匹配的灰度变换函数。其离散形式如下:

$$s_k=T(r_k)=(L-1)\sum_{j=0}^{k}p_r(r_j),k=0,1,2,\cdots,L-1 \tag{3.18}$$

$$G(z_q)=(L-1)\sum_{i=0}^{q}p_z(z_i)=s_k,q=0,1,2,\cdots,L-1 \tag{3.19}$$

其中,$p_z(z_i)$是规定直方图的第i个值,z_q是规定直方图对应的图像的第q级灰度级($z_q=q$),利用反变换找到z_q:

$$z_q=G^{-1}(s_k) \tag{3.20}$$

在实际的处理中并不需要做反变换，只需要将原始图像的直方图和给定直方图做均衡化处理，找出累计分布结果近似的对应灰度级即可。常用下面的直方图规定化过程：

(1)计算给定图像的 $p_r(r)$，通过并对其进行直方图均衡化处理，得到累计分布 s_k。

(2)对 $q=0,1,2,\cdots,L-1$ 计算 $G(z_q)$，其中 $p_z(z_i)$ 规定的直方图的值将 G 保存在一个表中。

(3)对每一个 s_k，$k=0,1,2,\cdots,L-1$，从(2)中保存的 G 值表中寻找 $G(z_q)$ 使 $G(z_q)$ 最接近 s_k。当满足给定 s_k 的 z_q 值多于一个时，一般选择最小值。

3.1.2 图像频域增强

图像频域增强是通过正交变换，将图像从空间域变换到频域后对得到的一系列变换系数进行相关处理，以达到图像增强目的的操作。在图像频域滤波的最后，还要对图像进行正交逆变换，然后才能正常显示图像。经常使用的正交变换是离散傅里叶变换或离散余弦变换，相关内容参照2.6节，图3.12给出了图像频域增强的基本步骤。假设原图像为 $f(x,y)$，经过傅里叶变换为 $F(u,v)$，二频域增强就是选择合适的滤波函数 $H(u,v)$ 对 $F(u,v)$ 的频谱分量进行调整得到 $G(u,v)$，最后经过逆变换得到图像 $g(x,y)$。此时的核心问题是 $H(u,v)$ 的选择，$H(u,v)$ 通常称为传递函数或者滤波器函数。

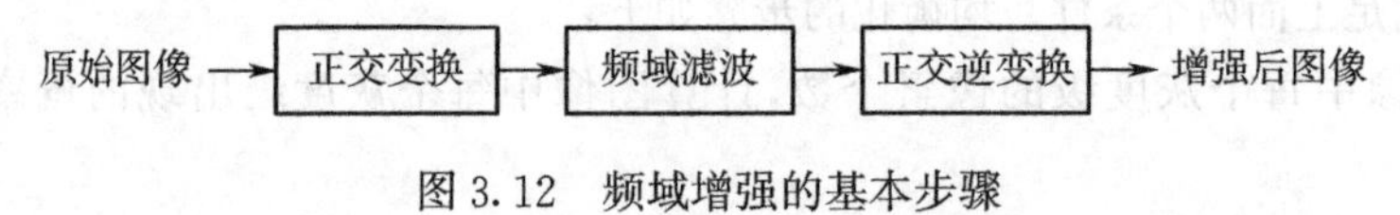

图3.12 频域增强的基本步骤

图像经过正交变换后得到频率分量，其中低频分量包含图像的主要能量，而高频分量主要包含图像的边缘和细节信息。如果突出低频成分，抑制高频成分，则实现平滑操作，图像会显得模糊。反之，如果突出高频成分，抑制低频成分，则使得图像边缘和细节信息突出，即实现了锐化操作。因此，滤波器的选择是频域滤波的关键。根据滤波器的不同，频域滤波可分为平滑滤波和锐化滤波。其中平滑滤波器包括理想低通滤波器、巴特沃斯低通滤波器、指数低通滤波器、梯形低通滤波器等，高通滤波器包括理想高通滤波器、巴特沃斯高通滤波器、指数高通滤波器、梯形高通滤波器等。

1. 平滑滤波器

理想低通滤波器是指在理想状态下，输入信号的低频分量传输过程中无损失地通过，高频分量完全被阻挡。二维理想低通滤波器的传递函数如下：

$$H(u,v)=\begin{cases}1 & D(u,v)\leqslant D_0\\ 0 & D(u,v)>D_0\end{cases} \tag{3.21}$$

其中，$D(u,v)=\sqrt{u^2+v^2}$，D_0 为截止频率，即滤波器在频率小于 D_0 的频率分量会无损地通过，而大于 D_0 频率的分量会被完全抑制，如图3.13所示。理想低通滤波器的平滑作用非常明显，但是由于其在 D_0 处有急剧变化，这样其逆变换有振铃现象产生，使滤波后的图像产生模糊效果，理想低通滤波器在现实中不能实现，只能在计算机中模拟。

巴特沃斯低通滤波器的传递函数如下：

$$H(u,v)=\frac{1}{1+\left[\frac{D(u,v)}{D_0}\right]^{2n}} \tag{3.22}$$

其中,D_0 为截止频率,n 为函数的阶,一般取 $H(u,v)$最大值下降到原来的二分之一时的 $D(u,v)$ 为截止频率。而当 $D(u,v)/D_0=1$ 时,$H(u,v)=0.5$,如图 3.14 所示。该传递函数相对理想低通滤波器的传递函数而言,比较平滑,具有连续性。因此在滤波后进行逆变换也不会产生振铃效应,不会带来很大的模糊效果。

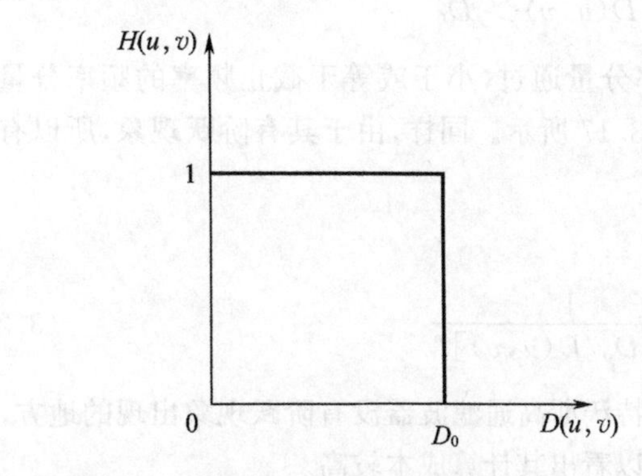

图 3.13　理想低通滤波器

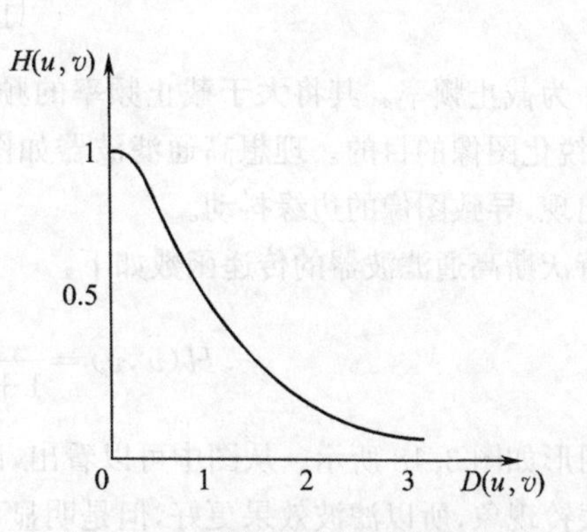

图 3.14　巴特沃斯低通滤波器

指数低通滤波器的传递函数为:

$$H(u,v)=\exp\left\{-\left[\frac{D(u,v)}{D_0}\right]^n\right\} \tag{3.23}$$

同样,一般取 $H(u,v)$最大值下降到原来的二分之一时的 $D(u,v)$为截止频率,如图 3.15 所示。指数低通滤波器没有明显的不连续性。二是存在平滑的过渡带,其滤波效果略差于巴特沃斯滤波器,但是也没有明显的振铃现象。

梯形低通滤波器是将理想低通滤波器和平滑滤波器进行结合,其传递函数如下:

$$H(u,v)=\begin{cases} 1 & D(u,v)<D_0 \\ \dfrac{D(u,v)-D_1}{D_0-D_1} & D_0\leqslant D(u,v)\leqslant D_1 \\ 0 & D(u,v)>D_1 \end{cases} \tag{3.24}$$

其中,D_0 为截止频率,D_1 为可调参数,通过调整既能平滑图像,又能保持图像足够的清晰度,如图 3.16 所示。

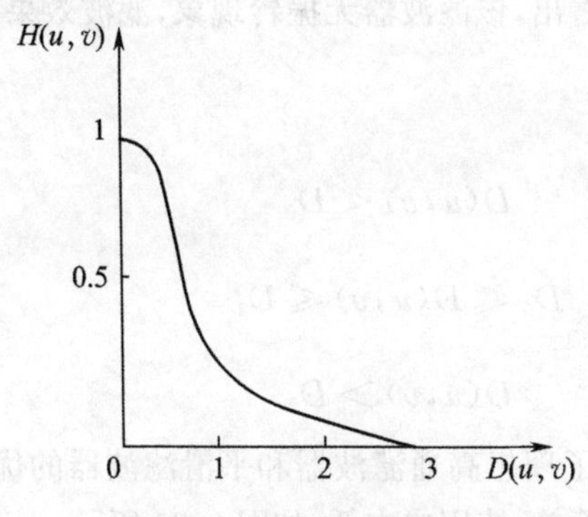

图 3.15　指数低通滤波器

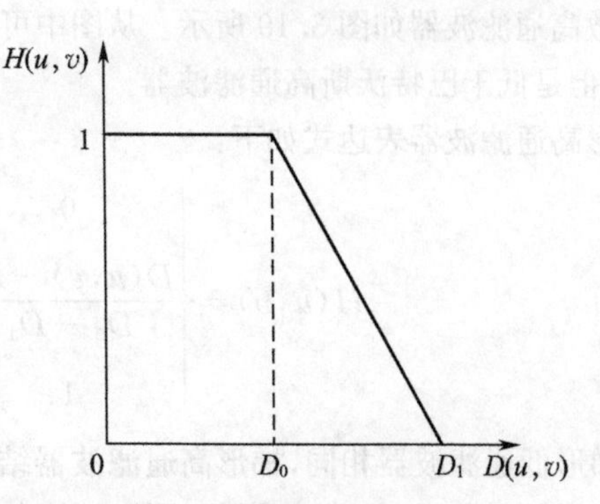

图 3.16　梯形低通滤波器

2. 锐化滤波器

二维理想高通滤波器传递函数刚好和低通滤波器相反，其传递函数如下：

$$H(u,v)=\begin{cases}0 & D(u,v)\leqslant D_0\\1 & D(u,v)>D_0\end{cases}\tag{3.25}$$

其中，D_0 为截止频率。其将大于截止频率的频率分量通过，小于或等于截止频率的频率分量抑制，达到锐化图像的目的。理想高通滤波器如图 3.17 所示。同样，由于其有阶跃现象，所以有振铃现象出现，导致图像的边缘抖动。

巴特沃斯高通滤波器的传递函数如下：

$$H(u,v)=\frac{1}{1+[D_0/D(u,v)]^{2n}}\tag{3.26}$$

其图形如图 3.18 所示。从图中可以看出，巴特沃斯高通滤波器没有阶跃现象出现的地方，因此没有振铃现象，所以滤波效果更好，但是明显可以看出其计算成本较高。

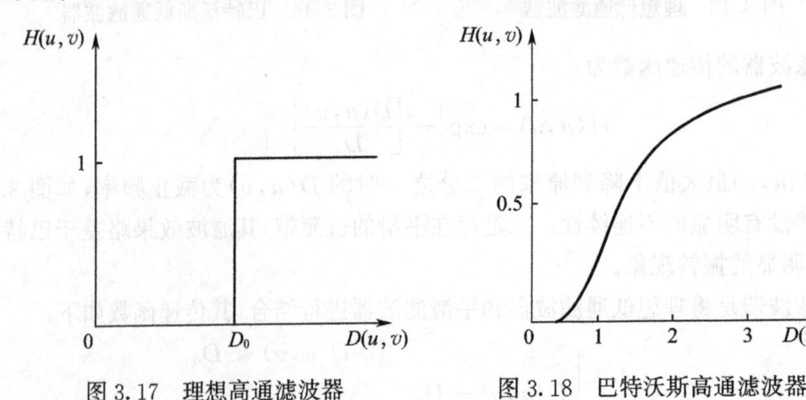

图 3.17　理想高通滤波器　　　图 3.18　巴特沃斯高通滤波器

指数高通滤波器传递函数如下：

$$H(u,v)=\exp\left\{-\left[\frac{D_0}{D(u,v)}\right]^n\right\}\tag{3.27}$$

指数高通滤波器如图 3.19 所示。从图中可以看出，该滤波器无振铃现象，滤波效果优于理想滤波器，但是低于巴特沃斯高通滤波器。

梯形高通滤波器表达式如下：

$$H(u,v)=\begin{cases}0 & D(u,v)<D_0\\ \dfrac{D(u,v)-D_1}{D_0-D_1} & D_0\leqslant D(u,v)\leqslant D_1\\ 1 & D(u,v)>D_1\end{cases}\tag{3.28}$$

和梯形低通滤波器相同，梯形高通滤波器结合了理想高通滤波器和平滑滤波器的优点，虽然有轻微的振铃现象，但是可以接受。同时计算方法简单，使用成本低，如图 3.20 所示。

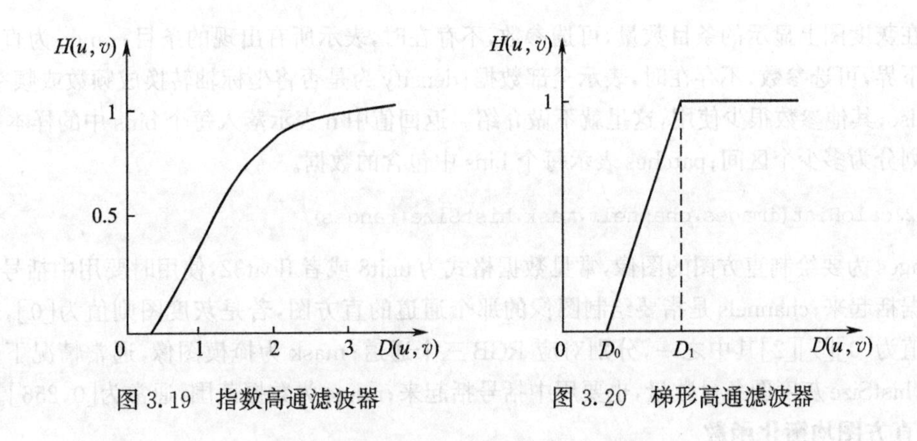

图 3.19　指数高通滤波器　　图 3.20　梯形高通滤波器

3.2　用到的 Python 函数

3.2.1　灰度变换函数

灰度变换常用到的 Python 函数包括加法、对数变换、幂次变换等。

1. 加法运算

```
cv2.add(src1,src2,dst=None,mask=None,dtype=None)
```

src1 和 src2 可以是一个图像矩阵和一个数，也可以是结构相同的两个图像矩阵，加法通常只需要给出这两个参数即可；dst 为可选参数，保存输出结果的变量；mask 掩模图像，默认值为 None，可选参数；dtype 为输出图像的深度，可选参数，默认值为 None，表示与输入图像深度相同。

2. 对数运算

```
numpy.log(x)        //以 e 为底的对数
numpy.log2(x)       //以 2 为底的对数
numpy.log10(x)      //以 10 为底的对数
```

3. 幂次变换

```
cv2.pow(src,power)
```

src 为需要做幂次运算的任意图像数据；power 为幂指数。

3.2.2　直方图处理函数

直方图处理函数主要包括直方图绘制函数和直方图均衡化函数。

1. 直方图绘制函数

```
n,bins,patches=matplotlib.pyplot.hist(x,hold=None,range=None,density=False,**
kwargs)
```

x 为需要画直方图的数据，如果是图像需要将其转换为一维数据；hold 是设置长条形的数目，也就是在灰度图上显示的条目数量,可选参数,不存在时,表示所有出现的条目;range为直方图数据的上下界,可选参数,不存在时,表示全部数据;density为是否将坐标轴转换成频数或频率,默认值为False;其他参数很少使用,这里就不做介绍。返回值中n表示落入每个bins中的样本数;bins是最终划分为多少个区间;patches表示每个bins中包含的数据。

```
cv2.calcHist(images,channels,mask,histSize,ranges)
```

images为要绘制直方图的图像,常见数据格式为unit8或者float32,使用时要用中括号"[]"将图像数据括起来;channels是指要绘制图像的那个通道的直方图,若是灰度图则值为[0],若是彩色图则值为[0][1][2]其中之一,分别对应RGB三个通道;mask为掩模图像,通常情况下使用整幅图像;histSize灰度图条目数量,也要用中括号括起来;range为数据范围,通常为[0,256]。

2. 直方图均衡化函数

```
cv2.equalizeHist(img)
```

img为要进行直方图均衡化的图像,可以是灰度图,也可以是彩色图,返回均衡化之后的图像。

3.2.3 空间域滤波函数

空间域滤波函数由噪声加入函数和滤波函数构成。

1. 噪声加入函数

```
skimage.util.random_noise(image,mode='gaussian',seed=None,clip=True,**kwargs)
```

image为需要加入噪声的图像数据,数据都将转为浮点数;mode加入噪声的选择,默认值为高斯噪声(gaussian),还可以选择泊松(poisson)、椒盐(salt)等常见噪声,同时也可以通过修改噪声的相关参数加入不同的噪声;seed为随机种子,可选参数;clip的默认值为True,表示超出范围的值会被裁剪到正常范围内。

2. 滤波函数

```
cv2.filter2D(src,ddepth,kernel ,anchor=None,delta=None,borderType=None)
```

src是需要进行滤波的图像,可以为灰度图或彩色图;ddepth表示返回图像的深度,通常使用−1表示与原始图像深度相同;kernel是卷积核,即3.2节中所讲的滤波器,注意如果输入图像是彩色图就需要将图像分解后再进行处理;anchor为锚点,表示当前计算灰度值的点的位置,可选参数,不存在时表示锚点位置为(−1,−1);delta为修正值,在计算得到灰度值后加上该值进行修正,可选参数,不存在时表示不用修正;borderType为边界样式,可选参数。

```
cv2.blur(src,ksize,anchor=None,borderType=None)
```

src是需要进行均值滤波的图像,可以为灰度图或彩色图;ksize为均值滤波器的大小,即高度和宽度;anchor为锚点,使用默认值即可;borderType为边界样式,可选参数。

```
cv2.GaussianBlur(src,ksize,sigmaX,sigmaY=None,borderType=None)
```

src是需要进行高斯滤波的图像,可以为灰度图或彩色图;ksize为高斯滤波器的大小,即高度和宽度,通常都为奇数;sigmaX为沿X轴方向的标准差;sigmaY为沿Y轴方向的标准差,可选参数，如果该值为 0，表示与 X 轴方向使用相同的标准差；borderType 为边界样式，可选参数。

```
cv2.medianBlur(isrc,ksize)
```

src 是需要进行中值滤波的图像，可以为灰度图或彩色图；size 为中值滤波器的大小，即高度和宽度，通常都为奇数。

```
cv2.bilateralFilter(src,d,sigmaColor,sigmaSpace,borderType=None)
```

src 是需要进行双边滤波的图像，可以为灰度图或彩色图；在滤波时选取的空间距离参数，这里表示以当前像素点为中心点的直径；sigmaColor 是滤波处理时选取的颜色差值范围，该值决定了周围哪些像素点能够参与到滤波中来；sigmaSpace 是坐标空间中的 sigma 值，它的值越大，说明有越多的点能够参与到滤波计算中来；borderType 为边界样式，可选参数。

```
cv2.Sobel(src,ddepth,dx,dy,dst,ksize,scale,delta,borderType)
```

src 是需要进行滤波的图像；ddepth 表示返回图像的深度，通常使用－1 表示与原始图像深度相同；dx 对 x 轴方向求导的阶数，一般为 0、1、2，其中 0 表示这个方向上没有求导；dy 对 y 轴方向求导的阶数，一般为 0、1、2，其中 0 表示这个方向上没有求导；ksize 为 Sobel 算子的大小，必须为 1、3、5、7 等奇数，可选参数；scale 缩放导数的比例常数，默认情况下没有伸缩系数，可选参数；delta 修正量将会加到最终的结果中，可选参数，默认不修正；borderType 为图像边界的模式，可选参数，默认值为 cv2.BORDER_DEFAULT。

3.2.4　频域滤波函数

```
cv2.dft(src,flags=None,nonzeroRows=None)
```

src 为输入图像，格式要转换成 float32；flags 为转换标志，默认转换是 DFT _COMPLEX_OUTPUT，表示一维或二维的正向转换；nonzeroRows 为可选参数，提高计算效率。

```
numpy.fft.fftshift(x,axes)
```

x 为输入数据，一般为数组；axes 为要移动的轴，默认移动所有轴。

```
cv2.idft(src,flags=None,nonzeroRows=None)
```

src 为输入数据，可以为复数；flags 是转换标志，默认转换是 DFT _COMPLEX_OUTPUT，表示一维或二维的正向转换；nonzeroRows 为可选参数，提高计算效率。

```
cv2.magnitude(x,y,magnitude=None)
```

x 表示浮点型 x 坐标值，即实部；y 表示浮点型 y 坐标值，即虚部；magnitude 为输出矩阵的大小，可选参数，默认与输入一致，且数据格式与 x 相同。该函数将傅里叶变换的双通道结果转换为 0～255 的范围，便于画图和计算。

```
cv2.dct(src,flags=None)
```

src 为要进行离散余弦变换的浮点型图像数据，尺寸应该是偶数；flags 为转换标志，可选参数。

```
cv2.idct(src,flags=None)
```

src为要进行离散余弦逆变换的数据,为单通道浮点类型;flags为操作标志,可选参数。

3.3 实验举例

平滑滤波常用来去除图像的噪声,给图像加入噪声的示例如下:

```
import skimage
import cv2
import matplotlib.pylab as plt
img=cv2.imread('001.bmp',0)
img=img/255
img_g=skimage.util.random_noise(img,'gaussian',mean=0,var=0.05)
img_s=skimage.util.random_noise(img,'salt')
plt.subplot(131)
plt.imshow(img,'gray')
plt.title('原图')
plt.subplot(132)
plt.imshow(img_g,'gray')
plt.title('加入高斯噪声后图像')
plt.subplot(133)
plt.imshow(img_s,'gray')
plt.title('加入椒盐噪声后图像')
plt.show()
```

结果如图3.21所示,本章所有实验都基于这三张图片进行。同时由于灰度变换示例在第2章中已经展示过,因此本节介绍了空域滤波增强、直方图增强和频域增强。

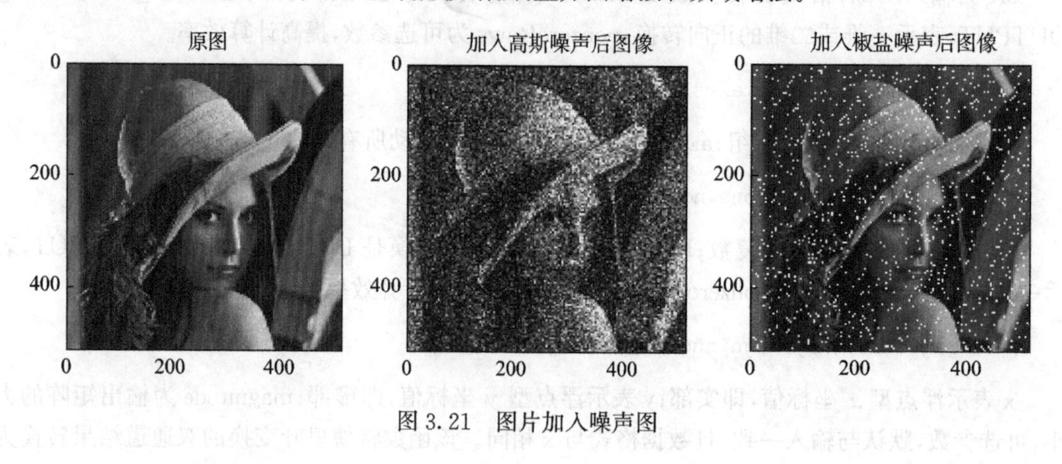

图3.21 图片加入噪声图

3.3.1 空域滤波增强

1. 空域平滑滤波

邻均值滤波是最简单的空域平滑滤波方法,示例代码如下:

```
import cv2
img=cv2.imread('001.bmp',0)
img_g=cv2.imread('001_g.bmp',0)
img_s=cv2.imread('001_s.bmp',0)
img_g_l=cv2.blur(img_g,(3,3))
img_s_l=cv2.blur(img_s,(3,3))
img_g_l1=cv2.blur(img_g,(5,5))
img_s_l1=cv2.blur(img_s,(5,5))
plt.subplot(231)
plt.imshow(img_g,'gray')
plt.title('带高斯噪声图片')
plt.subplot(234)
plt.imshow(img_s,'gray')
plt.title('带椒盐噪声图片')
plt.subplot(232)
plt.imshow(img_g_l,'gray')
plt.title('均值滤波后图像(3*3)')
plt.subplot(233)
plt.imshow(img_g_l1,'gray')
plt.title('均值滤波后图像(5*5)')
plt.subplot(235)
plt.imshow(img_s_l,'gray')
plt.title('均值滤波后图像(3*3)')
plt.subplot(236)
plt.imshow(img_s_l1,'gray')
plt.title('均值滤波后图像(5*5)')
plt.show()
```

结果如图3.22所示，从图中可以看到两种噪声在均值滤波后都一定程度上减少了噪声，但是也带来了模糊效应。同时也可以看出，随着滤波器变大，虽然去噪效果更好，但是模糊程度也更大。

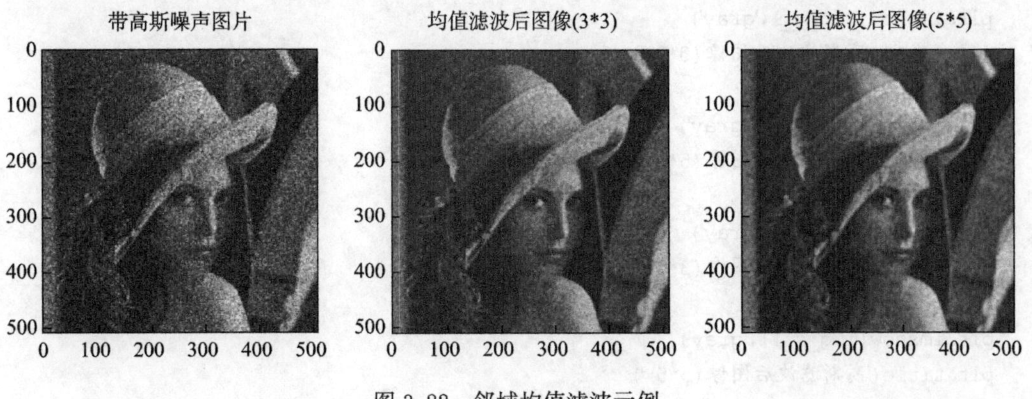

图3.22　邻域均值滤波示例

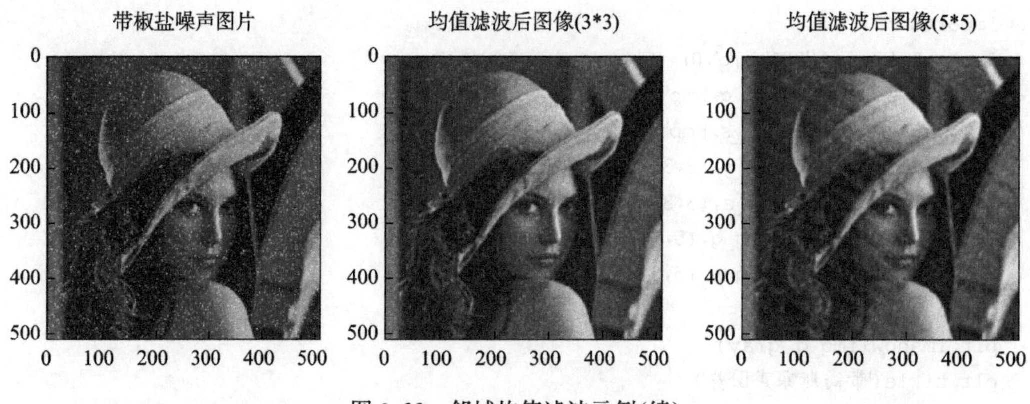

图 3.22 邻域均值滤波示例(续)

为了能够在获取更好的滤波效果的同时又保证图像的清晰度,使用了加权平均滤波器,如高斯滤波器。高斯滤波器示例代码如下:

```
import cv2
import matplotlib.pyplot as plt
img=cv2.imread('001.bmp',0)
img_g=cv2.imread('001_g.bmp',0)
img_s=cv2.imread('001_s.bmp',0)
img_g_l=cv2.GaussianBlur(img_g,(3,3),0,5)
img_s_l=cv2.GaussianBlur(img_s,(3,3),0,5)
img_g_l1=cv2.GaussianBlur(img_g,(5,5),0,5)
img_s_l1=cv2.GaussianBlur(img_s,(5,5),0,5)
plt.subplot(231)
plt.imshow(img_g,'gray')
plt.title('带高斯噪声图片')
plt.subplot(234)
plt.imshow(img_s,'gray')
plt.title('带椒盐噪声图片')
plt.subplot(232)
plt.imshow(img_g_l,'gray')
plt.title('高斯滤波后图像(3*3)')
plt.subplot(233)
plt.imshow(img_g_l1,'gray')
plt.title('高斯滤波后图像(5*5)')
plt.subplot(235)
plt.imshow(img_s_l,'gray')
plt.title('高斯滤波后图像(3*3)')
plt.subplot(236)
plt.imshow(img_s_l1,'gray')
plt.title('高斯滤波后图像(5*5)')
plt.show()
```

结果如图 3.23 所示，从中可以看到和均值滤波类似的结论，同时也可发现，高斯滤波后图像清晰度要比均值滤波的高。

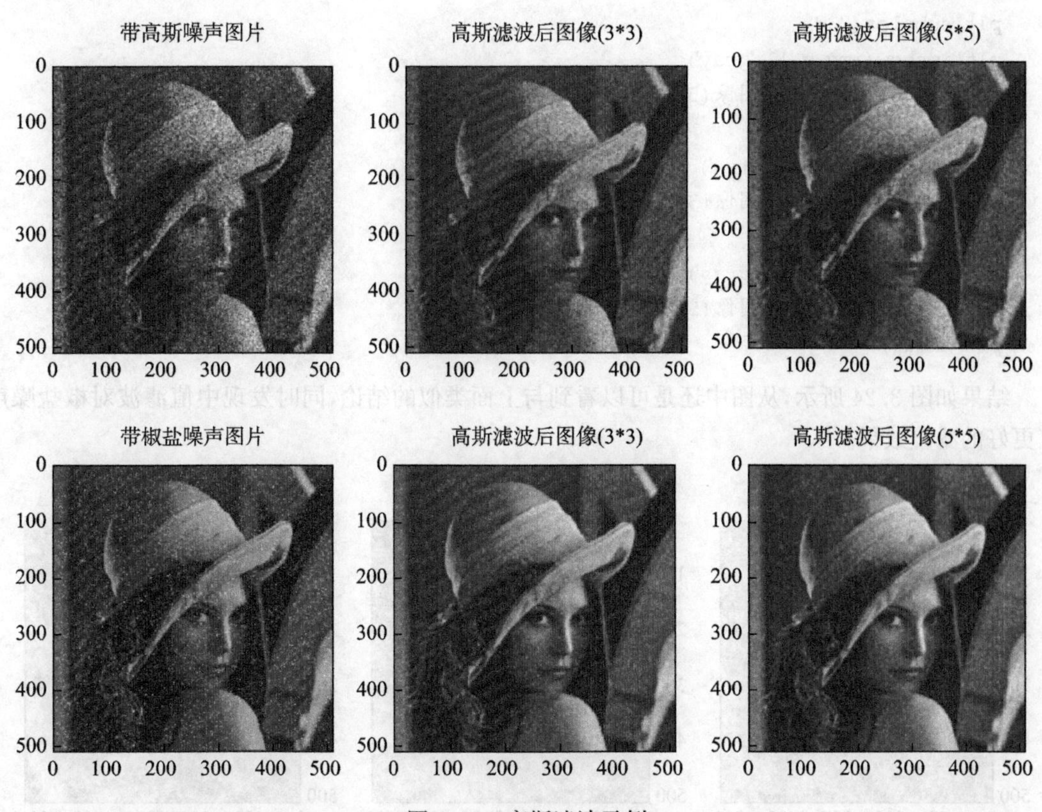

图 3.23　高斯滤波示例

常用的空域滤波还有非线性的中值滤波器，其示例代码如下：

```
import cv2
import matplotlib.pyplot as plt
img=cv2.imread('001.bmp',0)
img_g=cv2.imread('001_g.bmp',0)
img_s=cv2.imread('001_s.bmp',0)
img_g_l=cv2.medianBlur(img_g,3)
img_s_l=cv2.medianBlur(img_s,3)
img_g_l1=cv2.medianBlur(img_g,5)
img_s_l1=cv2.medianBlur(img_s,5)
plt.subplot(231)
plt.imshow(img_g,'gray')
plt.title('带高斯噪声图片')
plt.subplot(234)
plt.imshow(img_s,'gray')
plt.title('带椒盐噪声图片')
plt.subplot(232)
```

```
plt.imshow(img_g_l,'gray')
plt.title('中值滤波后图像(3*3)')
plt.subplot(233)
plt.imshow(img_g_l1,'gray')
plt.title('中值滤波后图像(5*5)')
plt.subplot(235)
plt.imshow(img_s_l,'gray')
plt.title('中值滤波后图像(3*3)')
plt.subplot(236)
plt.imshow(img_s_l1,'gray')
plt.title('中值滤波后图像(5*5)')
plt.show()
```

结果如图 3.24 所示，从图中还是可以看到与上面类似的结论，同时发现中值滤波对椒盐噪声有更好的滤波效果。

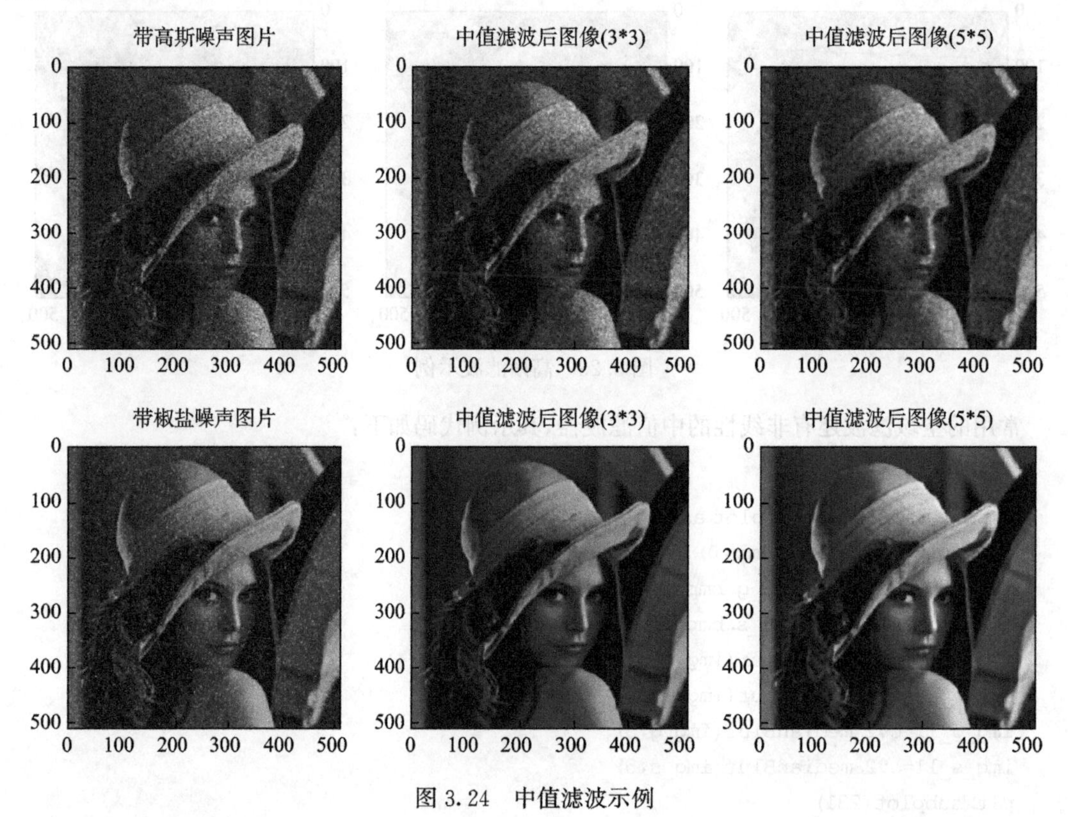

图 3.24 中值滤波示例

2. 空域锐化滤波

空域锐化常用的方式是通过梯度算子进行滤波，一般使用的梯度算子有 Roberts、Prewitt 和 Sobel 等。实例代码如下：

```
import cv2
import matplotlib.pyplot as plt
```

```
import numpy as np
img=cv2.imread('001.bmp',0)
# Roberts
Robertx=np.array([[-1,0],[0,1]])
Roberty=np.array([[0,-1],[1,0]])
img_x=cv2.filter2D(img,-1,Robertx)
img_y=cv2.filter2D(img,-1,Roberty)
img_r=abs(img_x)+abs(img_y)
# Prewitt
Prewittx=np.array([[1,1,1],[0,0,0],[-1,-1,-1]])
Prewitty=np.array([[-1,0,1],[-1,0,1],[-1,0,1]])
img_x=cv2.filter2D(img,-1,Prewittx)
img_y=cv2.filter2D(img,-1,Prewitty)
img_p=abs(img_x)+abs(img_y)
# Sobel
img_s=cv2.Sobel(img,-1,1,1)
plt.subplot(141)
plt.imshow(img,'gray')
plt.title('原图')
plt.subplot(142)
plt.imshow(img_r,'gray')
plt.title('Roberts 算子滤波后图')
plt.subplot(143)
plt.imshow(img_p,'gray')
plt.title('Prewitt 算子滤波后图')
plt.subplot(144)
plt.imshow(img_s,'gray')
plt.title('Sobel 算子滤波后图')
plt.show()
```

结果如图3.25所示。

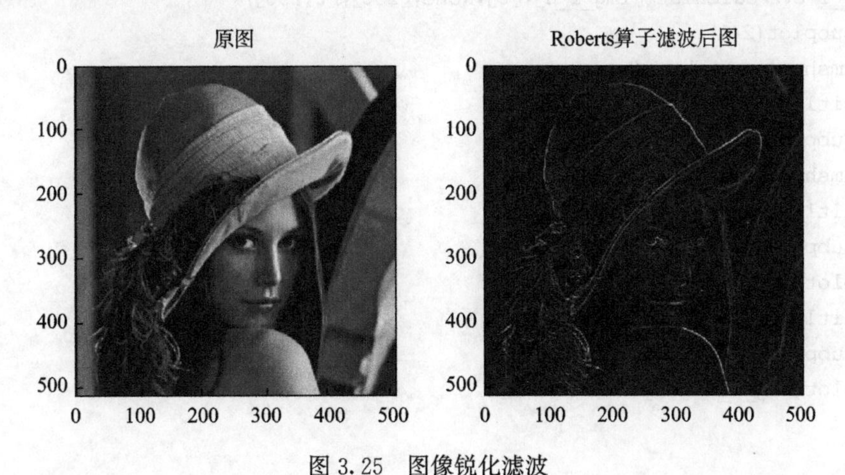

图3.25　图像锐化滤波

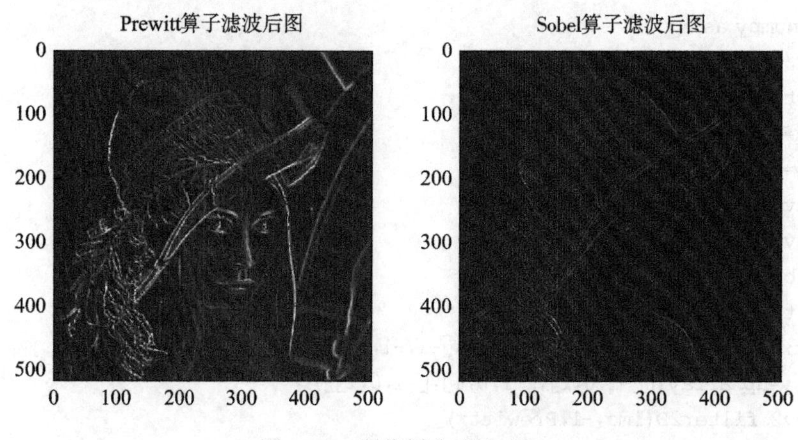

图 3.25 图像锐化滤波(续)

3.3.2 直方图增强

直方图增强主要是针对图像的像素值分布过于集中,从而导致图像对比度降低,清晰度不高的情况。因此在实验时先对图像进行灰度值压缩,然后利用直方图均衡化的方法实现图像增强。示例代码如下:

```
import cv2
import matplotlib.pyplot as plt
img=cv2.imread('001.bmp',0)
img_h=cv2.add(img,150)
img_l=cv2.multiply(img,0.2)
img_h_t=cv2.calcHist([img_h],[0],None,[256],[0,256])
img_l_t=cv2.calcHist([img_l],[0],None,[256],[0,256])
img_h_h=cv2.equalizeHist(img_h)
img_l_h=cv2.equalizeHist(img_l)
img_h_l=cv2.calcHist([img_h_h],[0],None,[256],[0,256])
img_l_l=cv2.calcHist([img_l_h],[0],None,[256],[0,256])
plt.subplot(241)
plt.imshow(img_h,'gray')
plt.title('偏亮图')
plt.subplot(242)
plt.imshow(img_h_h,'gray')
plt.title('直方图均衡化后图')
plt.subplot(245)
plt.plot(img_h_t,'gray')
plt.title('偏亮图灰度直方图')
plt.subplot(246)
plt.plot(img_h_l,'gray')
```

```
plt.title('均衡化后直方图')
plt.subplot(243)
plt.imshow(img_l,'gray')
plt.title('偏暗图')
plt.subplot(244)
plt.imshow(img_l_h,'gray')
plt.title('直方图均衡化后图')
plt.subplot(247)
plt.plot(img_l_t,'gray')
plt.title('偏暗图灰度直方图')
plt.subplot(248)
plt.plot(img_l_l,'gray')
plt.title('均衡化后灰度图')
```

结果如图 3.26 所示，从图中可以看到，通过直方图均值化后，灰度得到了扩展，图像对比度增加。

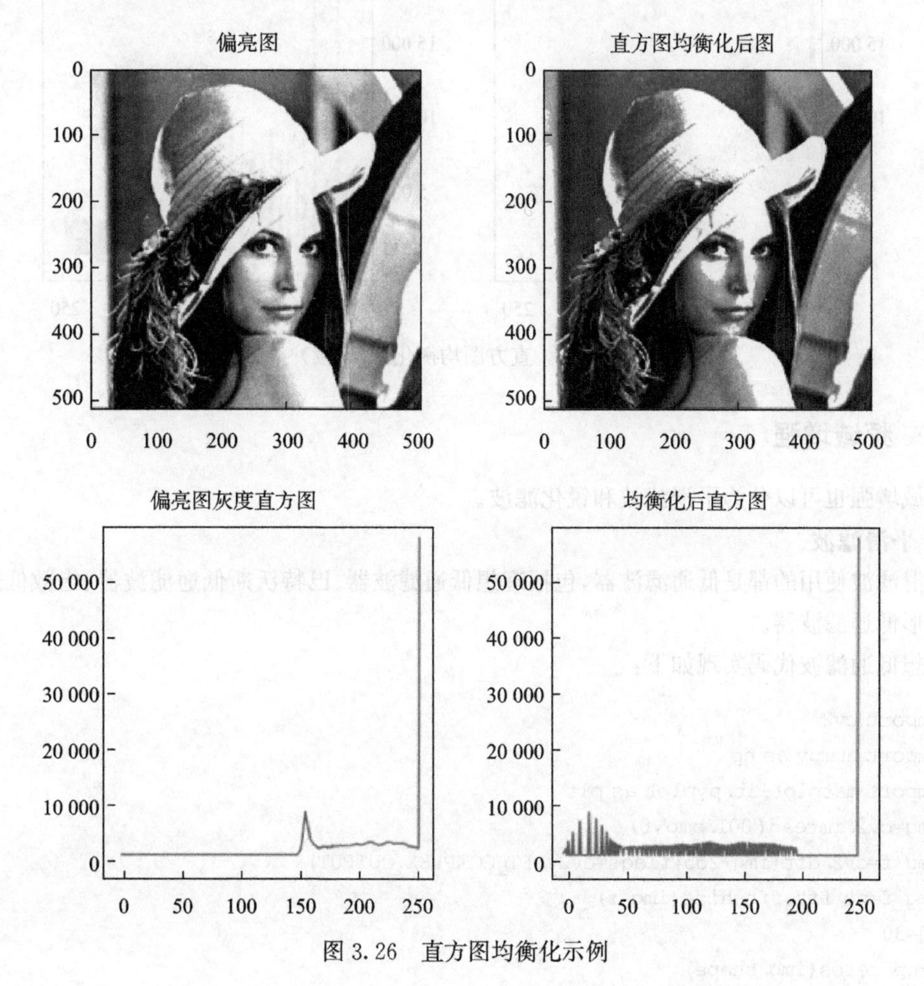

图 3.26　直方图均衡化示例

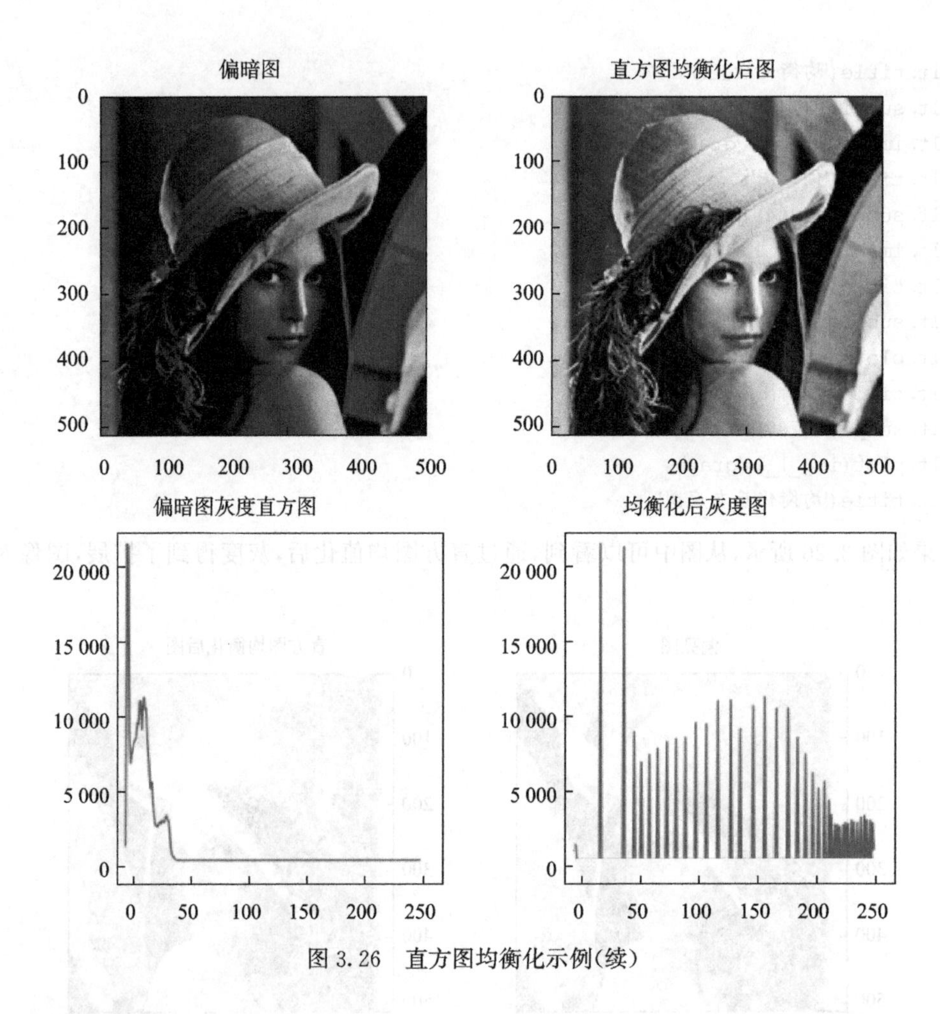

图 3.26 直方图均衡化示例(续)

3.3.3 频域增强

频域增强也可以分为平滑滤波和锐化滤波。

1. 平滑滤波

平滑滤波使用的都是低通滤波器,包括理想低通滤波器、巴特沃斯低通滤波器、指数低通滤波器和梯形低通滤波器。

理想低通滤波代码实现如下:

```
import cv2
import numpy as np
import matplotlib.pyplot as plt
img=cv2.imread('001.bmp',0)
img_f=cv2.dft(img/255,flags=cv2.DFT_COMPLEX_OUTPUT)
img_f=np.fft.fftshift(img_f)
D0=30
H=np.zeros(img.shape)
```

```
w,h=img.shape[0]//2,img.shape[1]//2
for i in range(img.shape[0]):
    for j in range(img.shape[1]):
        if(np.sqrt((i-w)**2+(j-h)**2))<=D0:
            H[i,j]=1
        else:
            H[i,j]=0
img_f[:,:,0]=img_f[:,:,0]*H
img_f[:,:,1]=img_f[:,:,1]*H
img_f=np.fft.ifftshift(img_f )
img_n=cv2.idft(img_f)
img_n=cv2.magnitude(img_n[:,:,0],img_n[:,:,1])
plt.subplot(121)
plt.imshow(img,'gray')
plt.title('原图')
plt.subplot(122)
plt.imshow(img_n,'gray')
plt.title('低通滤波后图')
plt.show()
```

结果如图3.27所示。

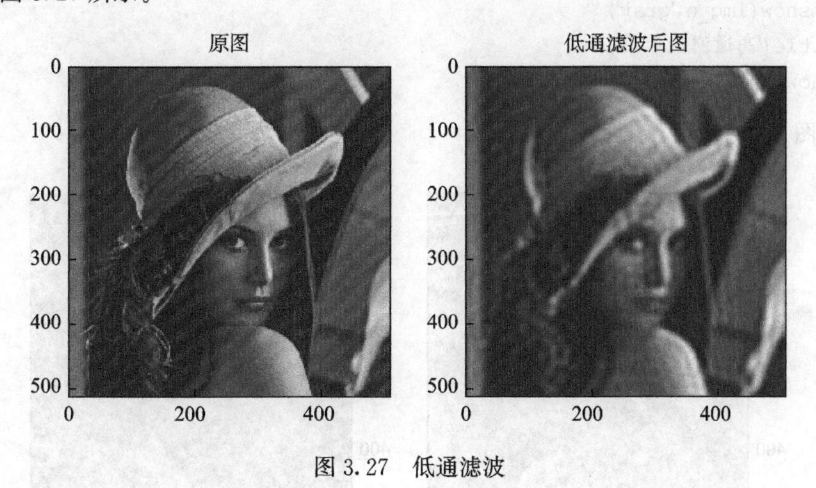

图3.27 低通滤波

2. 锐化滤波

锐化滤波使用的都是高通滤波器,包括理想高通滤波器、巴特沃斯高通滤波器、指数高通滤波器和梯形高通滤波器。

理想高通滤波器示例代码如下:

```
import cv2
import numpy as np
import matplotlib.pyplot as plt
img=cv2.imread('001.bmp',0)
```

```
img_f=cv2.dft(img/255,flags=cv2.DFT_COMPLEX_OUTPUT)
img_f=np.fft.fftshift(img_f)
D0=50
H=np.zeros(img.shape)
w,h=img.shape[0]//2,img.shape[1]//2
for i in range(img.shape[0]):
    for j in range(img.shape[1]):
        if(np.sqrt((i-w)**2+(j-h)**2))<=D0:
            H[i,j]=0
        else:
            H[i,j]=1
img_f[:,:,0]=img_f[:,:,0]*H
img_f[:,:,1]=img_f[:,:,1]*H
img_f=np.fft.ifftshift(img_f )
img_n=cv2.idft(img_f)
img_n=cv2.magnitude(img_n[:,:,0],img_n[:,:,1])
plt.subplot(121)
plt.imshow(img,'gray')
plt.title('原图')
plt.subplot(122)
plt.imshow(img_n,'gray')
plt.title('高通滤波后图')
plt.show()
```

结果如图 3.28 所示。

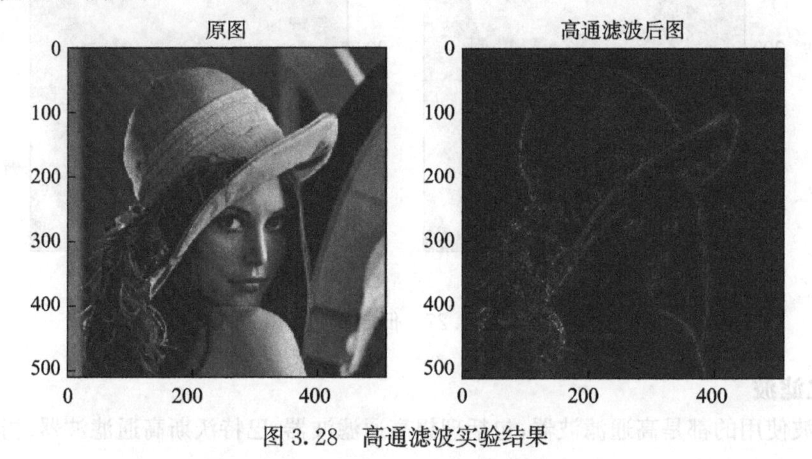

图 3.28 高通滤波实验结果

习 题

1. 实现空域拉普拉斯算子图像锐化。
2. 实现频域巴特沃斯低通和高通滤波。
3. 实现频域指数低通和高通滤波。

第4章　图像复原实验

图像复原是数字图像处理的重要组成部分，其目的是改善图像的质量，与图像增强的目的相近。不同的是图形修复可以理解为是估计退化函数或模型的过程，即需要处理的是由于某些原因导致质量降低后的图像，需要找出导致图像质量降低的原因，对图像质量降低的过程进行预测，然后进行逆处理，尽可能让图像恢复本来的样子。

退化是指在图像的获取、传输和保存过程中，图像会产生质量下降，出现模糊或失真等现象。引起质量下降的原因很多，如大气的湍流效应、传感器特性的非线性、成像设备与物体之间的相对运动、摄像设备中光学系统的衍射、胶片颗粒噪声和感光胶卷的非线性、光学系统的像差以及电视摄像扫描的非线性等所引起的几何失真，都可能造成图像的畸变和失真。如图4.1所示，可以看出图像的效果明显很差。

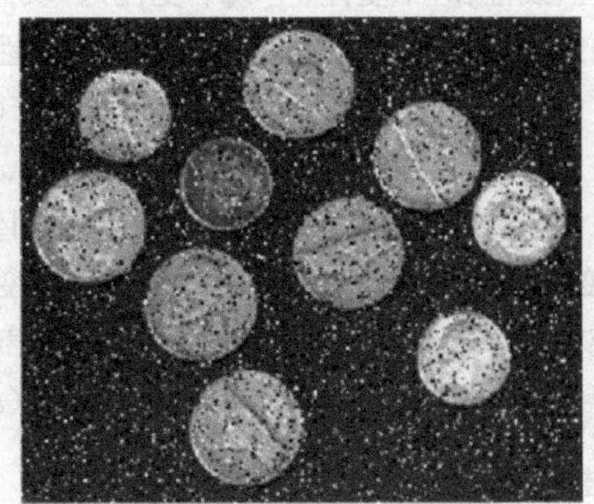

图4.1　退化图像(模糊和噪声)

4.1　图像复原基础

图像退化的原因很多，包括成像系统本身问题所导致的图像失真、成像设备不同角度引起的几何失真、拍摄目标处于运动状态等。图像复原技术就是还原图像的本真，即对某些原因导致的图像质量问题进行处理。对于退化的复原，一般可分为三个步骤，分别是构建图像退化模型、分析噪声类别和利用滤波复原，如图4.2所示。

4.1.1　图像退化模型

图像退化模型主要采用退化图像的某种所谓的先验知识来对已退化图像进行修复或重建。退化过程可看作对原图像 $f(x,y)$ 作线性运算，如图4.3所示。

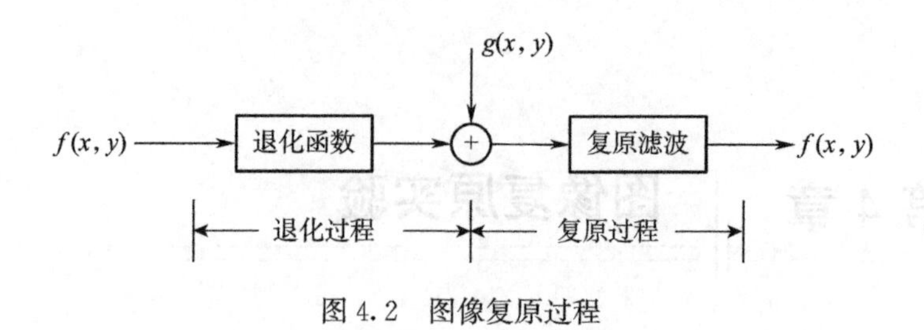

图 4.2　图像复原过程

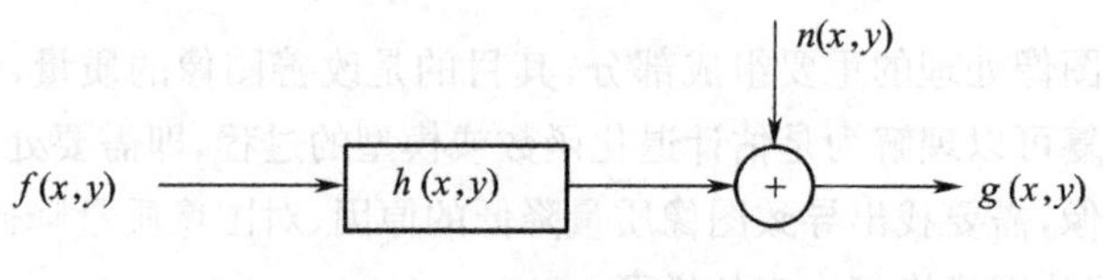

图 4.3　图像退化模型

输入图像 $f(x,y)$经过某个退化系统$h(x,y)$后和噪声 $n(x,y)$进行叠加,形成退化后的图像 $g(x,y)$。图 4.3 表示退化过程的输入和输出之间的关系,其中 $h(x,y)$概括了退化系统的物理过程,即退化模型。退化模型也是图像复原的关键问题,决定了修复后结果的优劣。

通常,假设图像经过的退化系统是线性非时变系统,线性非时变系统具有如下四个基本性质:齐次性、叠加性、线性、时不变性(空域不变性)。从而可以得出,输入信号与其经过线性非时变系统的输出信号之间的关系,结合傅里叶变换的基本性质,得到如下时域的关系表达式:

$$g(x,y)=h(x,y)*f(x,y)+n(x,y) \tag{4.1}$$

从中可以看出,在时域(空间域)上原始输入图像 $f(x,y)$与系统冲激响应 $h(x,y)$的卷积结果与噪声的和便是原始图像经过退化系统后得到的退化图像 $g(x,y)$。

在频域(变换域)上分析时,退化图像的傅里叶变换 $G(u,v)$等于原始图像的傅里叶变换 $F(u,v)$与退化系统的频率响应 $H(u,v)$相乘,再加上噪声信号的傅里叶变换 $N(u,v)$。

$$G(u,v)=H(u,v)F(u,v)+N(u,v) \tag{4.2}$$

4.1.2　噪声模型

数字图像的噪声主要来源于图像的获取和传输过程。存在如下一些重要噪声类型:高斯噪声、椒盐噪声、瑞利噪声、伽马噪声、指数噪声、均匀噪声等。

1. 高斯噪声

高斯噪声的产生源于电子电路噪声和由低照明度或高温带来的传感器噪声。理想高斯噪声又称白噪声,该噪声的功率不随频率的增加而衰减。很多情况下,噪声相关模拟实验都会使用高斯噪声。高斯随机变量 z 的概率密度函数如下:

$$p(z)=\frac{1}{\sqrt{2\pi}\sigma}\mathrm{e}^{-(z-\mu)^2/2\sigma^2} \tag{4.3}$$

其中,μ 为均值;σ 为标准差;σ^2 为方差。其图形如图 4.4 所示。给图像加入高斯噪声的结果如图 4.5 所示,从图中可以看出,加入高斯噪声后,灰度值向低灰度区域偏移。

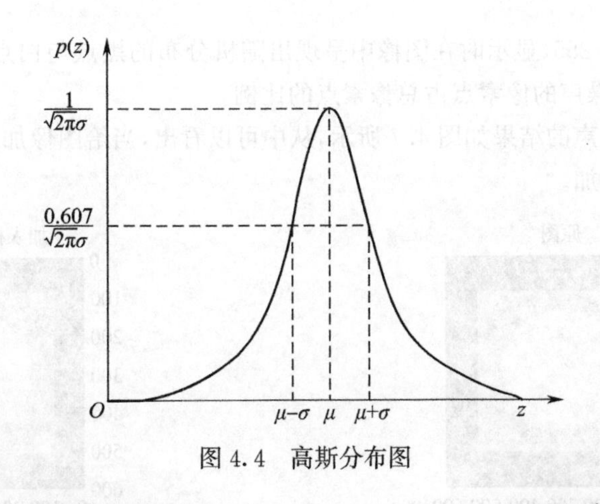

图 4.4　高斯分布图

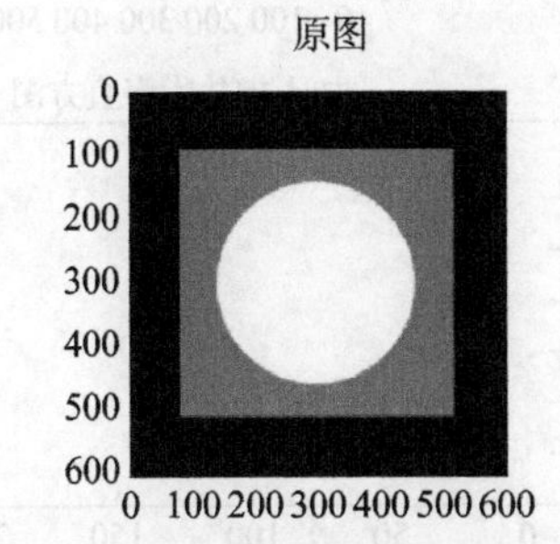

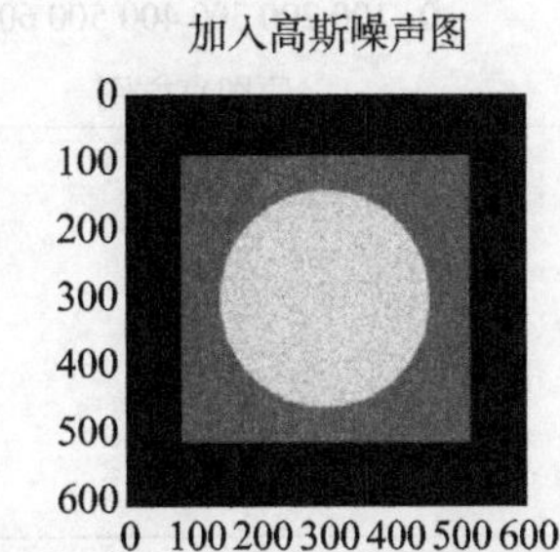

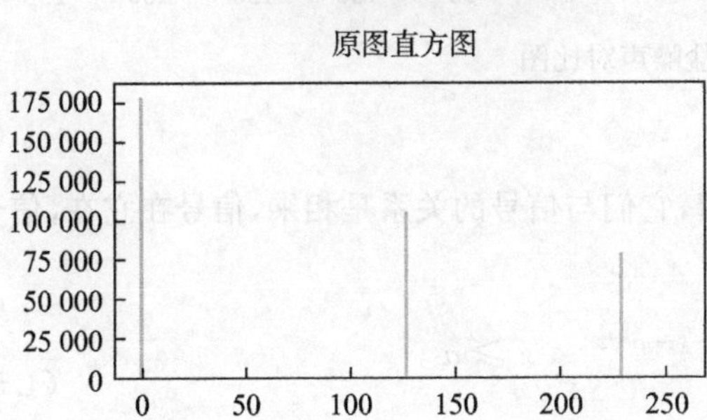

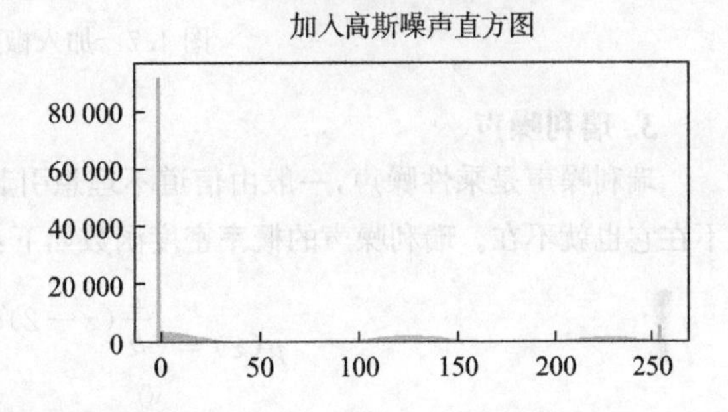

图 4.5　加入高斯噪声对比图

2. 椒盐噪声

椒盐噪声的实质就是脉冲信号，其概率密度函数如下：

$$p(z)=\begin{cases}p_a & z=a\\ p_b & z=b\\ 0 & \text{其他}\end{cases} \tag{4.4}$$

其中，a 和 b 都是像素值，其概率密度函数如图 4.6 所示。a 和 b 中值大的像素点在加入噪声后显示亮点，值小的点在处理后显示暗点。a 和 b 取值都不为零时，噪声便像盐粒和胡椒那样随机地分布在整个图像上，因此得名椒盐噪声。在 8 位的图像中，

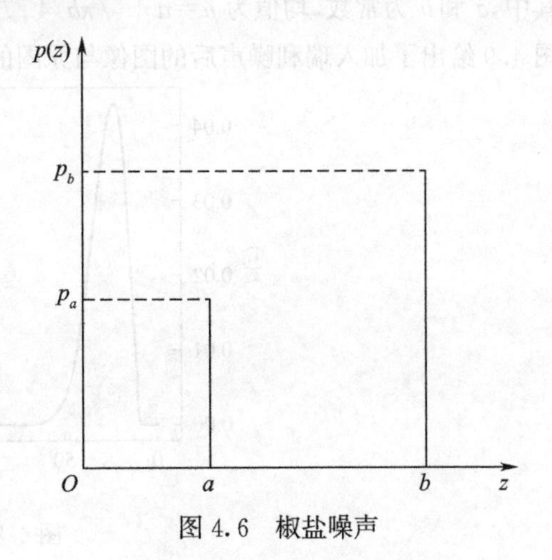

图 4.6　椒盐噪声

通常取这两个值为 0 和 255,显示时在图像中呈现出随机分布的黑点与白点。椒盐噪声的关键参数是噪声密度,即加入噪声的像素点占总像素点的比例。

给图像加入椒盐噪声的结果如图 4.7 所示,从中可以看出,当给图像加入椒盐噪声后,灰度值为 255 的像素点明显增加。

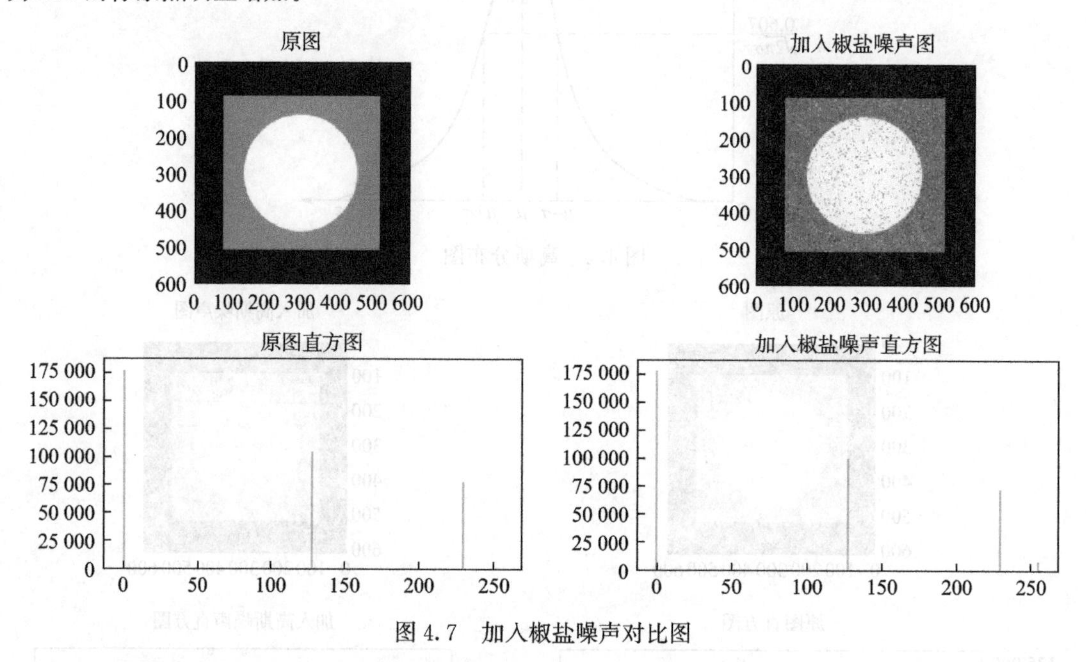

图 4.7 加入椒盐噪声对比图

3. 瑞利噪声

瑞利噪声是乘性噪声,一般由信道不理想引起,它们与信号的关系是相乘,信号在它在,信号不在它也就不在。瑞利噪声的概率密度函数如下:

$$p(z)=\begin{cases}\dfrac{2}{b}(z-2)\mathrm{e}^{-(z-\mu)^2/2\sigma^2} & z\geqslant a\\ 0 & z<a\end{cases} \tag{4.5}$$

其中,a 和 b 为常数,均值为 $\mu=a+\sqrt{\pi b/4}$;方差为 $\sigma=b(4-\pi)/4$。瑞利噪声分布如图 4.8 所示,图 4.9 给出了加入瑞利噪声后的图像与原图的对比结果。

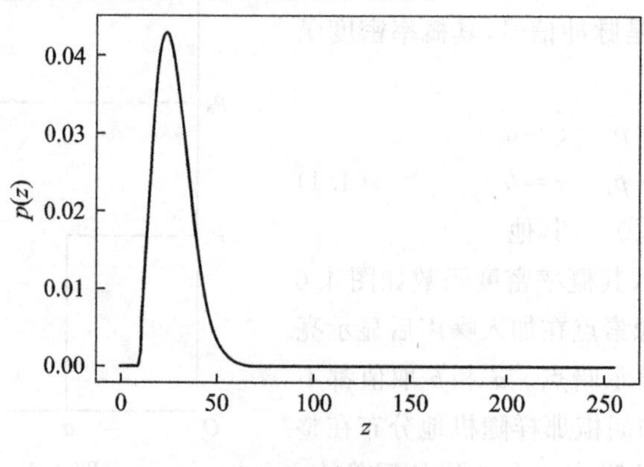

图 4.8 瑞利噪声

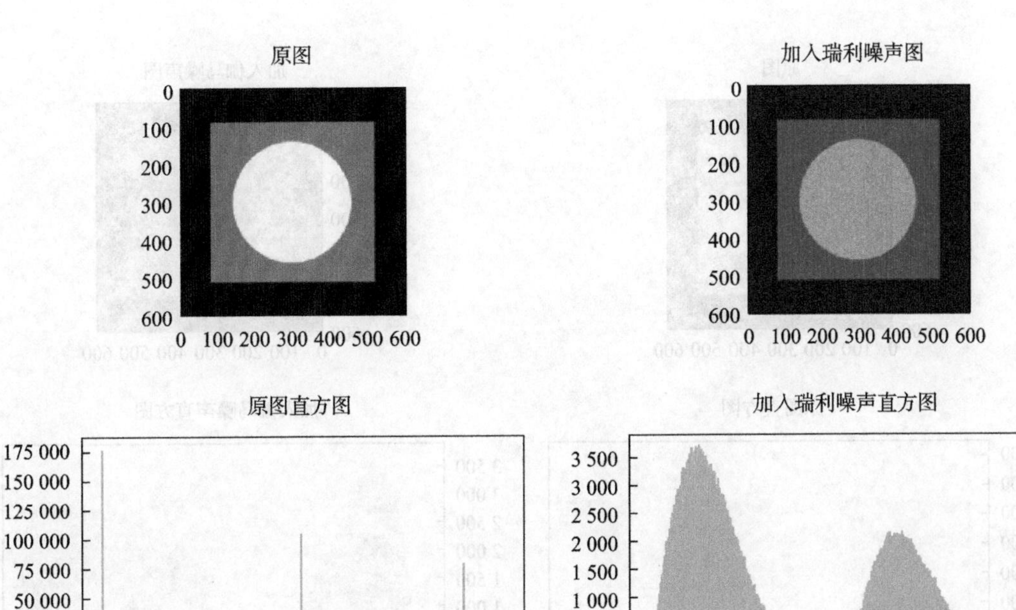

图 4.9　加入瑞利噪声对比图

4. 伽马噪声

伽马噪声通常在激光成像中产生和有相关应用，其概率密度函数如下：

$$p(z)=\begin{cases}\dfrac{a^b z^{b-1}}{(b-1)!}\mathrm{e}^{-az} & z\geqslant 0\\ 0 & z<0\end{cases} \tag{4.6}$$

其中，$a>b$ 且 b 是正整数，均值为 b/a，方差为 b/a^2。图 4.10 给出了伽马噪声分布，图 4.11 给出了加入伽马噪声后的图像与原图的对比结果。

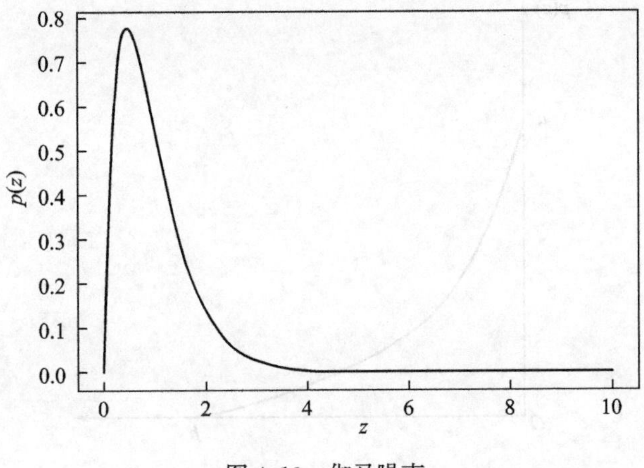

图 4.10　伽马噪声

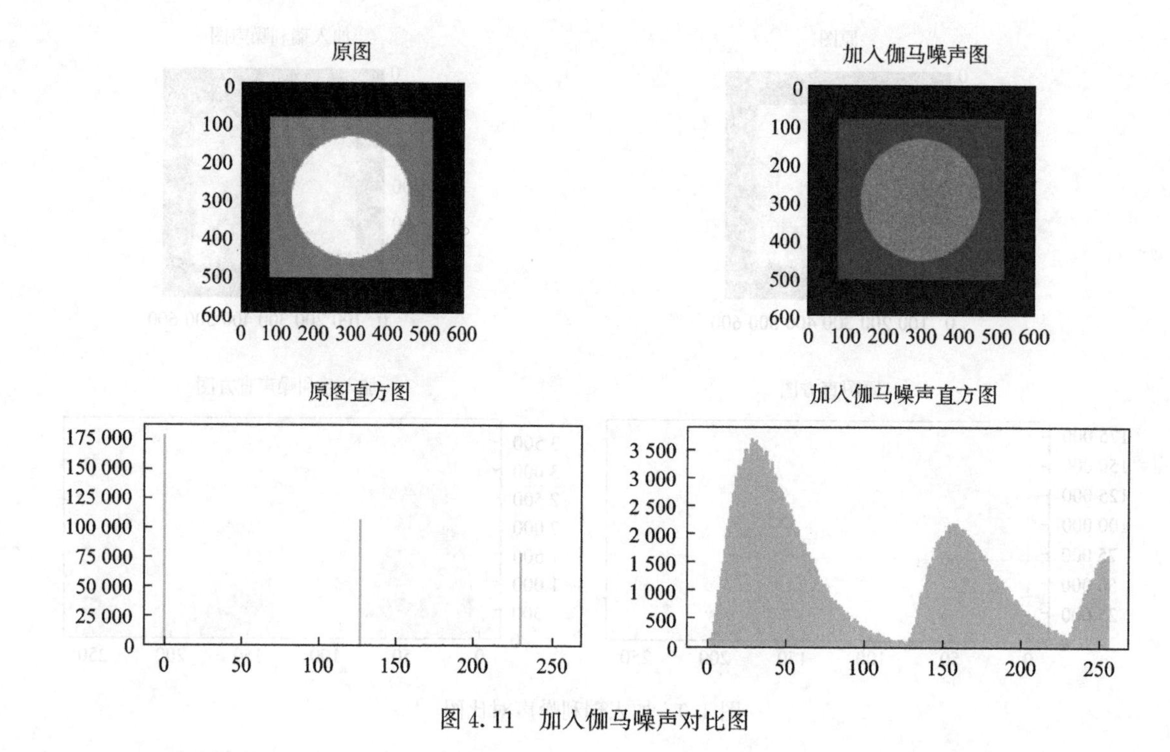

图 4.11　加入伽马噪声对比图

5. 指数噪声

指数噪声的概率密度函数为：

$$p(z)=\begin{cases}a\mathrm{e}^{-az} & z\geqslant 0\\ 0 & z<0\end{cases} \tag{4.7}$$

其中，$a>0$，均值为 $1/a$，方差为 $1/a^2$。指数噪声分布图如图 4.12 所示，图 4.13 给出了对图像加入指数噪声后与原图的对比。

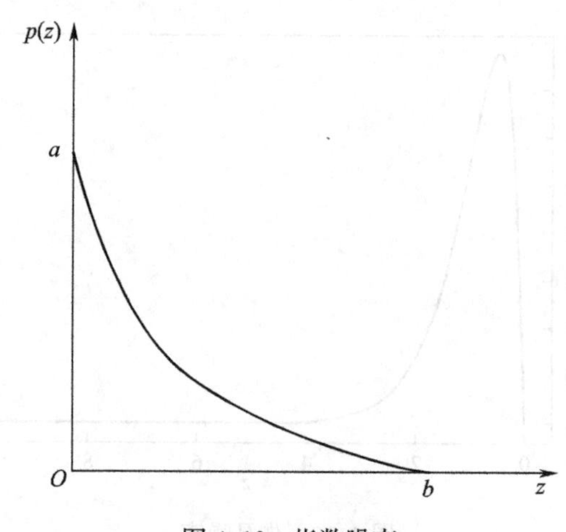

图 4.12　指数噪声

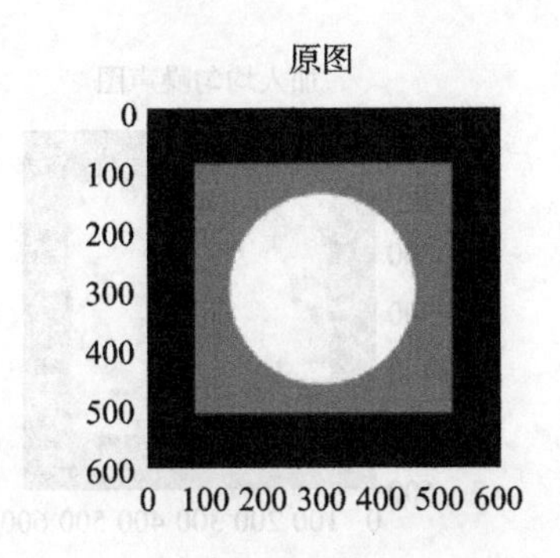

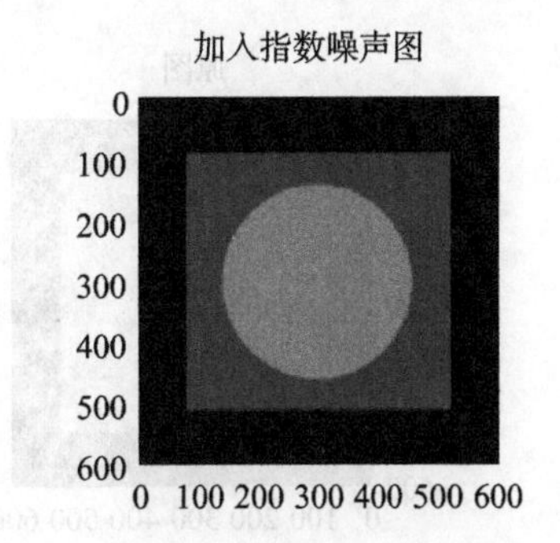

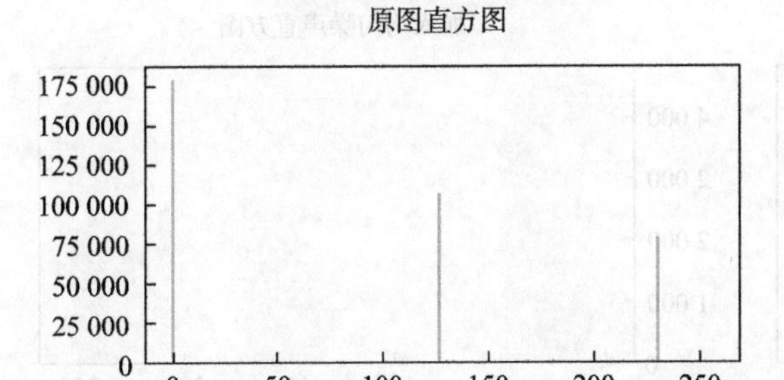

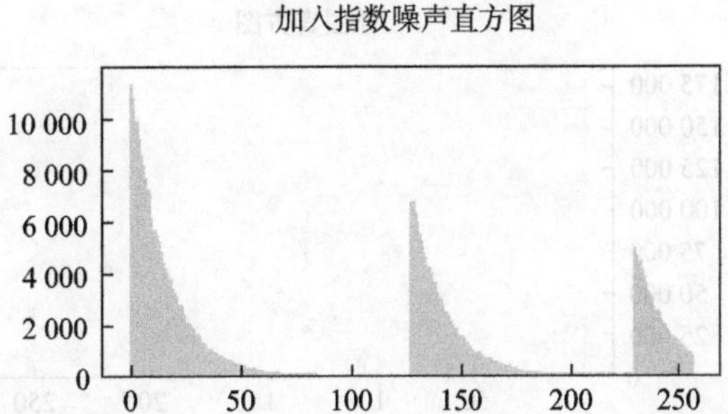

图 4.13　加入指数噪声对比图

6. 均匀噪声

均匀噪声的概率密度函数为：

$$p(z)=\begin{cases}\dfrac{1}{b-a} & a\leqslant z\leqslant b\\ 0 & z<0\end{cases}\tag{4.8}$$

其中，均值为$(a+b)/2$，方差为$(b-a)^2/12$。均匀噪声分布图如图 4.14 所示，图 4.15 给出了加入均匀噪声后的图像与原图的对比结果。

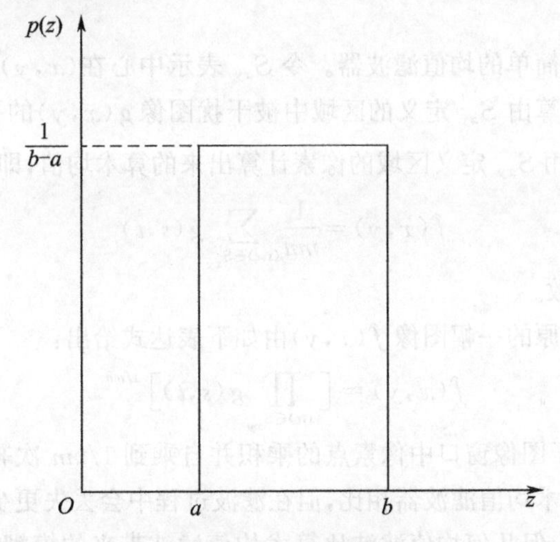

图 4.14　均值滤波

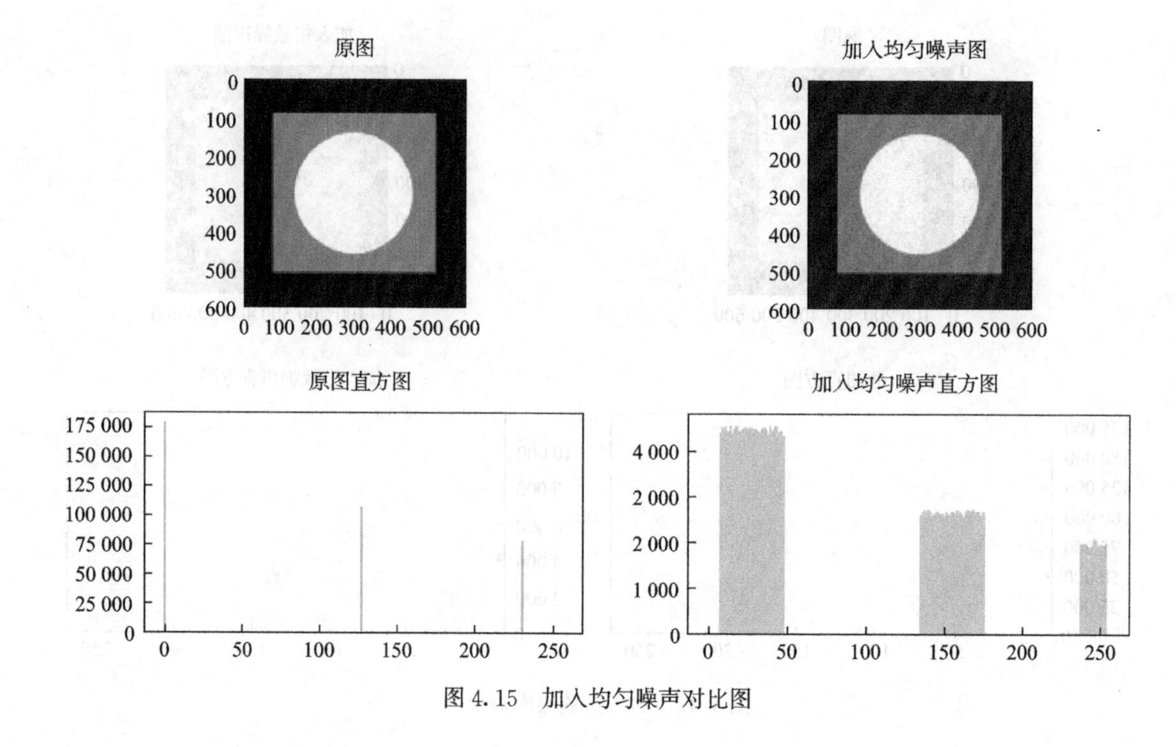

图 4.15 加入均匀噪声对比图

4.1.3 空域滤波复原

对于只存在噪声的图像,常用的方法是滤波复原。滤波方法分均值滤波、统计排序滤波和自适应滤波。随着数字信号处理和图像处理的发展,新的复原算法不断出现,不同的复原方法所需的条件是不相同的,所以在应用中可以根据具体情况加以选择。

1. 均值滤波器

均值滤波器包括算术均值滤波器、几何均值滤波器、谐波均值滤波器、逆谐波均值滤波器。

算术均值滤波器是最简单的均值滤波器。令 S_{xy} 表示中心在(x,y)点,尺寸为(m,n)的矩形子图像窗口的坐标组。计算由 S_{xy} 定义的区域中被干扰图像 $g(x,y)$的平均值。在任意点(x,y)处复原图像 $\hat{f}(x,y)$就是用 S_{xy} 定义区域的像素计算出来的算术均值,即

$$\hat{f}(x,y)=\frac{1}{mn}\sum_{(s,t)\in S_{xy}} g(s,t) \tag{4.9}$$

其中,m 和 n 通常值为奇数。

用几何均值滤波器复原的一幅图像 $\hat{f}(x,y)$由如下表达式给出:

$$\hat{f}(x,y)=\left[\prod_{(s,t)\in S_{xy}} g(s,t)\right]^{1/mn} \tag{4.10}$$

其中,每个被复原像素由子图像窗口中像素点的乘积并自乘到 $1/mn$ 次幂给出。几何均值滤波器所达到的平滑度可以与算术均值滤波器相比,但在滤波过程中会丢失更少的图像细节。即两种滤波器对噪声衰减都有作用,但几何均值滤波比算术均值滤波带来的模糊效果更少,有时可以带来更好的滤波效果。

谐波均值滤波器计算公式如下：

$$\hat{f}(x,y)=\frac{mn}{\sum_{(s,t)\in S_{xy}}\frac{1}{g(s,t)}} \tag{4.11}$$

谐波均值滤波器对于“椒盐” 噪声效果较好，但不适于“胡椒”噪声。它善于处理高斯噪声。

逆谐波均值滤波操作对一幅图像的复原基于如下表达式：

$$\hat{f}(x,y)=\frac{\sum_{(s,t)\in S_{xy}} g(s,t)^{Q+1}}{\sum_{(s,t)\in S_{xy}} g(s,t)^{Q}} \tag{4.12}$$

其中，Q 称为滤波器的阶数。这种滤波器适合减少或是在实际中消除椒盐噪声的影响。当 Q 值为正数时，滤波器用于消除“胡椒”噪声；当 Q 值为负数时，滤波器用于消除“椒盐”噪声。但它不能同时消除这两种噪声。注意，当 $Q=0$ 时，逆谐波均值滤波器退变为算术均值滤波器；当 $Q=-1$ 时，逆谐波均值滤波器退变为谐波均值滤波器。

图 4.16 给出了加入高斯噪声的图片经过不同均值滤波后的结果。从图中可以看出，每种方法都对噪声有一定的消除作用。

图 4.16　均值滤波结果示例

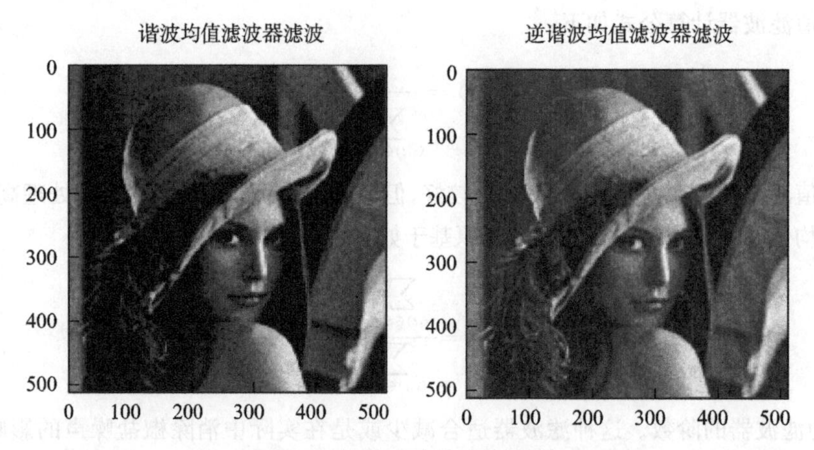

图 4.16 均值滤波结果示例(续)

2. 统计排序滤波

常用的统计排序滤波器有中值滤波器、最大最小值滤波器、中点滤波器、修正阿尔法均值滤波器等。

中值滤波器是最常见的统计排序滤波器,用该像素的相邻像素的灰度中值代替该像素的值,表达式如下:

$$\hat{f}(x,y)=\underset{(s,t)\in S_{xy}}{\text{median}}\{g(s,t)\} \tag{4.13}$$

中值滤波器是统计排序滤波器中最常用的滤波器,对于很多种随机噪声,它都有良好的去噪效果,且在相同尺寸下比起线性平滑滤波器引起的模糊较少。中值滤波器尤其对单极或双极脉冲噪声非常有效。

和中值滤波器一样,最大最小值滤波器也是统计排序滤波器中常用的滤波器。它们处理数据时都需要先排序,中值滤波器是取中间的数,但是最大值滤波器取的是最后的数,最小值滤波器选择的是第一个数。最大值滤波器在图像中有亮点噪声的滤波效果非常好,而最小值滤波器对图像中的暗点噪声滤波效果较好。最大值滤波器表达式如下:

$$\hat{f}(x,y)=\max_{(s,t)\in S_{xy}}\{g(s,t)\} \tag{4.14}$$

最小值滤波器定义如下:

$$\hat{f}(x,y)=\min_{(s,t)\in S_{xy}}\{g(s,t)\} \tag{4.15}$$

中点滤波器是指取值在最大值和最小值之间的中点,可以表示为:

$$\hat{f}(x,y)=\frac{1}{2}\left[\max_{(s,t)\in S_{xy}}\{g(s,t)\}+\min_{(s,t)\in S_{xy}}\{g(s,t)\}\right] \tag{4.16}$$

中点滤波器是统计顺序滤波器和均值滤波器的结合,能够对随机噪声有很好的处理效果。

修正阿尔法均值滤波器是假设在邻域 S_{xy} 内删除 $g(s,t)$的 $d/2$ 个最低灰度值和 $d/2$ 个最高灰度值,然后在剩下的像素点中进行算术均值滤波。其表达式如下:

$$\hat{f}(x,y)=\frac{1}{mn-d}\sum_{(s,t)\in S_{xy}}g_d(s,t) \tag{4.17}$$

其中,$g_d(s,t)$表示 S_{xy} 中剩下的 $mn-d$ 个像素。当 $d=0$ 时,修正阿尔法均值滤波器简化为算术均值滤波器。当 $d=mn-1$ 时，修正阿尔法均值滤波器简化为中值滤波器。当 d 等于其他值时，能够处理多种噪声情况。

图4.17给出了加入椒盐噪声的图片经过不同均值滤波后的效果，从中可以看出，对于椒盐噪声，中值滤波效果最好。

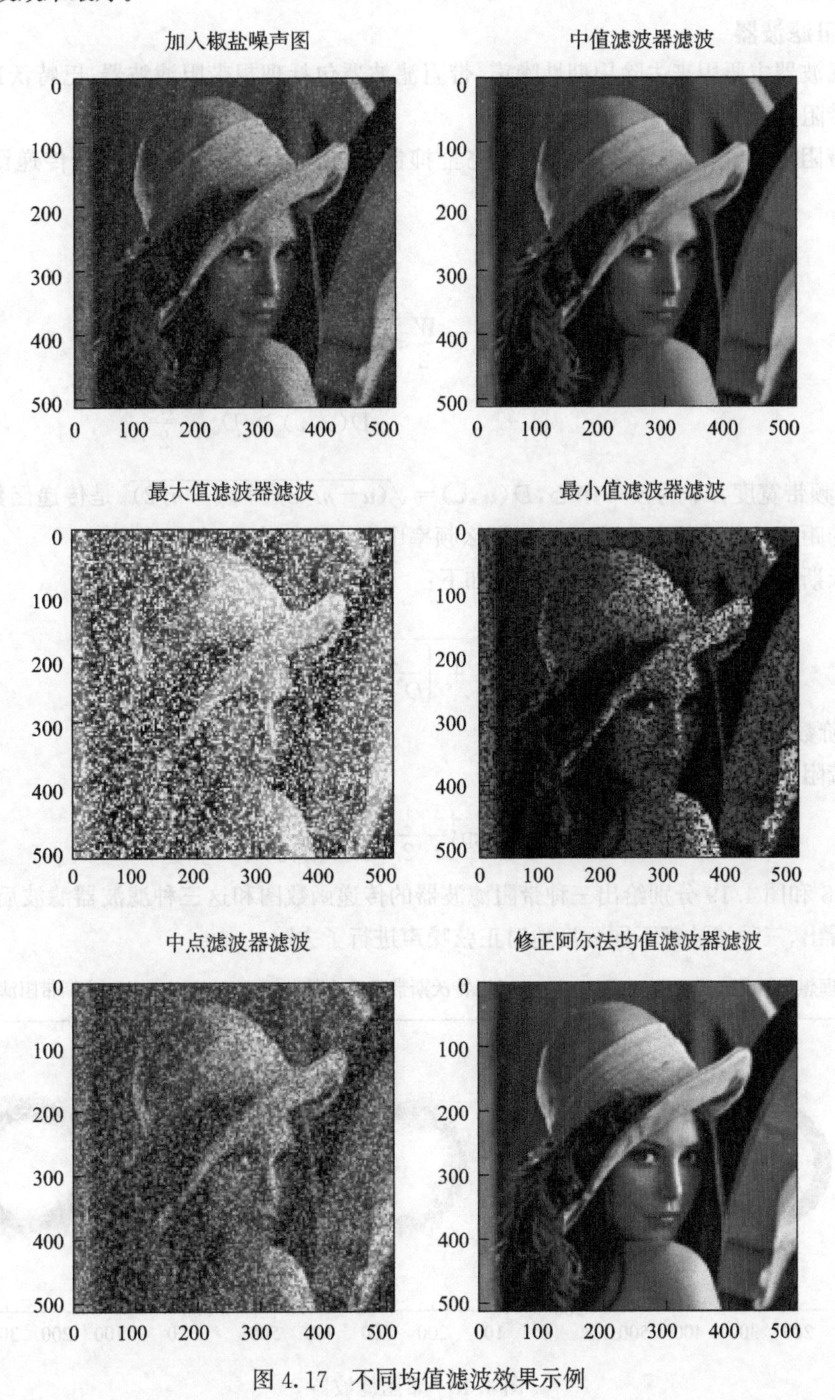

图4.17　不同均值滤波效果示例

4.1.4 频域滤波复原

在图像增强部分已介绍过很多频域滤波的内容，这里补充以下两种常用滤波器，即带阻滤波器和带通滤波器。

1. 带阻滤波器

带阻滤波器主要用来去除周期性噪声，带阻滤波器包括理想带阻滤波器、巴特沃斯带阻滤波器和高斯带阻滤波器。

理想带阻滤波器是将部分频率分量完全抑制，其余分量无损地通过，其传递函数表达式如下：

$$H(u,v)=\begin{cases}1 & D(u,v)<D_0-\dfrac{W}{2}\\ 0 & D_0-\dfrac{W}{2}\leqslant D(u,v)\leqslant D_0+\dfrac{W}{2}\\ 1 & D(u,v)>D_0+\dfrac{W}{2}\end{cases} \tag{4.18}$$

其中，W 为频带宽度，D_0 为频带中心，$D(u,v)=\sqrt{(u-m/2)^2+(v-n/2)^2}$ 是传递函数中心到频率中心点的距离。若图像大小为 $m\times n$，那么频率中心点坐标为$(m/2,n/2)$。

巴特沃斯带阻滤波器传递函数表达式如下：

$$H(u,v)=\frac{1}{1+\left[\dfrac{D(u,v)W}{D^2(u,v)-D_0^2}\right]^{2n}} \tag{4.19}$$

其中，n 为阶数。

高斯带阻滤波器传递函数表达式如下：

$$H(u,v)=1-\exp\left\{-\frac{1}{2}\left[\frac{D^2(u,v)-D_0^2}{D(u,v)W}\right]^2\right\} \tag{4.20}$$

图4.18和图4.19分别给出三种带阻滤波器的传递函数图和这三种滤波器滤波后的效果图。从中可以看出，三种滤波都不同程度地对正弦噪声进行了去除。

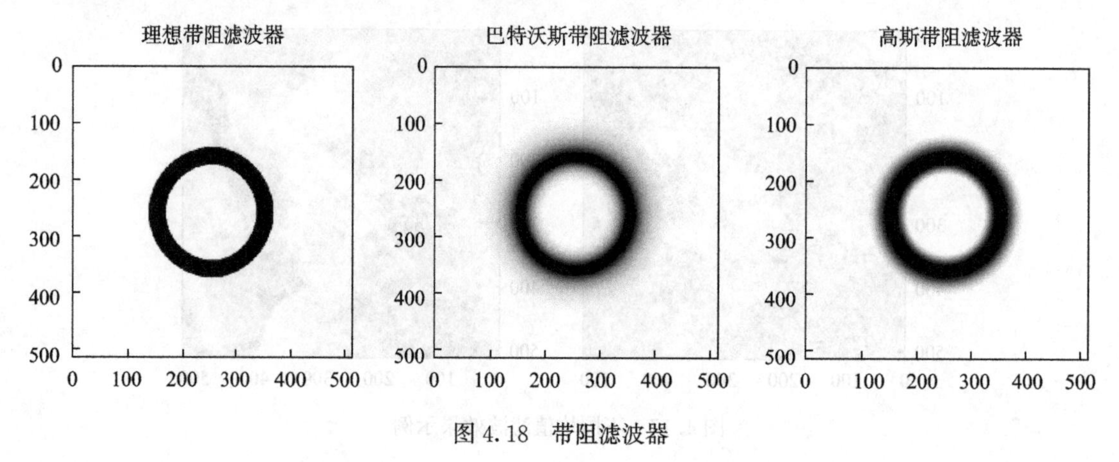

图4.18 带阻滤波器

图4.19　带阻滤波器结果示例

2. 带通滤波器

带通滤波器和带阻滤波器刚好相反，可由带阻滤波器转换而来，表达式如下：

$$H_{BPF}(u,v)=1-H_{BR}(u,v) \tag{4.21}$$

带通滤波器也包括理想带通滤波器、巴特沃斯带通滤波器和高斯带通滤波器，它们的传递函数可以通过式(4.21)推导得出。图4.20和图4.21分别给出三种带通滤波器的传递函数图和这三种滤波器滤波后的效果图。从中可以看出，三种滤波都不同程度地对正弦噪声进行了去除。

图4.20　带通滤波器

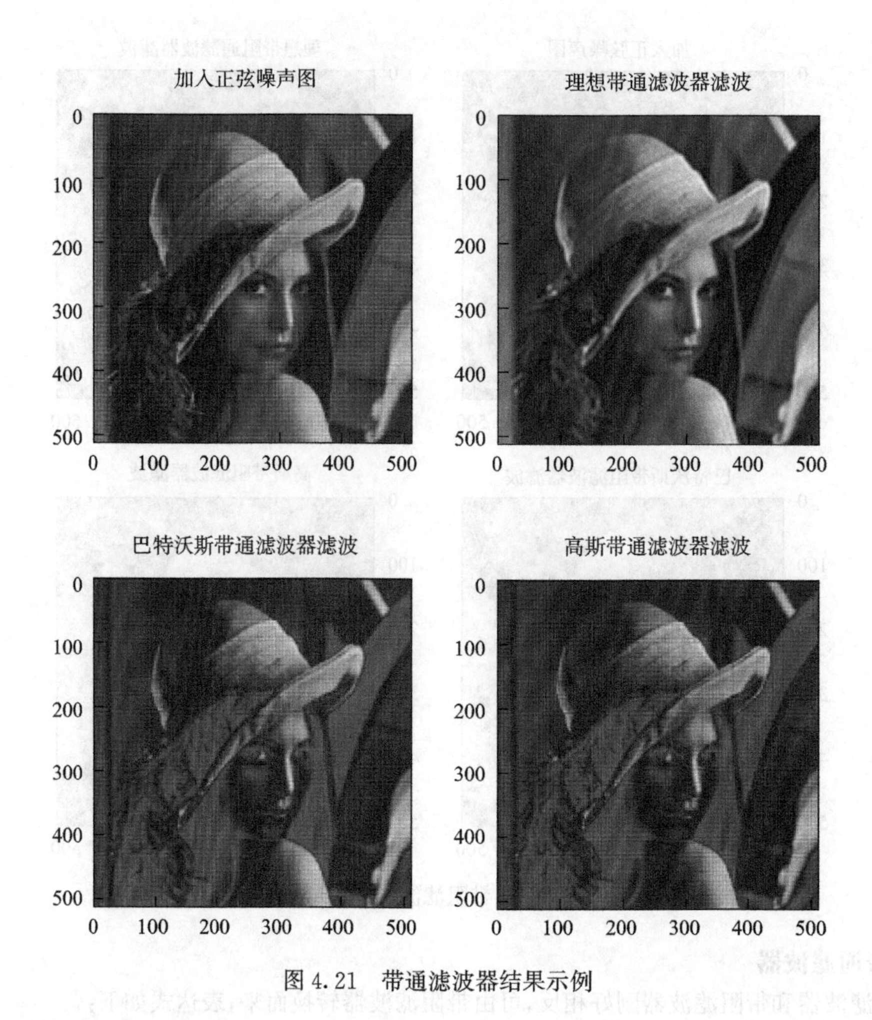

图 4.21 带通滤波器结果示例

4.1.5 自适应滤波复原

自适应滤波器考虑到了图像本身大小和邻域内图像的统计特性变化,因此性能要优于前面讨论的滤波器。当然,性能上的提升是以提升算法复杂度的代价换来的。

常见的自适应滤波方式是自适应局部降噪滤波器,其表达式如下:

$$\hat{f}(x,y)=g(x,y)-\frac{\sigma_{\eta}^{2}}{\sigma_{S_{xy}}^{2}}[g(x,y)-\mu] \tag{4.22}$$

其中,$g(x,y)$是带噪图像在(x,y)的灰度值,σ_{η}^{2} 是噪声方差,$\sigma_{S_{xy}}^{2}$ 是邻域 S_{xy} 内的局部方差,μ 是邻域 S_{xy} 内的均值。从公式中可以看出,当 $\sigma_{\eta}^{2}=0$ 时,输出值等于灰度值,即噪声为 0。当 σ_{η}^{2} 和 $\sigma_{S_{xy}}^{2}$ 高度相关时,输出值接近于灰度值。当 σ_{η}^{2} 和 $\sigma_{S_{xy}}^{2}$ 相等时,输出值为该邻域内的算术平均值。图 4.22 给出了通过自适应局部降噪滤波器滤波后的结果,从中可以看出,自适应滤波器能够对高斯噪声进行有效去噪。

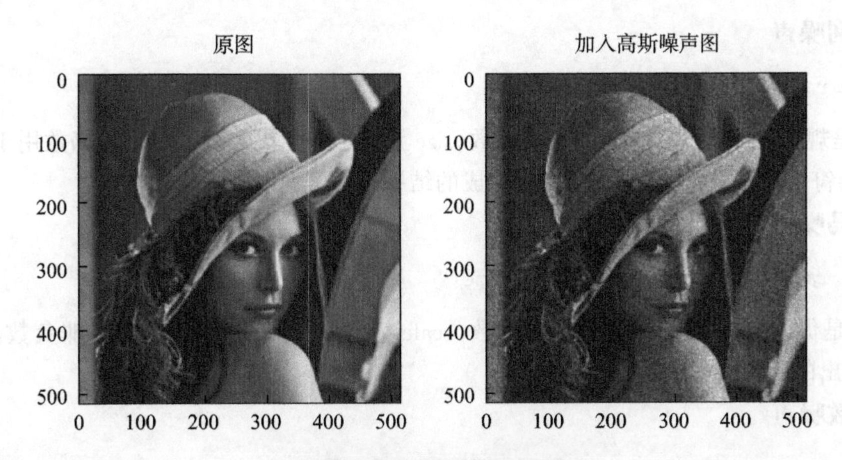

图 4.22 自适应局部降噪滤波器滤波结果示例

4.2 用到的 Python 函数

4.2.1 噪声模型

常用的噪声函数包括高斯噪声、瑞利噪声、伽马噪声、指数噪声、均匀噪声等。

1. 高斯噪声

```
numpy.random.normal(loc,scale,size)
```

其中各返回值和参数的含义分别为：

loc是高斯分布的平均值；scale为高斯分布的标准差；size是输出的随机数据维度。高斯分布又称正态分布，除了第3章中提到的方法外，还可以用该函数实现。该函数用于生成一个指定形状的符合高斯分布的随机数，并将生成的结果通过值返回。第1个参数对应整个高斯分布的中心。第2个参数对应高斯分布的宽度。scale值越大，分布越扁平；反之，分布越高耸。第3个参数为可选参数，可根据需求进行输出尺寸的设置，若未指定，则仅输出单个值。当参数loc设置为0，scale设置为1时，即代表标准正态分布。

2. 瑞利噪声

```
numpy.random.rayleigh(scale,size)
```

scale是规模,也等于模式,必须是非负数;size为输出的随机数据维度。该函数用于生成一个指定形状的符合瑞利分布的随机数,并将生成的结果通过值返回。

3. 伽马噪声

```
numpy.random.gamma(shape,scale,size)
```

shape是伽马分布的形状,必须是非负数;scale为伽马分布的尺度,必须是非负数,默认值为1;size是输出的随机数据维度。

4. 指数噪声

```
numpy.random.exponential(scale=1.0,size=None)
```

scale是比率的倒数,默认值为1.0;size为返回数组的形状。

5. 均匀噪声

```
numpy.random.uniform(low,high,size)
```

low是采样下界,float类型,默认值为0;high为采样上界,float类型,默认值为1;size是输出样本数目,省略时输出1个值。

4.2.2 空域滤波

```
numpy.pad(array,pad_width,mode='constant',**kwargs)
```

用于填充numpy数组,参数含义如下:

array是要填充的数组;pad_width为填充位置(行,列),行和列都是元组,表示前后填充数量;mode为填充方式,包括常数填充(constant)、边缘填充(edge)和边缘递减(linear_ramp)。

```
numpy.max(a,axis=None)
```

求最大值,参数含义如下:

a为求最大值的数组;axis选择按行还是按列取最大值,省略时返回数组所有元素的最大值。

```
numpy.min(a,axis=None)
```

求最小值,参数含义如下:

a为求最小值的数组;axis选择按行还是按列取最小值,省略时返回数组所有元素的最小值。

```
numpy.sort(a,axis=-1)
```

对数组进行排序,参数含义如下:

a为要排序的数组;axis选择按行还是按列排序,省略时按行排序。

```
numpy.mean(a,axis=None,dtype=None)
```

对数组求均值，参数含义如下：

a 为要求均值的数组；axis 选择按行还是按列求均值，省略时取所有元素的均值；dtype 数据类型，默认值为 float64。

4.2.3　频域滤波

```
numpy.power(x1,x2)
```

幂次运算，参数含义如下：

x1 为要进行幂次运算的数据，可以为数或数组；x2 为指数。

```
numpy.sqrt(x)
```

求 x 的平方根。

```
numpy.exp(x)
```

求指数的 x 次方。

4.2.4　自适应滤波

```
numpy.var(arr,axis=None)
```

求 arr 的方差，当 axis＝0 时按列求方差，当 axis＝1 时按行求方差，若 axis 省略则求所有元素的方差。

```
cv2.meanStdDev(src,mean,stddev,mask)
```

求均值和方差，参数含义如下：

src 为要求均值和方差的数组；mean 为输出的均值；stddev 为输出的方差；mask 为掩模，通常省略。

4.3　实验举例

4.3.1　噪声模型

将高斯噪声、椒盐噪声、瑞利噪声、伽马噪声、指数噪声、均匀噪声加入图像，并进行对比。示例代码如下：

```
import cv2
import numpy as np
import skimage
import matplotlib.pyplot as plt
img=cv2.imread('001.bmp',0)
img_n=skimage.util.random_noise(img,'gaussian',mean=0,var=0.005)
img_s=skimage.util.random_noise(img,'s&p',amount=0.1)
```

```
img_r=img+np.random.rayleigh(20,img.shape)
img_g=img+np.random.gamma(3,15,img.shape)
img_e=img+np.random.exponential(15,img.shape)
img_u=img+np.random.uniform(10,50,img.shape)
plt.subplot(231)
plt.imshow(img_n,'gray')
plt.title('加入高斯噪声图')
plt.subplot(232)
plt.imshow(img_s,'gray')
plt.title('加入椒盐噪声图')
plt.subplot(233)
plt.imshow(img_r,'gray')
plt.title('加入瑞利噪声图')
plt.subplot(234)
plt.imshow(img_g,'gray')
plt.title('加入伽马噪声图')
plt.subplot(235)
plt.imshow(img_e,'gray')
plt.title('加入指数噪声图')
plt.subplot(236)
plt.imshow(img_u,'gray')
plt.title('加入均匀噪声图')
plt.show()
plt.subplot(231)
plt.hist(np.round(img_n.ravel()*255),256,[0,256])
plt.title('加入高斯噪声灰度直方图')
plt.subplot(232)
plt.hist(np.round(img_s.ravel()*255),256,[0,256])
plt.title('加入椒盐噪声灰度直方图')
plt.subplot(233)
plt.hist(np.round(img_r.ravel()),256,[0,256])
plt.title('加入瑞利噪声灰度直方图')
plt.subplot(234)
plt.hist(np.round(img_g).ravel(),256,[0,256])
plt.title('加入伽马噪声灰度直方图')
plt.subplot(235)
plt.hist(np.round(img_e.ravel()),256,[0,256])
plt.title('加入指数噪声灰度直方图')
plt.subplot(236)
plt.hist(np.round(img_u.ravel()),256,[0,256])
plt.title('加入均匀噪声灰度直方图')
plt.show()
```

结果如图 4.23 所示,对应的灰度直方图如图 4.24 所示。

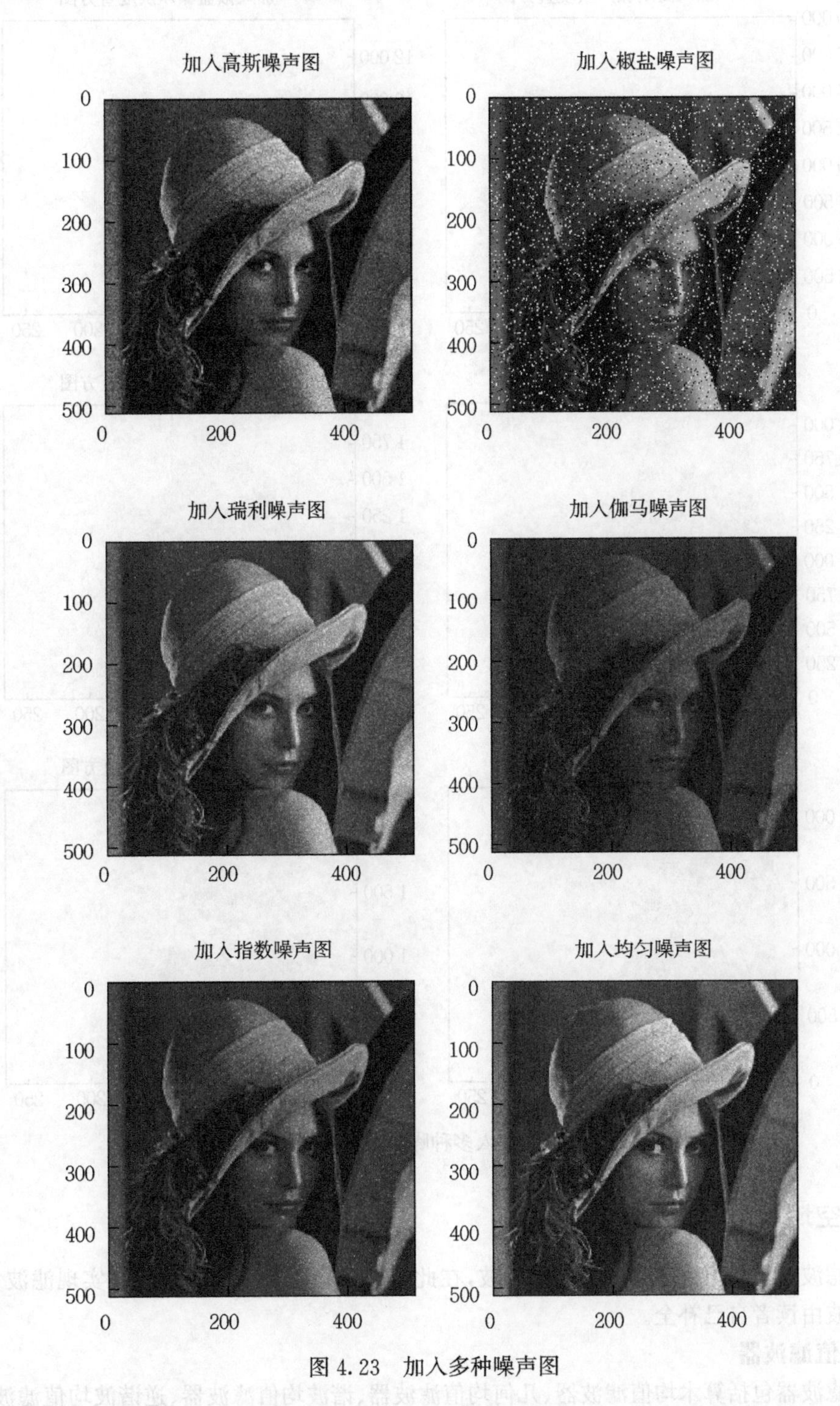

图 4.23 加入多种噪声图

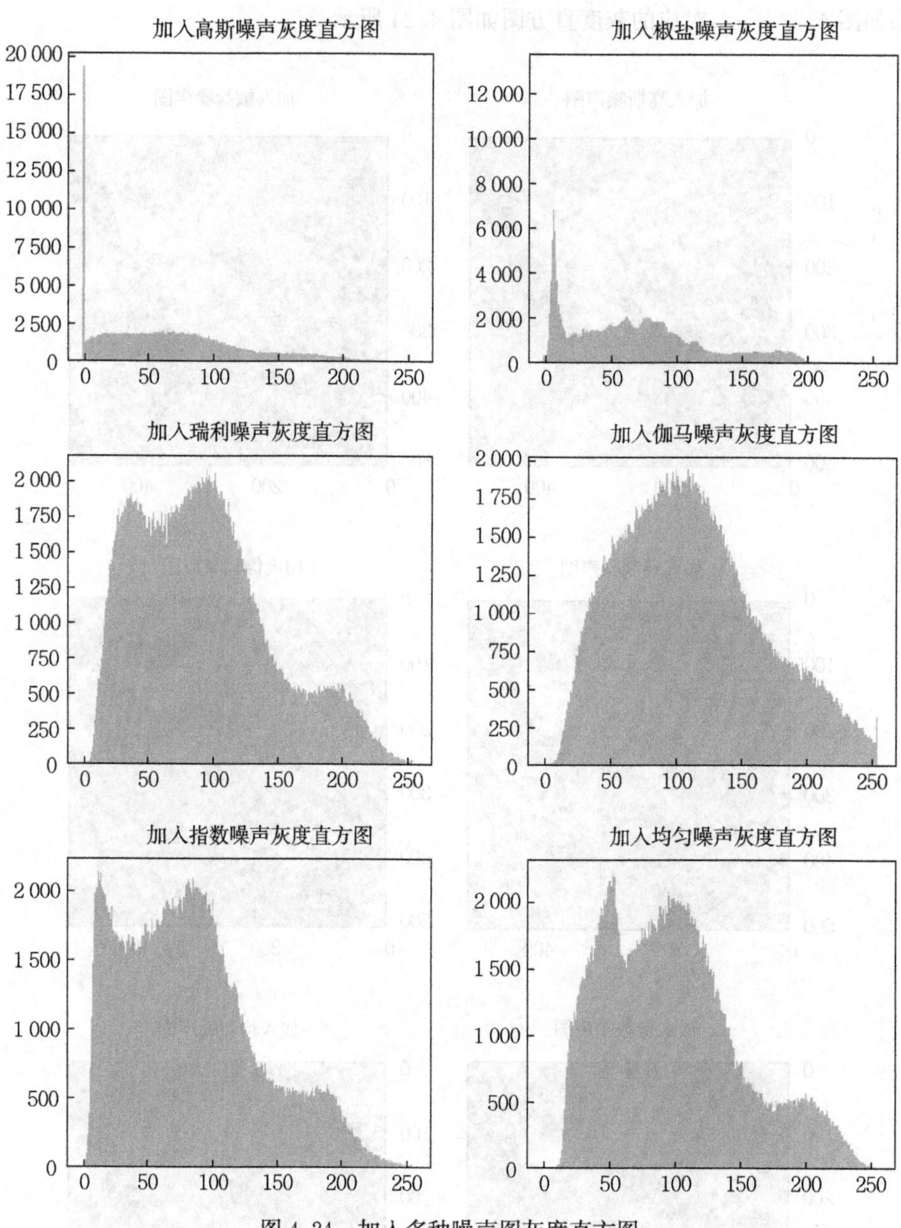

图 4.24 加入多种噪声图灰度直方图

4.3.2 空域滤波复原

空域滤波包括均值滤波和统计排序滤波，在此只针对高斯噪声和椒盐噪声实现滤波复原，其余噪声滤波由读者自己补全。

1. 均值滤波器

均值滤波器包括算术均值滤波器、几何均值滤波器、谐波均值滤波器、逆谐波均值滤波器。示例中分别加入方差为 0、均值为 0.01 的高斯噪声和椒盐噪声，然后利用上述滤波器进行滤波。其中使用逆谐波均值滤波器时 q=1.5，示例代码如下：

```
import cv2
import skimage
import numpy as np
import matplotlib.pyplot as plt
q=1.5
img=cv2.imread('003.bmp',0)
img_g=skimage.util.random_noise(img,'gaussian',mean=0,var=0.01)+0.01
img_ba=cv2.blur(img_g,(3,3))
img_bg=np.exp(np.log(cv2.blur(img_g,(3,3))))
img_bx=cv2.divide(1,(cv2.blur(cv2.divide(1,img_g),(3,3))))
img_bn=cv2.blur(cv2.pow(img_g,q+1),(3,3))/cv2.blur(cv2.pow(img_g,q),(3,3))
plt.subplot(231)
plt.imshow(img,'gray')
plt.title('原图')
plt.subplot(232)
plt.imshow(img_g,'gray')
plt.title('加入高斯噪声图')
plt.subplot(233)
plt.imshow(img_ba,'gray')
plt.title('算术均值滤波器滤波')
plt.subplot(234)
plt.imshow(img_bg,'gray')
plt.title('几何均值滤波器滤波')
plt.subplot(235)
plt.imshow(img_bx,'gray')
plt.title('谐波均值滤波器滤波')
plt.subplot(236)
plt.imshow(img_bn,'gray')
plt.title('逆谐波均值滤波器滤波')
plt.show()
```

结果如图 4.25 所示，对应的直方图如图 4.26 所示。

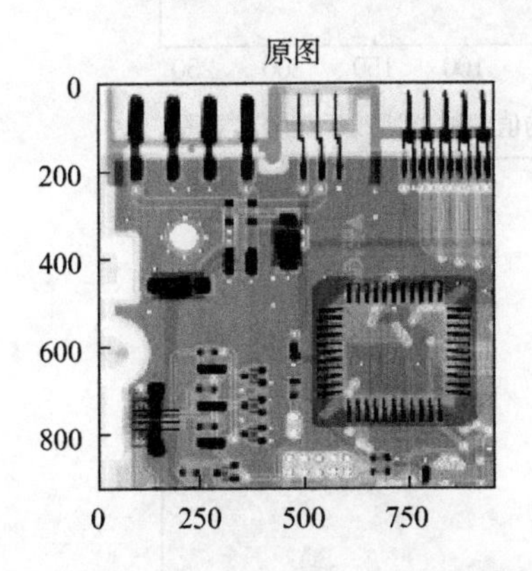

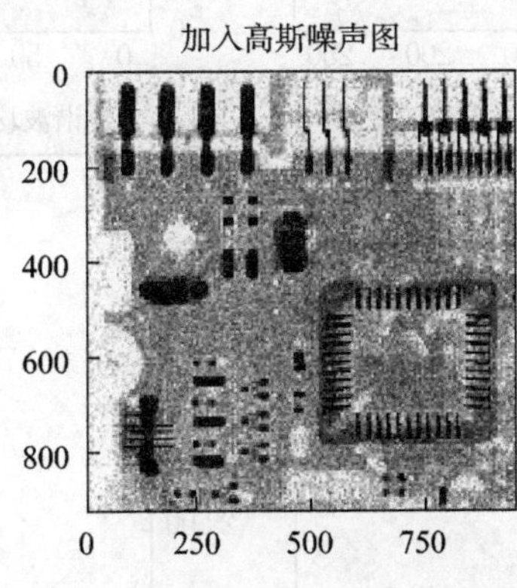

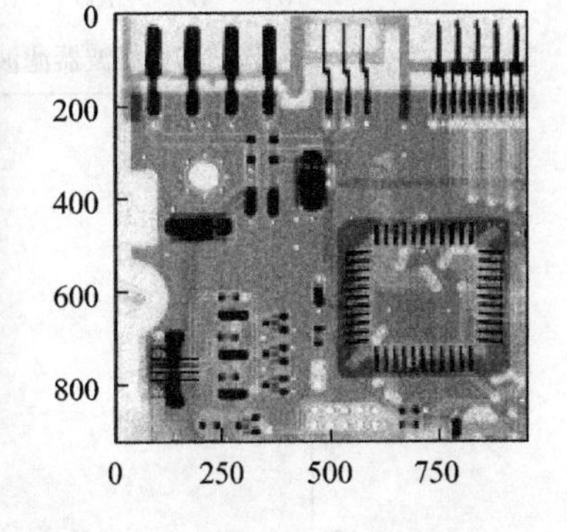

图 4.25　均值滤波结果示例

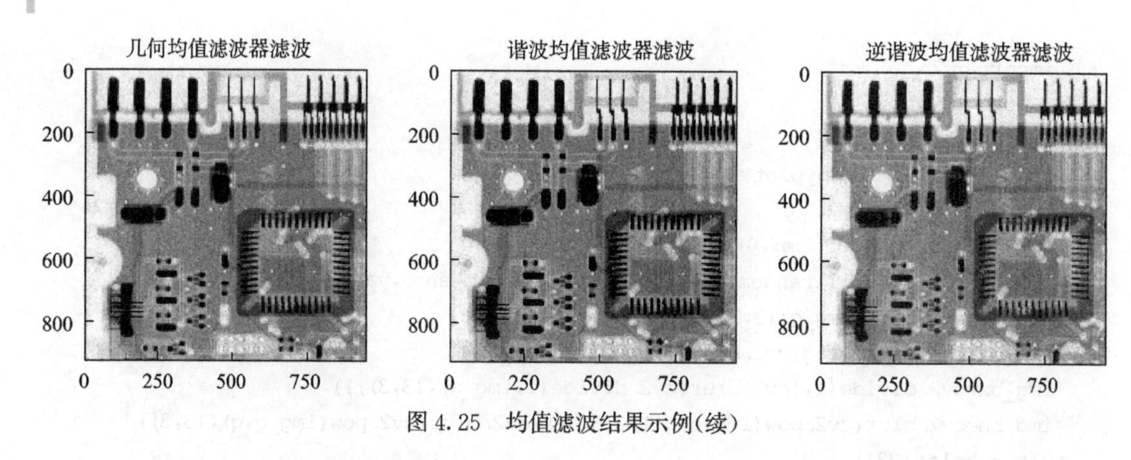

图 4.25 均值滤波结果示例(续)

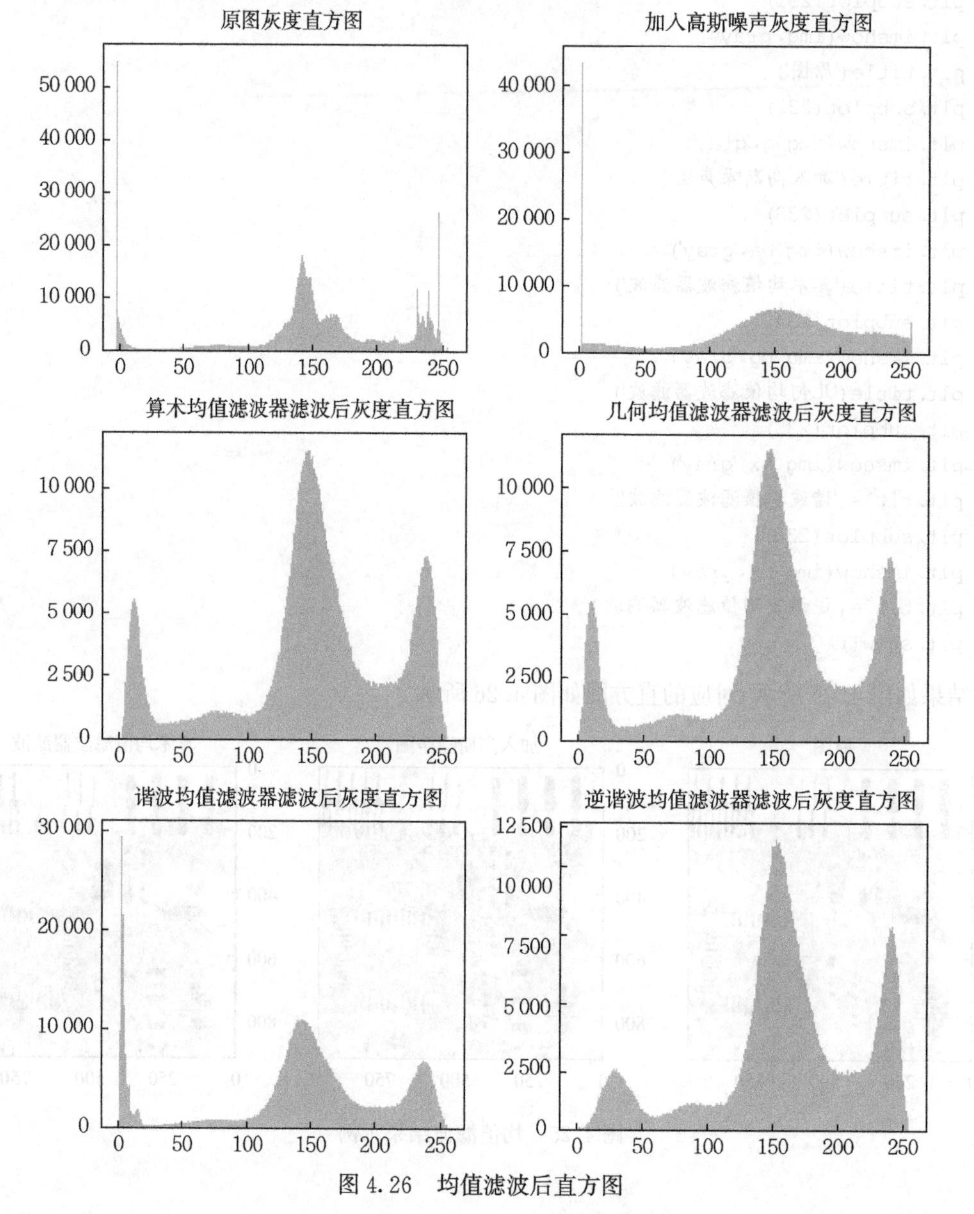

图 4.26 均值滤波后直方图

做椒盐噪声滤波时只需将噪声换成椒盐噪声便可，即将代码 img_g=skimage.util.random_noise(img,'gaussian',mean=0,var=0.01)+0.01 换成 img_g=skimage.util.random_noise(img,'pepper',amount=0.1)+0.01 即可。结果如图 4.27 所示，对应的直方图如图 4.28 所示。

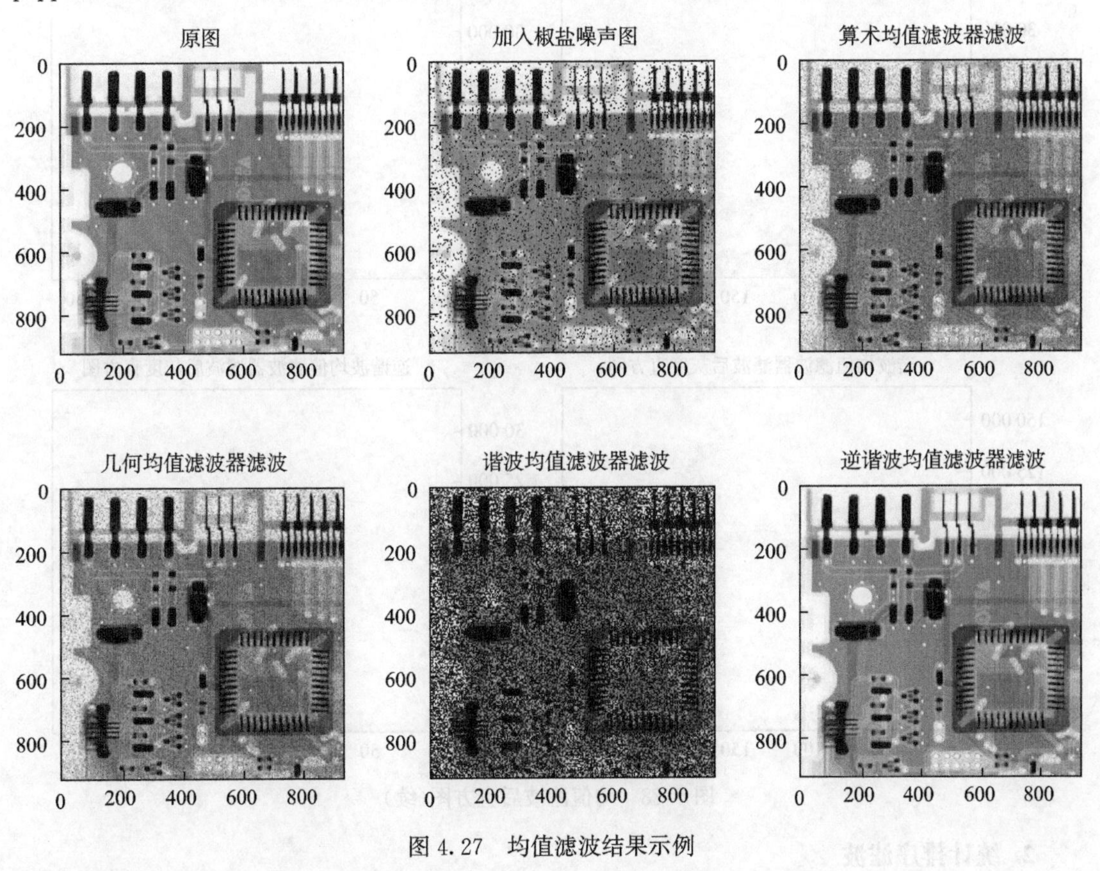

图 4.27　均值滤波结果示例

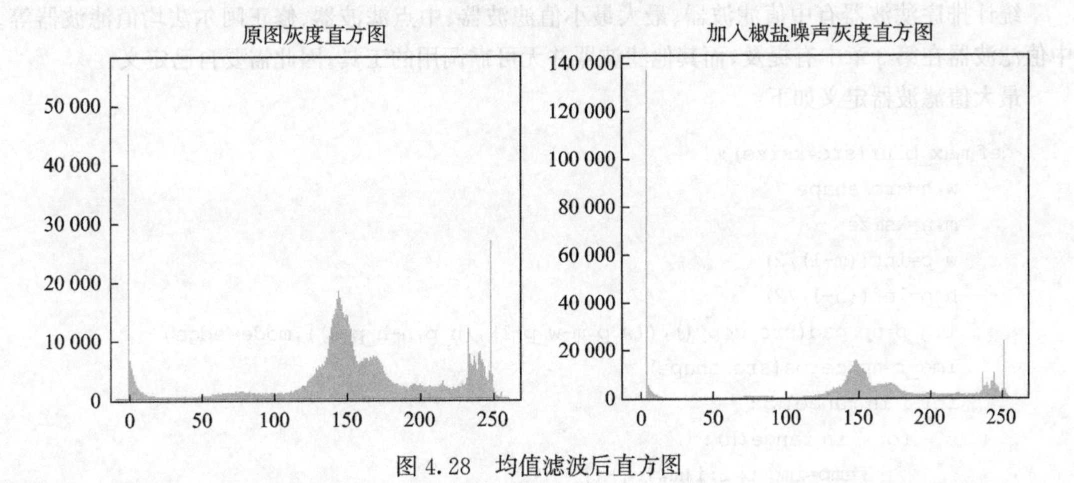

图 4.28　均值滤波后直方图

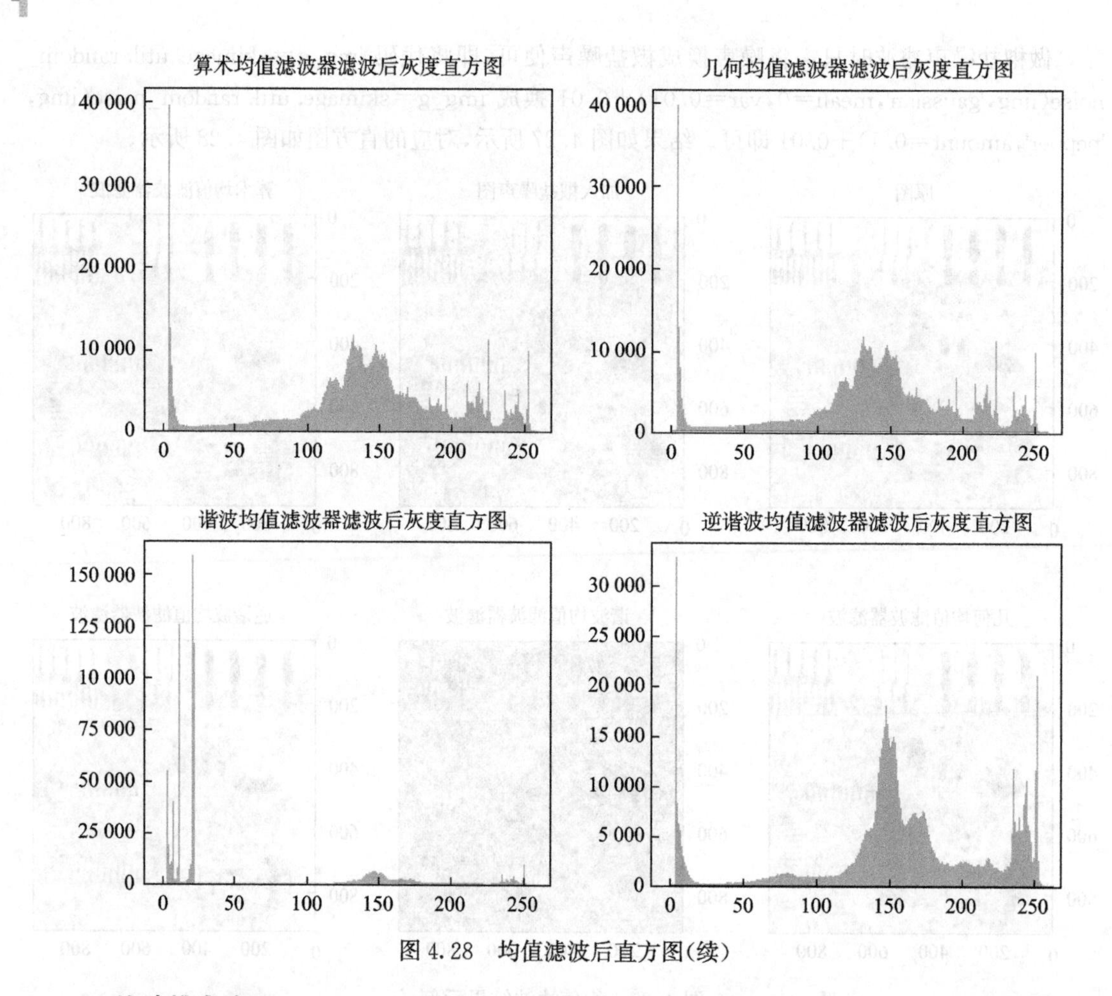

图 4.28 均值滤波后直方图(续)

2. 统计排序滤波

统计排序滤波器有中值滤波器、最大最小值滤波器、中点滤波器、修正阿尔法均值滤波器等。中值滤波器在第 3 章中有提及，而其他滤波器并无可靠调用的工具，因此需要自己定义。

最大值滤波器定义如下：

```
def max_blur(src,ksize):
    w,h=src.shape
    m,n=ksize
    w_p=int((m-1)/2)
    h_p=int((n-1)/2)
    img_p=np.pad(src.copy(),((w_p,m-w_p-1),(h_p,n-h_p-1)),mode='edge')
    img_r=np.zeros(src.shape)
    for i in range(w):
        for j in range(h):
            temp=img_p[i:i+m,j:j+n]
            img_r[i,j]=np.max(temp)
    return img_r
```

最小值滤波器定义如下：

```
def min_blur(src,ksize):
    w,h=src.shape
    m,n=ksize
    w_p=int((m-1)/2)
    h_p=int((n-1)/2)
    img_p=np.pad(src.copy(),((w_p,m-w_p-1),(h_p,n-h_p-1)),mode='edge')
    img_r=np.zeros(src.shape)
    for i in range(w):
        for j in range(h):
            temp=img_p[i:i+m,j:j+n]
            img_r[i,j]=np.min(temp)
    return img_r
```

中点滤波器定义如下：

```
def medp_blur(src,ksize):
    w,h=src.shape
    m,n=ksize
    w_p=int((m-1)/2)
    h_p=int((n-1)/2)
    img_p=np.pad(src.copy(),((w_p,m-w_p-1),(h_p,n-h_p-1)),mode='edge')
    img_r=np.zeros(src.shape)
    for i in range(w):
        for j in range(h):
            temp=img_p[i:i+m,j:j+n]
            img_r[i,j]=(np.min(temp)+np.max(temp))*0.5
    return img_r
```

修正阿尔法均值滤波器定义如下：

```
def ma_blur(src,ksize,d):
    w,h=src.shape
    m,n=ksize
    if d> m*n//2:
        return 'error'
    w_p=int((m-1)/2)
    h_p=int((n-1)/2)
    img_p=np.pad(src.copy(),((w_p,m-w_p-1),(h_p,n-h_p-1)),mode='edge')
    img_r=np.zeros(src.shape)
    for i in range(w):
        for j in range(h):
            temp=img_p[i:i+m,j:j+n]
            temp=np.sort(temp.flatten())
            temp=temp[d:len(temp)-d]
            img_r[i,j]=np.mean(temp)
    return img_r
```

通过已经定义好的滤波器即可进行统计排序滤波，其示例代码如下：

```
import cv2
import skimage
import numpy as np
import matplotlib.pyplot as plt
d=1
img=cv2.imread('003.bmp',0)
img_g=skimage.util.random_noise(img,'gaussian',mean=0,var=0.01)+0.01
img_bm=cv2.medianBlur(np.uint8(img_g*255),3)
img_ba=max_blur(img_g,(3,3))
img_bi=min_blur(img_g,(3,3))
img_bme=medp_blur(img_g,(3,3))
img_bma=ma_blur(img_g,(3,3),2)
plt.subplot(231)
plt.imshow(img_g,'gray')
plt.title('加入高斯噪声图')
plt.subplot(232)
plt.imshow(img_bm,'gray')
plt.title('中值滤波器滤波')
plt.subplot(233)
plt.imshow(img_ba,'gray')
plt.title('最大值滤波器滤波')
plt.subplot(234)
plt.imshow(img_bi,'gray')
plt.title('最小值滤波器滤波')
plt.subplot(235)
plt.imshow(img_bme,'gray')
plt.title('中点滤波器滤波')
plt.subplot(236)
plt.imshow(img_bma,'gray')
plt.title('修正阿尔法滤波器滤波')
plt.show()
```

结果如图 4.29 所示，其对应的直方图如图 4.30 所示。

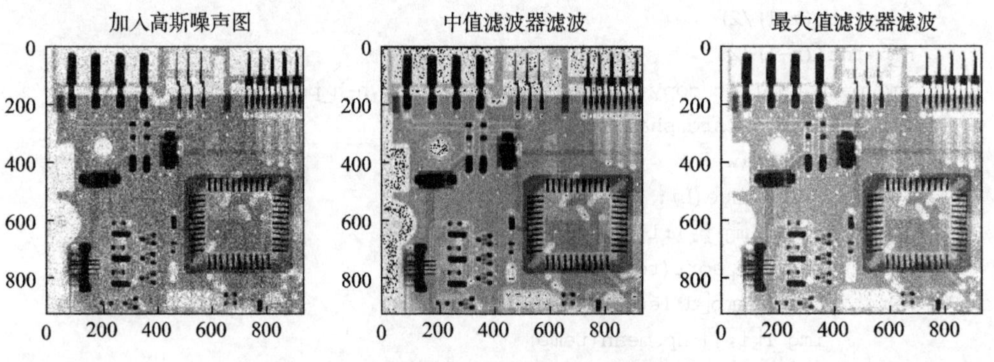

图 4.29　统计滤波器滤波结果示例

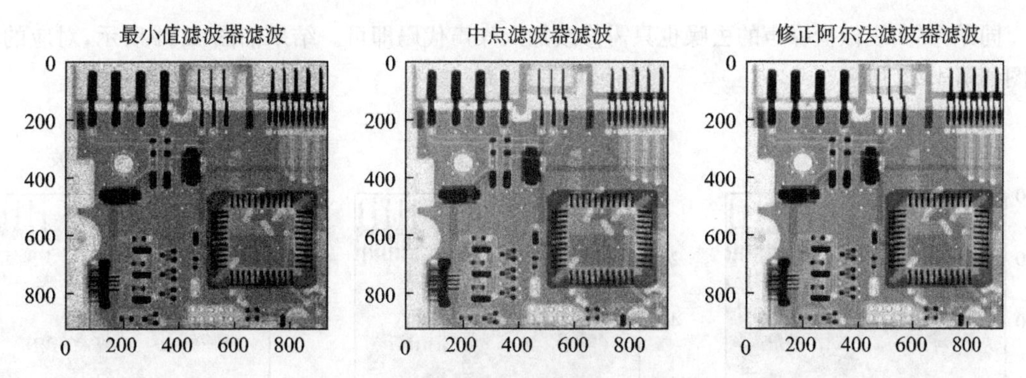

图 4.29　统计滤波器滤波结果示例(续)

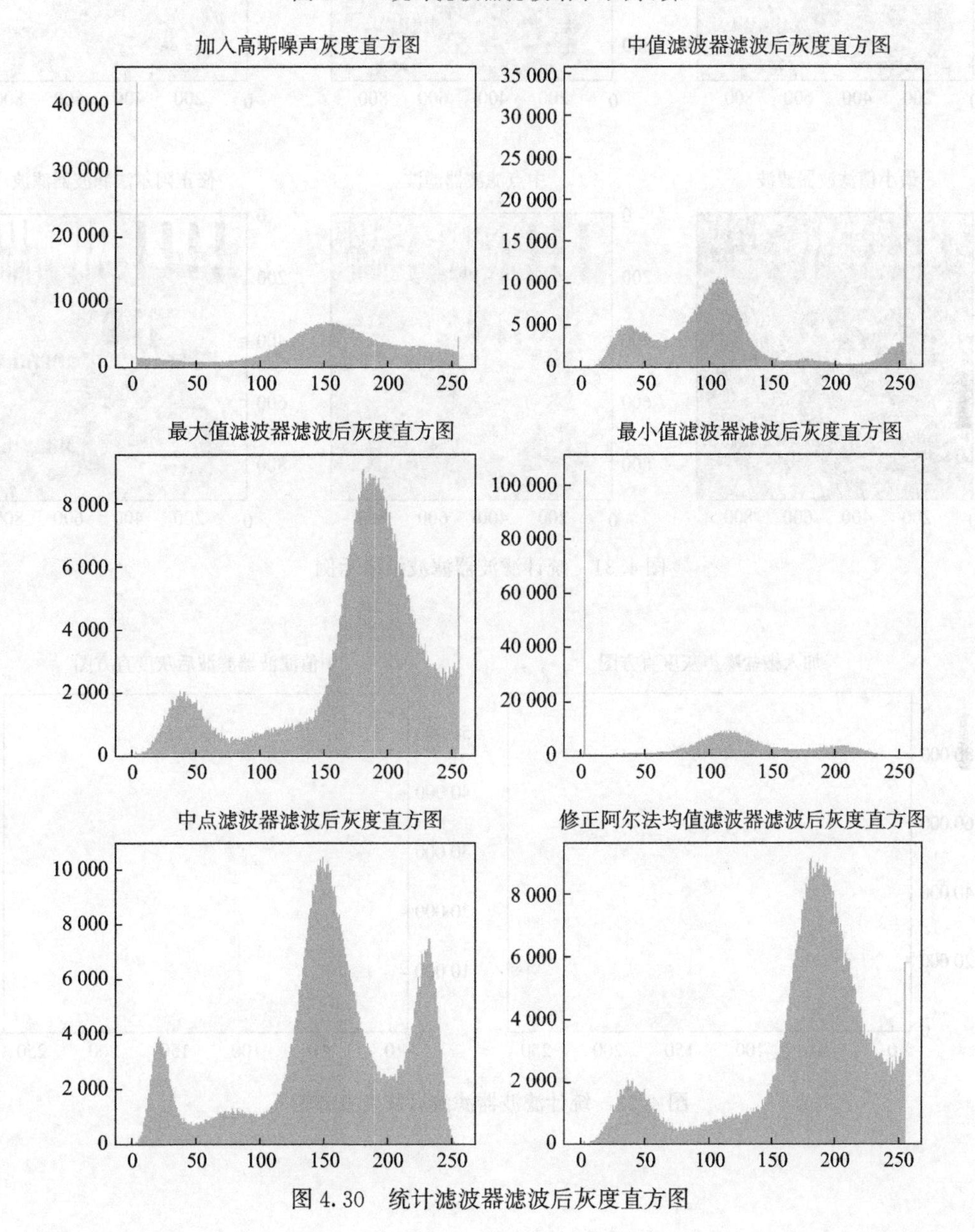

图 4.30　统计滤波器滤波后灰度直方图

同样,要实现椒盐噪声的去噪也只需修改加入噪声代码即可。结果如图4.31所示,对应的直方图如图4.32所示。

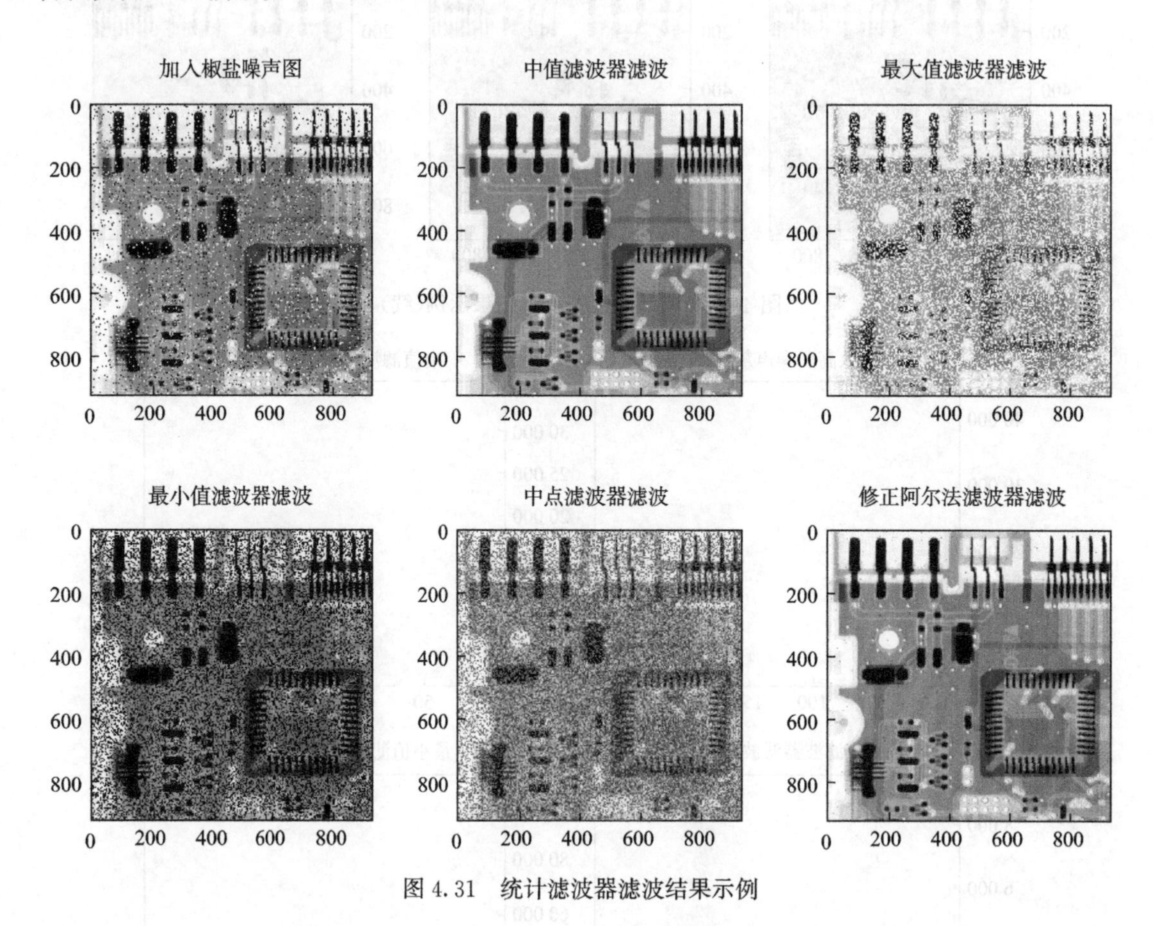

图4.31 统计滤波器滤波结果示例

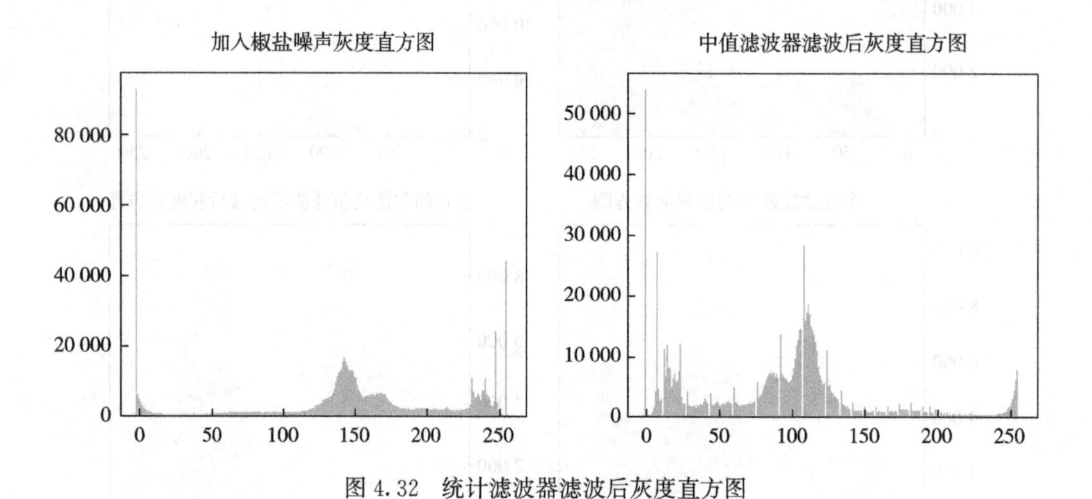

图4.32 统计滤波器滤波后灰度直方图

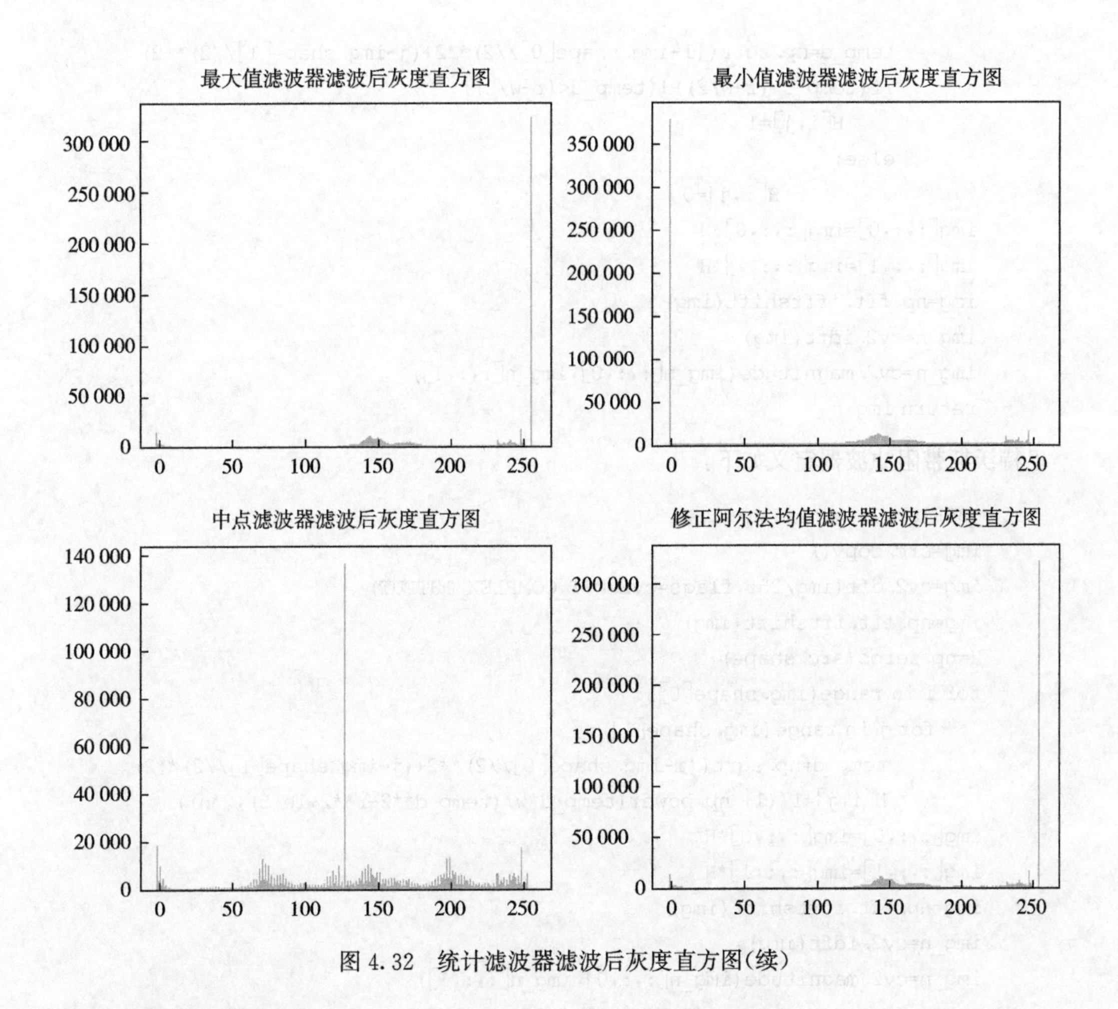

图 4.32　统计滤波器滤波后灰度直方图(续)

4.3.3　频域滤波复原

本章实验使用的滤波器有带通滤波器和带阻滤波器，由于带通和带阻滤波器对周期性噪声处理较好，所以示例中都加入了正弦噪声，然后利用上述滤波器进行滤波。

1. 带阻滤波器

带阻滤波器包括理想带阻滤波器、巴特沃斯带阻滤波器和高斯带阻滤波器。所有的带阻滤波器都需要自己去定义，理想带阻滤波器定义如下：

```
def l_BRF(src,r,w):
    img=src.copy()
    img=cv2.dft(img/255,flags=cv2.DFT_COMPLEX_OUTPUT)
    img=np.fft.fftshift(img)
    H=np.zeros(src.shape)
    for i in range(img.shape[0]):
        for j in range(img.shape[1]):
```

```
            temp_d=np.sqrt((i-img.shape[0]//2)**2+(j-img.shape[1]//2)**2)
            if(temp_d>(r+w/2))|(temp_d<(r-w/2)):
                H[i,j]=1
            else:
                    H[i,j]=0
    img[:,:,0]=img[:,:,0]*H
    img[:,:,1]=img[:,:,1]*H
    img=np.fft.ifftshift(img)
    img_n=cv2.idft(img)
    img_n=cv2.magnitude(img_n[:,:,0],img_n[:,:,1])
    return img_n
```

巴特沃斯带阻滤波器定义如下：

```
def b_BRF(src,r,w,n):
    img=src.copy()
    img=cv2.dft(img/255,flags=cv2.DFT_COMPLEX_OUTPUT)
    img=np.fft.fftshift(img)
    H=np.zeros(src.shape)
    for i in range(img.shape[0]):
        for j in range(img.shape[1]):
            temp_d=np.sqrt((i-img.shape[0]//2)**2+(j-img.shape[1]//2)**2)
            H[i,j]=1/(1+ np.power(temp_d*w/(temp_d**2-r**2+1e-5),2*n))
    img[:,:,0]=img[:,:,0]*H
    img[:,:,1]=img[:,:,1]*H
    img=np.fft.ifftshift(img)
    img_n=cv2.idft(img)
    img_n=cv2.magnitude(img_n[:,:,0],img_n[:,:,1])
    return img_n
```

高斯带阻滤波器定义如下：

```
def g_BRF(src,r,w):
    img=src.copy()
    img=cv2.dft(img/255,flags=cv2.DFT_COMPLEX_OUTPUT)
    img=np.fft.fftshift(img)
    H=np.zeros(src.shape)
    for i in range(img.shape[0]):
        for j in range(img.shape[1]):
            temp_d=np.sqrt((i-img.shape[0]//2)**2+(j-img.shape[1]//2)**2)
            H[i,j]=1-np.exp(-np.power((temp_d**2-r**2)/(temp_d*w),2)/2)
    img[:,:,0]=img[:,:,0]*H
    img[:,:,1]=img[:,:,1]*H
    img=np.fft.ifftshift(img)
    img_n=cv2.idft(img)
```

```
    img_n=cv2.magnitude(img_n[:,:,0],img_n[:,:,1])
    return img_n
```

正弦噪声加入函数定义如下：

```
def add_a(src1,src2):
    tem=src1+src2
    if tem>255:
        tem=255
    elif tem<0:
        tem=0
    return tem
def sin_a(src,a,b):
    img=src.copy()
    for i in range(img.shape[0]):
        for j in range(img.shape[1]):
            img[i,j]=add_a(img[i,j],a*np.sin(b*i)+a*np.sin(b*j))
    return img
```

定义好上述函数后，就开始用带阻滤波器对带有正弦噪声的图像开始滤波。示例代码如下：

```
import cv2
import numpy as np
import matplotlib.pyplot as plt
img=cv2.imread('003.bmp',0)
img_z=sin_a(img,20,20)
img_l=l_BRF(img_z,150,50)
img_b=b_BRF(img_z,150,50,1)
img_g=g_BRF(img_z,150,50)
plt.subplot(221)
plt.imshow(img_z,'gray')
plt.title('加入正弦噪声图')
plt.subplot(222)
plt.imshow(img_l,'gray')
plt.title('理想带阻滤波器滤波')
plt.subplot(223)
plt.imshow(img_b,'gray')
plt.title('巴特沃斯带阻滤波器滤波')
plt.subplot(224)
plt.imshow(img_g,'gray')
plt.title('高斯带阻滤波器滤波')
plt.show()
```

结果如图 4.33 所示，其对应的灰度直方图如图 4.34 所示。

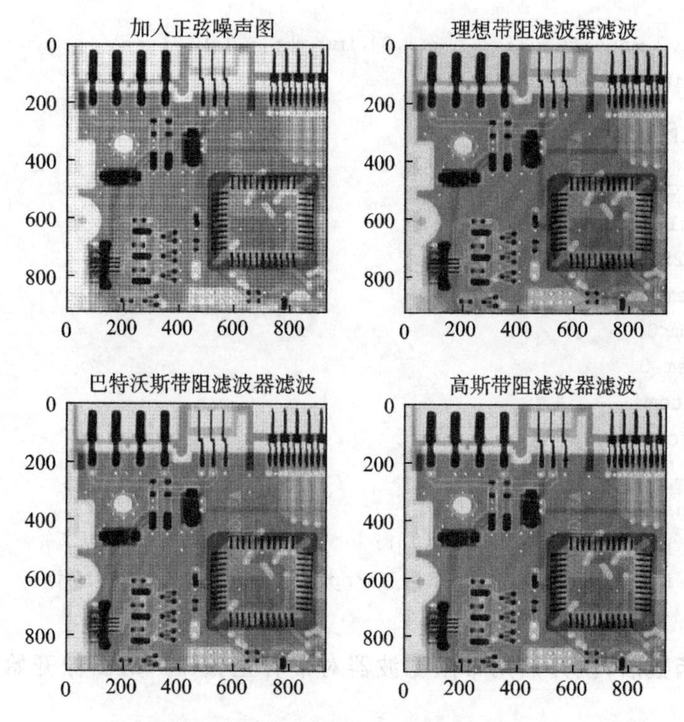

图 4.33　带阻滤波器滤波结果示例

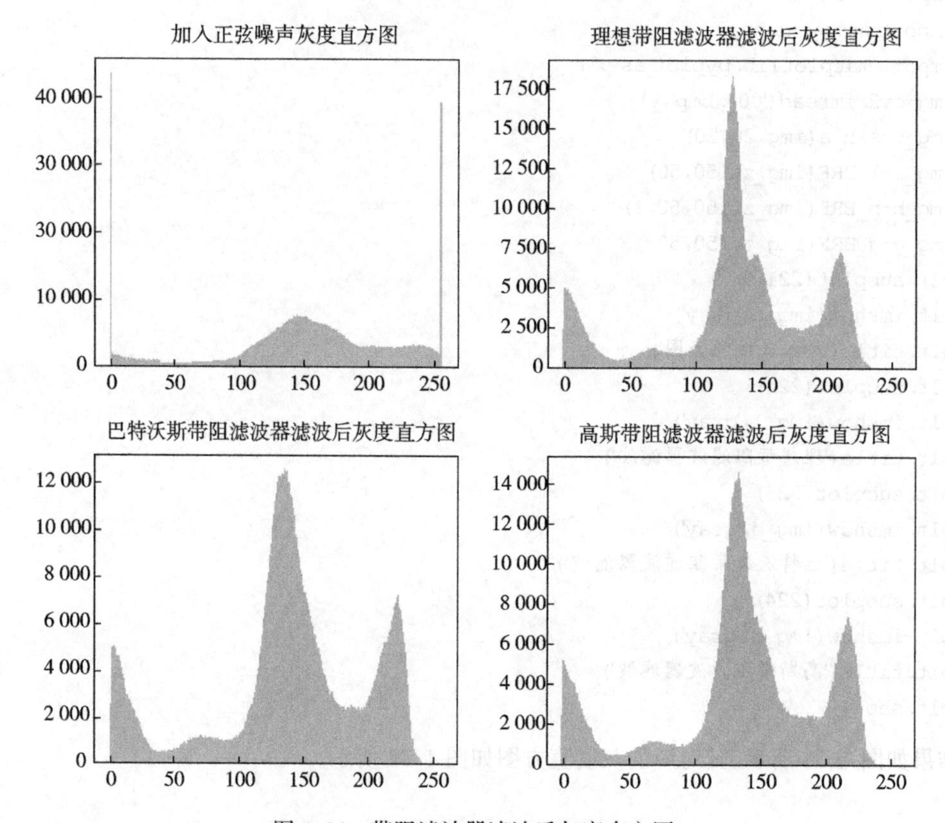

图 4.34　带阻滤波器滤波后灰度直方图

2. 带通滤波器

带通滤波器可以通过式(4.21)获得，这里使用理想带通滤波器、巴特沃斯带通滤波器和高斯带通滤波。首先定义滤波器，理想带通滤波器代码如下：

```
def l_BPF(src,r,w):
    img=src.copy()
    img=cv2.dft(img/255,flags=cv2.DFT_COMPLEX_OUTPUT)
    img=np.fft.fftshift(img)
    H=np.zeros(src.shape)
    for i in range(img.shape[0]):
        for j in range(img.shape[1]):
            temp_d=np.sqrt((i-img.shape[0]//2)**2+(j-img.shape[1]//2)**2)
            if(temp_d>(r+w/2))|(temp_d<(r-w/2)):
                H[i,j]=0
            else:
                H[i,j]=1
    img[:,:,0]=img[:,:,0]*H
    img[:,:,1]=img[:,:,1]*H
    img=np.fft.ifftshift(img)
    img_n=cv2.idft(img)
    img_n=cv2.magnitude(img_n[:,:,0],img_n[:,:,1])
    return img_n
```

巴特沃斯带通滤波器定义如下：

```
def b_BPF(src,r,w,n):
    img=src.copy()
    img=cv2.dft(img/255,flags=cv2.DFT_COMPLEX_OUTPUT)
    img=np.fft.fftshift(img)
    H=np.zeros(src.shape)
    for i in range(img.shape[0]):
        for j in range(img.shape[1]):
            temp_d=np.sqrt((i-img.shape[0]//2)**2+(j-img.shape[1]//2)**2)
            H[i,j]=1/(1+np.power(temp_d* w/(temp_d**2- r**2+1e-5),2*n))
    H=1-H
    img[:,:,0]=img[:,:,0]*H
    img[:,:,1]=img[:,:,1]*H
    img=np.fft.ifftshift(img)
    img_n=cv2.idft(img)
    img_n=cv2.magnitude(img_n[:,:,0],img_n[:,:,1])
    return img_n
```

高斯带通滤波器定义如下：

```
def g_BPF(src,r,w):
    img=src.copy()
    img=cv2.dft(img/255,flags=cv2.DFT_COMPLEX_OUTPUT)
    img=np.fft.fftshift(img)
    H=np.zeros(src.shape)
    for i in range(img.shape[0]):
        for j in range(img.shape[1]):
            temp_d=np.sqrt((i-img.shape[0]//2)**2+(j-img.shape[1]//2)**2)
            H[i,j]=1-np.exp(-np.power((temp_d**2-r**2)/(temp_d*w),2)/2)
    H=1-H
    img[:,:,0]=img[:,:,0]*H
    img[:,:,1]=img[:,:,1]*H
    img=np.fft.ifftshift(img)
    img_n=cv2.idft(img)
    img_n=cv2.magnitude(img_n[:,:,0],img_n[:,:,1])
    return img_n
```

定义好上述函数后,就开始用带通滤波器对带有正弦噪声的图像开始滤波。示例代码如下:

```
import cv2
import numpy as np
import matplotlib.pyplot as plt
img=cv2.imread('003.bmp',0)
img_z=sin_a(img,20,20)
img_l=l_BPF(img_z,10,100)
img_b=b_BPF(img_z,10,100,1)
img_g=g_BPF(img_z,10,100)
plt.subplot(221)
plt.imshow(img_z,'gray')
plt.title('加入正弦噪声图')
plt.subplot(222)
plt.imshow(img_l,'gray')
plt.title('理想带通滤波器滤波')
plt.subplot(223)
plt.imshow(img_b,'gray')
plt.title('巴特沃斯带通滤波器滤波')
plt.subplot(224)
plt.imshow(img_g,'gray')
plt.title('高斯带通滤波器滤波')
plt.show()
```

结果如图 4.35 所示,对应的灰度直方图如图 4.36 所示。

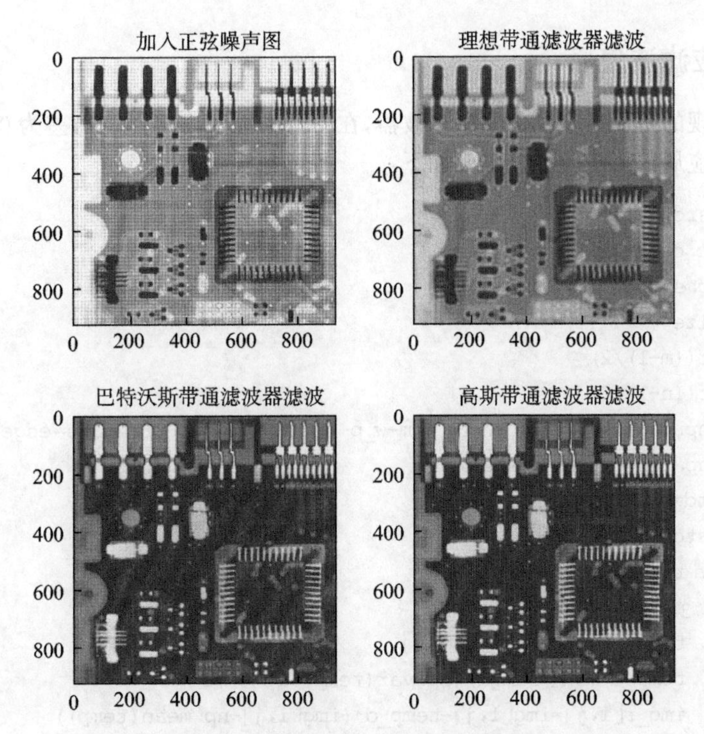

图 4.35　带通滤波器滤波结果示例

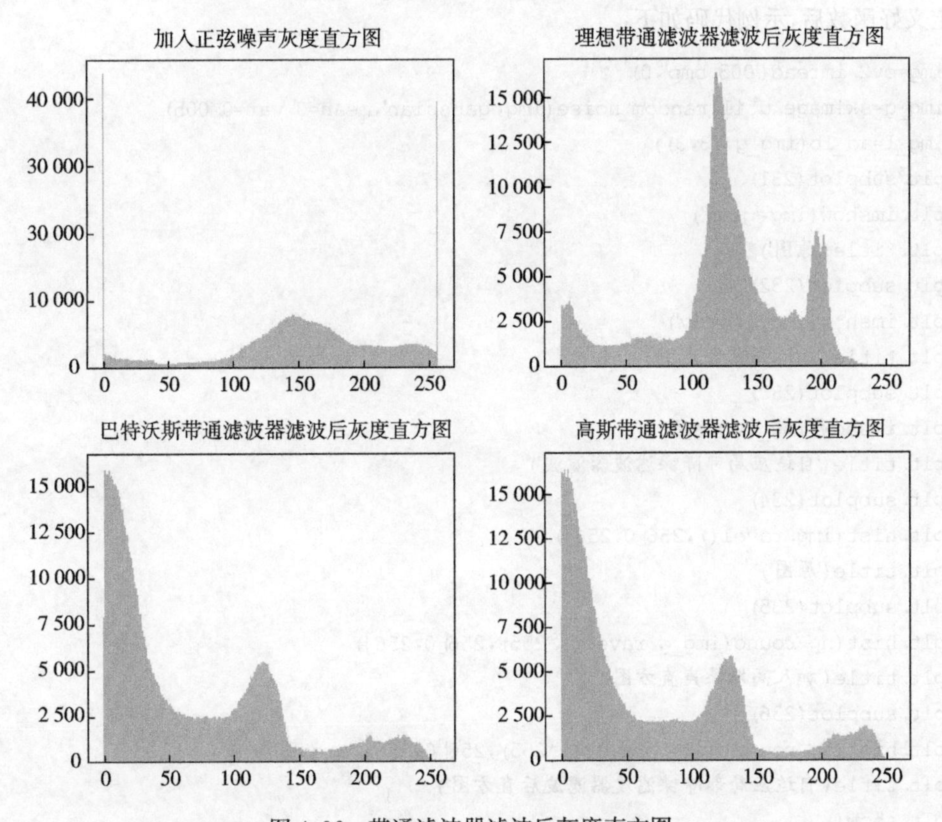

图 4.36　带通滤波器滤波后灰度直方图

4.3.4 自适应滤波复原

本节实验实现的是自适应局部降噪滤波器,在图像中加入均值为 0、方差为 0.005 的高斯噪声进行滤波。自适应局部降噪滤波器定义如下:

```
def ad_lb(src,ksize):
    img=src.copy()
    w,h=src.shape
    m,n=ksize
    w_p=int((m-1)/2)
    h_p=int((n-1)/2)
    img_p=np.pad(img.copy(),((w_p,m-w_p-1),(h_p,n-h_p-1)),mode='edge')
    img_r=np.zeros(img.shape)
    mean,std=cv2.meanStdDev(img)
    simga=std**2
    for i in range(w):
        for j in range(h):
            temp=img_p[i:i+m,j:j+n]
            temp_d=min( simga/(np.var(temp)+1e-5),1)
            img_r[i,j]=img[i,j]-temp_d*(img[i,j]-np.mean(temp))
    return img_r
```

定义好函数后,示例代码如下:

```
img=cv2.imread('003.bmp',0)
img_g=skimage.util.random_noise(img,'gaussian',mean=0,var=0.005)
img_l=ad_lb(img_g,(3,3))
plt.subplot(231)
plt.imshow(img,'gray')
plt.title('原图')
plt.subplot(232)
plt.imshow(img_g,'gray')
plt.title('加入高斯噪声图')
plt.subplot(233)
plt.imshow(img_l,'gray')
plt.title('自适应局部降噪滤波器滤波')
plt.subplot(234)
plt.hist(img.ravel(),256[0,256])
plt.title('原图')
plt.subplot(235)
plt.hist(np.round(img_g.ravel()*255),256[0,256])
plt.title('加入高斯噪声直方图')
plt.subplot(236)
plt.hist(np.round(img_l.ravel()*255),256[0,256],'gray')
plt.title('自适应局部降噪滤波器滤波后直方图')
plt.show()
```

结果如图 4.37 所示。

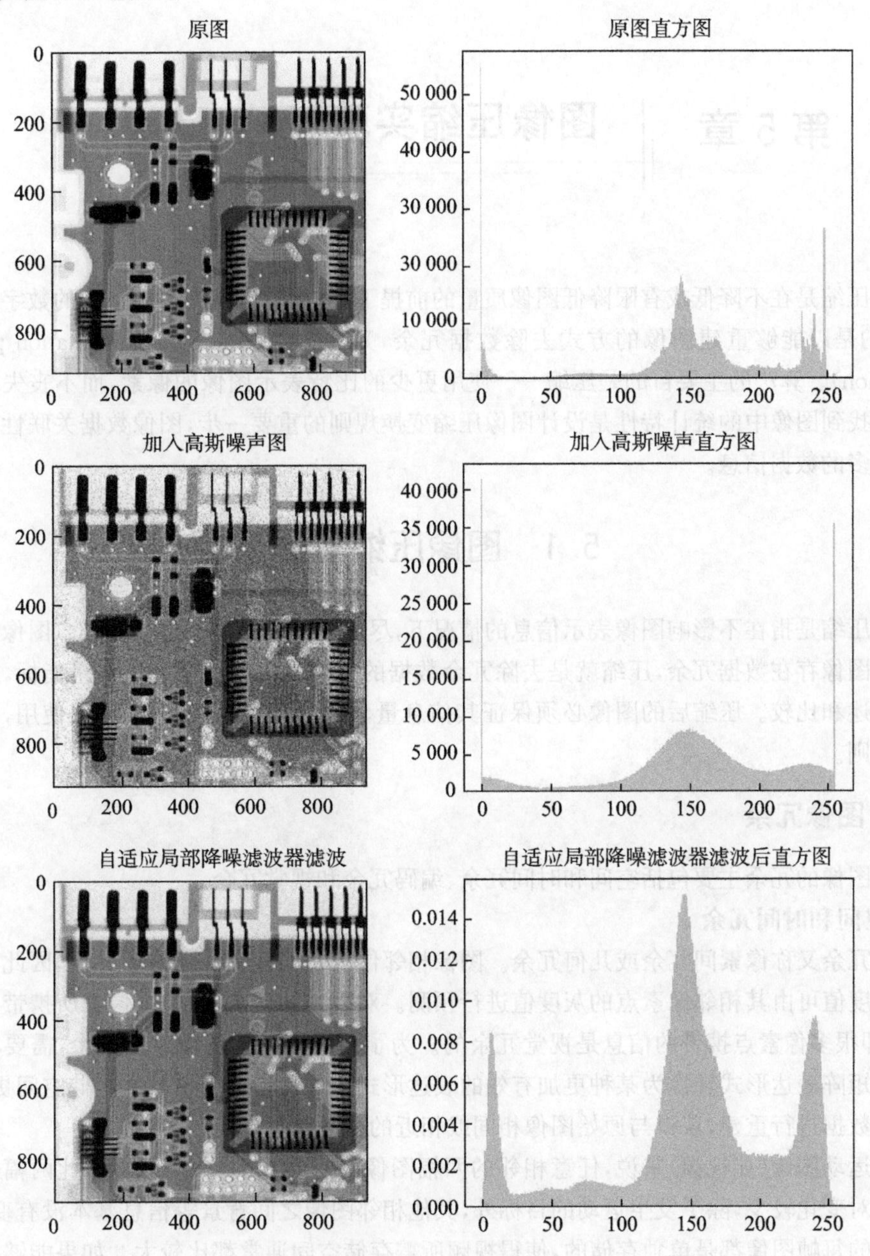

图 4.37　带通滤波器滤波后灰度直方图

习　题

1. 加入本章所提及的噪声，尝试使用不同滤波器进行滤波，找出针对各个噪声最好的滤波器和滤波系数。

2. 尝试自己定义本章中涉及的噪声和滤波函数，实现噪声的嵌入和滤波。

第5章 图像压缩实验

图像压缩是在不降低或有限降低图像质量的前提下，减少图像所需存储空间的数字图像处理技术，目的是以能够重建图像的方式去除数据冗余，又称信息保持压缩(information preserving compression)。算法的主要目的是压缩——使用更少的比特表示图像的像素，而不丧失重建图像的可能。找到图像中的统计特性是设计图像压缩变换规则的重要一步，图像数据关联性越大就可以去掉越多的数据信息。

5.1 图像压缩基础

图像压缩是指在不影响图像表示信息的情况下，尽可能减少存储图像数据量。图像能够压缩的原因是图像存在数据冗余，压缩就是去除冗余数据的过程。压缩也有相应衡量指标，对压缩性能进行描述和比较。压缩后的图像必须保证其信息量，不能使压缩后的图像无法使用，需要有对应判断准则。

5.1.1 图像冗余

通常图像的冗余主要包括空间和时间冗余、编码冗余和视觉冗余。

1. 空间和时间冗余

空间冗余又称像素间冗余或几何冗余。图像相邻像素之间存在一定的相关性，因此图像中像素点的灰度值可由其相邻像素点的灰度值进行预测。对整个图像来说，单个像素所携带的信息相对较少，即很多像素点携带的信息是视觉冗余的。为了减少图像中的像素间冗余，需要将常用的二维像素矩阵表达形式转换为某种更加有效的表达形式。这种形式所占据的存储空间更小，但可以将图像数据进行重建，获得与原始图像相同或相近的视觉效果。

对于运动图像(如视频)来说，任意相邻的两幅图像之间时间间隔非常短，因此两幅图像之间的内容相对变化较少，除了发生运动的目标外，其他相邻图像之间背景等信息基本没有变化，但是视频存储的每帧图像都是单独存储的，使得视频所需存储空间通常都比较大。如果能够把相邻图像之间差异小的性质进行利用，用时间靠前的图像来预测时间靠后的图像，减小存储图像的数量，就可以节省存储空间。这种时间上的冗余称为时间冗余，是视频中常见的冗余。

2. 编码冗余

对图像编码需要建立码本以表达图像数据。码本是指用来表达一定量的信息或一组事件所需的一系列符号(如字母、数字等)。其中对每个信息或事件所赋的码符号序列称为码字，而每个码字中的符号个数称为码字的长度。

假设在区间$[0,L-1]$内的一个离散随机变量r_k用来表示一幅$M\times N$的图像的灰度，并且每

个 r_k 发生的概率为 $p_r(r_k)$。

$$p_r(r_k)=\frac{n_k}{MN},k=0,1,2,\cdots,L-1 \tag{5.1}$$

其中，L 是灰度级数，n_k 是第 k 级灰度在图像中出现的次数。如果用于表示每个 r_k 值的比特数为 $l(r_k)$，则表示每个像素所需要的平均比特数为

$$L_{\mathrm{avg}}=\sum_{k=0}^{L-1} l(r_k)p_r(r_k) \tag{5.2}$$

也就是说，给各个灰度级分配的码字的平均长度可通过对用于表示每个灰度的比特数与该灰度出现的概率的乘积求和得到，即表示大小为 $M\times N$ 的图像所需的总比特数为 MNL_{avg}。如果用 m 比特固定长度的码表示灰度，那么式(5.2)的右侧将减少为 m 比特。也就是说，当使用 m 来代替 $l(r_k)$ 时，$L_{\mathrm{avg}}=m$。常数 m 可以提到和式之外，只剩下 $p_k(r_k)$ 在区间 $0\leqslant k\leqslant L-1$ 内的和，当然，该和为1。根据式(5.2)，若用较少的比特数表示出现概率较大的灰度级，而用较多的比特数表示出现概率较小的灰度级，就能达到数据压缩的效果。这种压缩的方法称为变长编码。

3. 视觉冗余

通常，眼睛会对所捕获到的视觉信息产生敏感度区分，例如，根据马赫带效应，在灰度值为常数的区域也能感受到灰度值的变化。图像根据像素点和灰度级进行保存，并没有考虑人类的视觉特性。但是对于视觉来说，眼睛对图像中的部分信息不敏感，意味着这些信息的存在与否对图像的整体感官质量影响不大，因此这些信息被认为是视觉上的冗余信息。如果将这些冗余信息删除，则会在不影响或略微影响图像视觉效果的前提下减少图像的存储空间。

视觉冗余之所以存在是由人的观察方式所决定的，因为当人在观察图像时并不是将所有内容都纳入眼底，而是将部分关键信息进行阅读和分析，所以会对部分信息进行忽略。这些关键信息进入大脑，和大脑中存在的信息进行比较分析，完成对图像内容的理解。

5.1.2　图像压缩技术指标

图像压缩的指标包括压缩比、平均码字长度、编码效率、冗余度。

1. 压缩比

如果数据量为 a 的图像经过压缩后数据量变为 b，同时两幅图像所表示的信息相同，则图像的压缩比为

$$c=\frac{a}{b} \tag{5.3}$$

其中，压缩比 c 始终大于1，该值越大代表压缩程度越高。

2. 平均码字长度

平均码字长度是各个灰度级分配的码字的平均长度，表达式见式(5.2)。在图像压缩中，该值越小说明所需要的存储空间越少。

3. 编码效率

编码效率表达式如下：

$$\eta=\frac{H}{L} \tag{5.4}$$

其中,H 是原始图像的熵;L 是实际编码图像的平均码字长度。原始图像上的计算公式如下:

$$H=-\sum p(s_k)\log_2 p(s_k) \tag{5.5}$$

其中,$p(s_k)$是$[0,L-1]$各级灰度级概率。

4. 冗余度

数据冗余度定义如下:

$$R=1-\eta \tag{5.6}$$

其中,R 越大说明可压缩的余地越大。

5.1.3 保真度准则

由于图像经过压缩后,不能引起大的视觉差异。但是压缩实际上有信息发生了变化,因此需要一定的方法来保证图像压缩后的质量。保真度准则包括客观保真度准则和主观保真度准则。

1. 客观保真度准则

客观保真度准则需要压缩前后的信息损失能够用数学函数表示,$f(x,y)$为输入图像,$\hat{f}(x,y)$为压缩后又加压缩的图像,用均方根误差计算,则误差 $e(x,y)$为

$$e(x,y)=\hat{f}(x,y)-f(x,y) \tag{5.7}$$

如果两幅图像大小都为$M\times N$。此时,可计算得到输入图像和压缩后又加压缩图像的均方根误差为

$$e_{\text{rms}}=\left\{\frac{1}{MN}\sum_{x=0}^{M-1}\sum_{y=0}^{N-1}\left[\hat{f}(x,y)-f(x,y)\right]^2\right\}^{\frac{1}{2}} \tag{5.8}$$

均方根误差是常见的度量图像客观保真度的方法之一,同时根据式(5.7)可以得到另一种常见的客观保真度准则,即图像的均方信噪比,表达式如下:

$$\text{SNR}_{\text{ms}}=\frac{\sum_{x=0}^{M-1}\sum_{y=0}^{N-1}f(x,y)^2}{\sum_{x=0}^{M-1}\sum_{y=0}^{N-1}\left[\hat{f}(x,y)-f(x,y)\right]^2} \tag{5.9}$$

该式取平方根可得均方根信噪比 SNR_{rms}。

2. 主观保真度准则

虽然客观保证度可以对压缩后信息的失真程度进行评价,但是大部分压缩图像最终是让人来评判的,因此人的主观评价对图像质量的评价必不可少。主观评价通常是组织评测对待评价图像进行观察,然后根据观察结果进行打分,最后根据多人的打分结果取平均值作为图像的最终得分。可以对不同质量的图像进行等级打分,如分别用数值{1,2,3,4,5,6}表示对图像{优秀,良好,较好,一般,较差,很差}的主观感觉。也可以通过将原始图像和经过处理的图像进行对比打分,然后评价其质量。

5.2 图像压缩编码

图像压缩编码的目的是节省存储空间和能够进行更好的数据传输,同时又不影响图像的正常

使用。根据图像压缩时有无损失的标准,图像压缩可分为无损压缩和有损压缩。

5.2.1 无损压缩编码

无损压缩又称信息保持编码,其要求编码解码过程中图像能够无误差重建,以保证数据的完整性。常用的无损压缩编码有霍夫曼编码、算术编码和行程编码。

1. 霍夫曼编码

霍夫曼编码是最常用的一种消除编码冗余的技术,当单独对信源符号进行编码时,霍夫曼编码对每个信源符号产生了可能最小数量的编码符号,即霍夫曼编码能够给出最短的码字。因此,霍夫曼编码是可变长编码,该编码能够有效地对图像进行压缩,但是在解码时难度相对较大。

霍夫曼编码将出现概率最大的数据编码最短,将出现概率最小的数据编码最长,通过这样的方式节约存储空间。主要流程为:

(1)将信号按照出现概率从大到小排序。

(2)将最小的两个概率进行合并得到新的概率,然后从大到小排序。

(3)重复步骤(2),直到概率只剩两个为止。

(4)给概率大的分配码字“0”,概率小的分配码字“1”。

(5)反向对每一步都按照(4)中的规则进行码字分配。

上面的过程可以概括成两个步骤,第一步是缩减信源符号数量。假设输入图像有 6 个灰度级,出现概率分别为 0.1、0.4、0.06、0.1、0.04、0.3,其霍夫曼编码过程如图 5.1 所示。图中最左边是一组信源符号,它们的概率从小到大排列,为消除信源(符号),先将概率最小的 2 个符号结合得到一个组合符号(见图 5.1 中消减步骤第一列)。如果剩下的符号多于 2 个,则继续以上过程,直到信源中只有 2 个符号为止,在这个过程中每次都要将符号(包括组合符号)按概率从大到小排列。

原始信源		信源化简			
符号	概率	1	2	3	4
a_2	0.4	0.4	0.4	0.4	0.6
a_6	0.3	0.3	0.3	0.3	0.4
a_1	0.1	0.1	0.2	0.3	
a_4	0.1	0.1	0.1		
a_3	0.06	0.1			
a_5	0.04				

图 5.1 霍夫曼信源化简

第二步是对每个信源符号赋值。过程如图 5.2 所示,先从(消减到)最小的信源开始,逐步回到初始信源。对一个只有两个符号的信源,最短长度的二元码由符号 0 和 1 组成。将它们赋予对应最右列 2 个概率的符号,赋 0 或 1 是随机的。由于对应概率为 0.6 的符号是由左边 2 个符号结合而成,所以先将 0 赋予这 2 个符号,然后随机地将 0 和 1 接在后面以区分这 2 个符号,继续这个过程直到初始信源。图 5.2 最左边显示了最终的编码。这个编码的平均长度为 2.2 比特/符号,该信源的熵为 2.14 比特/符号。

原始信源		信源化简								
符号	概率	编码	1		2		3		4	
a_2	0.4	1	0.4	1	0.4	1	0.4	1	0.6	0
a_6	0.3	00	0.3	00	0.3	00	0.3	00	0.4	1
a_1	0.1	011	0.1	011	0.2	010	0.3	01		
a_4	0.1	0100	0.1	0100	0.1	0100				
a_3	0.06	01010	0.1	0101						
a_5	0.04	01011								

图 5.2 霍夫曼编码分配过程

霍夫曼编码是对一组符号产生最佳编码,其概率服从一次只能对一个符号进行编码的限制,各个信源符号都被映射为一组固定次序的码符号,并且它是一种可唯一解开的码,任何码符号只能以一种方式解码,这也就决定了任何霍夫曼编码可通过从左到右检查各个符号进行解码。

2. 算术编码

霍夫曼编码使用二进制编码,无法达到理论上的最佳压缩效果,算术编码的出现很好地解决了这个问题。算术编码为整个信号源序列分配一个算术码字,该码字定义了一个 0 到 1 之间的实数区间。随着序列中的符号数量增加,用来表示消息的区间变小,而表示这个区间所需信息单元的数量变大。下面以示例的方式对编码过程进行介绍,包括编码和解码过程。

假设符号为 a_1,a_2,a_3,a_4,对应出现的概率为 0.1、0.4、0.2、0.3,现在需要对序列 $a_1a_3a_4a_2a_1$ 进行算术编码。步骤如下:

(1)根据条件获得初始区间,见表 5.1。

表 5.1 初始区间一

符号	a_1	a_2	a_3	a_4
概率	0.1	0.4	0.2	0.3
初始区间	[0,0.1)	[0.1,0.5)	[0.5,0.7)	[0.7,1)

需要进行编码的第一个字符为 a_1,从表中可以查到对应区间为[0,0.1)。区间确定计算公式如下:

$$\begin{cases} \text{start}_i = \text{start}_0 + \text{range} \times \sum_{j=0}^{i-1} p_i \\ \text{end}_i = \text{start}_0 + \text{range} \times \sum_{j=0}^{i} p_i \end{cases} \tag{5.10}$$

其中,start_i 为每个符号区间的起点;end_i 为每个符号区间的终点;range 为总区间范围。初始 range 为 1,$\text{start}_0=0$,p_j 为对应的概率。

(2)根据步骤(1)确定的区间,对区间再进行划分,划分依据是符号和概率,range 为 0.1,

$start_0=0$，p_j 为对应的概率。根据式(5.10)计算，结果见表5.2。

表5.2 初始区间二

符号	a_1	a_2	a_3	a_4
概率	0.1	0.4	0.2	0.3
区间	[0,0.01)	[0.01,0.05)	[0.05,0.07)	[0.07,0.1)

需要进行编码的第二个字符为 a_3，从表5.2中可以查到对应区间为[0.05,0.07)。

(3)根据步骤(2)确定的区间，对区间再进行划分，划分依据还是符号和概率，range为0.02，$start_0=0.05$，p_j 为对应的概率。根据式(5.10)计算，结果见表5.3。

表5.3 初始区间三

符号	a_1	a_2	a_3	a_4
概率	0.1	0.4	0.2	0.3
区间	[0.05,0.052)	[0.052,0.06)	[0.06,0.064)	[0.064,0.07)

需要进行编码的第三个字符为 a_4，从表5.3中可以查到对应区间为[0.064,0.07)。

(4)根据步骤(3)确定的区间，对区间再进行划分，划分依据还是符号和概率，range为0.006，$start_0=0.064$，p_j 为对应的概率。根据式(5.10)计算，结果见表5.4。

表5.4 初始区间四

符号	a_1	a_2	a_3	a_4
概率	0.1	0.4	0.2	0.3
区间	[0.064,0.064 6)	[0.064 6,0.067)	[0.067,0.068 2)	[0.068 2,0.07)

需要进行编码的第四个字符为 a_2，从表5.4中可以查到对应区间为[0.064 6,0.067)。

(5)根据步骤(4)确定的区间，对区间再进行划分，划分依据还是符号和概率，range为0.002 4，$start_0=0.064\ 6$，p_j 为对应的概率。根据式(5.10)计算，结果见表5.5。

表5.5 初始区间五

符号	a_1	a_2	a_3	a_4
概率	0.1	0.4	0.2	0.3
区间	[0.064 6,0.064 84)	[0.064 84,0.065 8)	[0.065 8,0.066 28)	[0.066 28,0.067)

需要进行编码的第五个字符为 a_1，从表5.5中可以查到对应区间为[0.064 6,0.064 84)。

通过上述步骤最终确定区间为[0.064 6,0.064 72)，那么在该区间的任意小数都可以表示序列 $a_1a_3a_4a_2a_1$，如可以取值为0.064 6。解码是其逆过程，区间的划分方法一样，划分后根据0.064 6落入的区间判断其符号便可。

3. 行程编码

行程编码主要是针对图像中包含大量相同区域的情况下,这些相同区域进行数字化后,往往会有相同的颜色值,这样利用行程编码即可大大节省存储空间。行程编码通常是将相同像素的行程表示为行程对进行压缩,其中每个行程对给出了灰度的起点和用于相同灰度值连续像素的个数。

行程编码通常对二值图像的压缩效率很高。因为二值图像只有0和1两种灰度值,相邻像素相同的概率很大。灰度序列如果为[0000011110001100],用行程编码后就变为[54322]。有时为了提高压缩效率,也采用行程编码和霍夫曼编码相结合的方式进行图像编码。

5.2.2 有损压缩编码

在实际使用中,人们看图片时其实并不需要图片能够完美无缺地展示出来,只需将主要内容表示出来即可。也就意味着使用者允许图像存在一定的失真,只要不影响最终使用即可。在允许失真的前提下,即有损压缩,图像压缩的压缩率又有了很大的提升。常用的有损压缩包括预测编码和变换编码。

1. 预测编码

预测编码是利用相邻像素之间有很高相关性的特点,用单个或者多个与当前信号相近的信号,对当前信号做预测。此时,只需要将预测值和真实值的差值保存便可。由于相邻像素的相关性,这个差值通常不会太大,对差值进行编码存储,节省存储空间。

预测编码器通常由预测器、量化器和编码器构成。预测器的目的是产生当前信号,量化器的作用是将预测数据和真实数据的差值进行量化,编码器是将量化好的数据进行编码。预测编码器之所以归类到有损编码器的主要原因是量化过程,因为量化时会带来信息丢失,且这种丢失是不可逆的。

预测编码器的编码和解码流程分别如图5.3和图5.4所示。

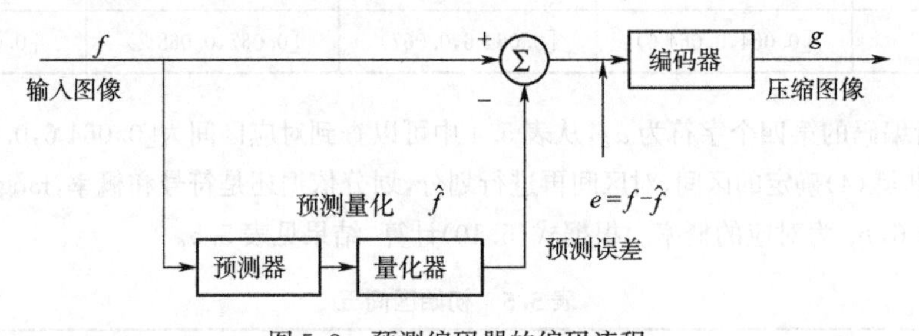

图5.3 预测编码器的编码流程

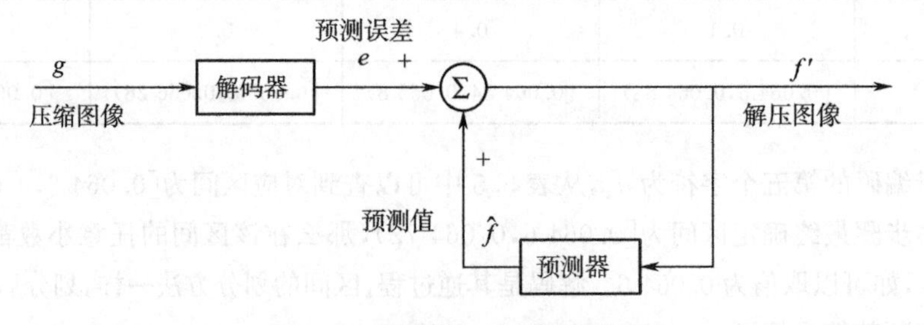

图5.4 预测编码器的解码流程

预测编码器的核心是预测器的选择，不同的预测器会导致不同的预测结果，目前常用的预测编码技术为差值脉冲编码调制(DPCM)。该方法的编码器是线性的，表达式如下：

$$\hat{f}=\sum_{i=1}^{N}a_i f_i \tag{5.11}$$

其中，a_i 是预测系数。若 a_i 为常数的话，该预测器就是 N 阶线性预测器。根据预测系数值的不同，会得到不同的预测方法。

2. 变换编码

变换编码是将图像经过正交变换后，在频域对图像进行编码的方法。图像经过正交变换后，能量重新分布，往往会把能量集中在某一区域。对该区域进行详细编码处理，对能量分布较少的区域可以进行粗量化处理或删除，这样需要编码的数据就会大量减少，达到压缩的目的。在解码时，由于绝大部分能量还是保存了下来，所以可以得到不影响视觉效果的图像。图像在变换编码的过程中由于要舍弃部分数据，所以属于有损压缩。

为了加快计算速度，变换编码通常都要对图像进行分块操作。然后以划分的小块为单位，进行正交变换后进行编码。编码和解码过程如图5.5所示。

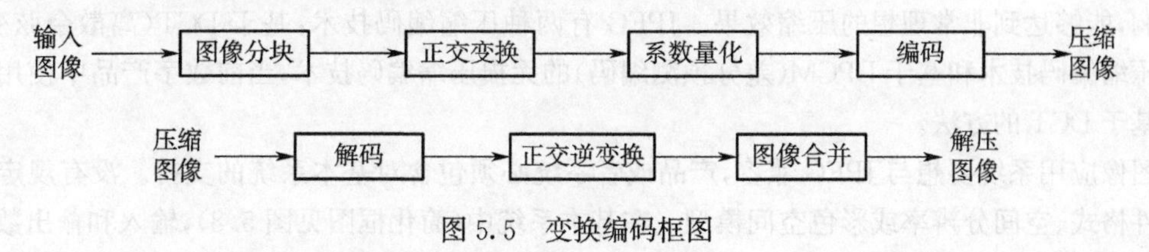

图5.5 变换编码框图

变换编码是基于离散余弦变换(DCT)的图像压缩编码，当前的JPEG图像存储格式中就使用了这种方法。图像经过离散余弦变换后，主要能量集中在每个块的左上角，在数据中可以看到左上角的数字明显比其他地方的数字大。经过量化后，除了靠近左上角的数据外，其他很多数据都变成了0，这样就可以使用Z字形扫描，最后可以用行程编码对图像进行压缩。

如图5.6(a)所示，现有从真实图像中截取的8×8的图像数据块，将其经过离散余弦变化的结果如图5.6(b)所示。从图中可以看到大数都集中到了左上角，说明能量集中到了左上角。量化表如图5.7(a)所示，将图5.6(b)中的图像块经过量化后的结果如图5.7(b)所示。从图中可以看出，大量数据都变成了0。为了能够使得0元素的行程尽可能长，保存数据时使用了Z字形扫描，最终使用行程编码实现图像压缩。

```
[ 57  49  50  53  50  49  53  99]   [606. 241. 101.   1.   6.   7.   5.   7.]
[ 54  51  52  49  44  54  74 122]   [ 97.  97.  26.  70.  44.  15.   1.   1.]
[ 49  50  43  49  48  53  90 145]   [  2.  24.  43.  26.   8.  19.  16.   3.]
[ 49  50  44  49  51  74 123 148]   [  7.   8.   0.   7.  14.  17.   3.   0.]
[ 50  46  46  51  56 100 151 145]   [  7.   0.   9.   6.   2.   2.   5.   2.]
[ 50  41  47  51  65 122 155 137]   [  8.   3.   1.   1.   3.   2.   1.   1.]
[ 48  41  45  53  84 144 151 136]   [  2.   1.   3.   1.   6.   3.   2.   1.]
[ 46  44  44  63 116 161 150 135]   [  1.   1.   1.   1.   3.   1.   1.   1.]
```

(a) 8×8图像数据块　　　　(b) 离散余弦变换后数据

图5.6 离散余弦变换结果示例

```
[ 16  11  10  16  24  40  51  61]    [38. 22. 10.  0.  0.  0.  0.  0.]
[ 12  12  14  19  26  58  60  55]    [ 8.  8.  2.  4.  2.  0.  0.  0.]
[ 14  13  16  24  40  57  69  56]    [ 0.  2.  3.  1.  0.  0.  0.  0.]
[ 14  17  22  29  51  87  80  62]    [ 0.  0.  0.  0.  0.  0.  0.  0.]
[ 18  22  37  56  68 109 103  92]    [ 0.  0.  0.  0.  0.  0.  0.  0.]
[ 24  35  55  64  81 104 113  92]    [ 0.  0.  0.  0.  0.  0.  0.  0.]
[ 49  64  78  87 103 121 120 101]    [ 0.  0.  0.  0.  0.  0.  0.  0.]
[ 72  92  95  98 112 100 103  99]    [ 0.  0.  0.  0.  0.  0.  0.  0.]
```

(a) 亮度标准量化表　　　　(b) 量化结果

图 5.7　量化后结果示例

5.2.3　JPEG 图像压缩

JPEG 压缩是目前静止或彩色图像常用的压缩标准之一,其不受图像大小、内容和颜色等特性的影响,能够达到非常理想的压缩效果。JPEG 有两种压缩编码技术:基于 DCT(离散余弦变换)有损压缩编码技术和基于 DPCM(差分预测编码)的无损压缩编码技术,当前数字产品中使用较多的是基于 DCT 的方法。

图像应用系统要想与 JPEG 兼容,产品或者系统必须包含对基本系统的支持。没有规定特殊的文件格式、空间分辨率或彩色空间模型。在基本系统中(简化框图见图 5.8),输入和输出数据的精度都是 8 位,但是量化 DCT 值的精度是 11 位。压缩过程由顺序的 3 个步骤执行:DCT 计算、量化、变长码赋值。具体过程如下:先把图像分解成一系列 8×8 的子块,然后按照从左向右、从上向下的次序处理。设 2^n 是图像灰度值的最大级数,则其中的 64 个像素都通过减去 2^{n-1} 进行灰度平移。下面计算各子块 2-D 的 DCT 变换,再对其进行量化和重新排序,形成一个量化系数的一维序列。

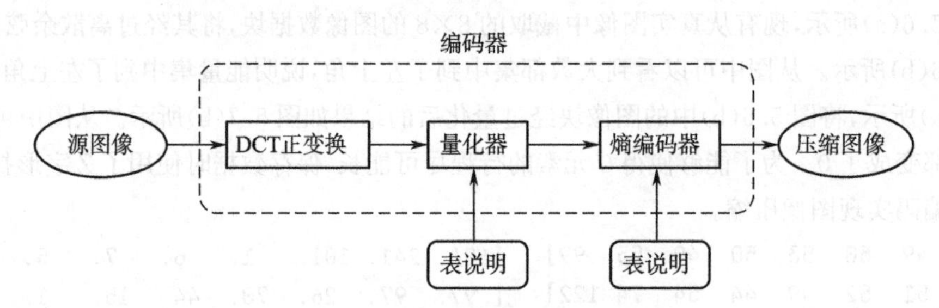

图 5.8　JPEG 基本系统编码器框图

5.2.4　JPEG 2000 图像压缩

虽然 JPEG 能够提供较为理想的压缩效果,但是也存在不足,如比特率较低时,重构图像的质量下降严重,无法满足使用需求。为解决 JPEG 的不足,JPEG 2000 应运而生并于 2007 年开始使用。JPEG 2000 是基于离散小波的图像压缩标准,能够在允许对不同类型特点(自然图片、科学、医学、军事图像、文本图像、渲染的图形图像)的静态图像(二值图、灰度图、彩色图、多波段图像)在统一的方法下进行压缩。JPEG 2000 通过将无损压缩表示为有损压缩的一种自然扩展,从而不需要对无损压缩采取不同的压缩机制。与 JPEG 标准相比,规范上的这个重要变化允许图像数据的压缩为无损类型,在此后的阶段再选择性地去除数据以有损的方式表示图像而增加压缩比。同时,JPEG 2000 具有分辨率可伸缩性,它允许从同样的数据源中获得低分辨率的图像。因此,在较高压缩比的情况下,JPEG 2000 可以获得更好的压缩质量。

5.3　用到的 Python 函数

5.3.1　无损编码

1. 霍夫曼编码和解码函数

霍夫曼编码问题也就是最优编码问题,通过比较权值逐步构建一棵霍夫曼树,再由霍夫曼树进行编码、解码。因此需要大量的自定义函数,对于自定义函数这里不做过多介绍,在后面的实例中可以看到。

在实现过程中需要先构建一个包含所有节点的线性表,每次选取最小权值的两个节点,生成一个父亲节点,该父亲节点的权值等于两节点权值之和,然后将该父亲节点加入该线性表中,再重复上述步骤,直至构成一棵二叉树,已使用过的节点不参与。因此用到了优先队列 PriorityQueue,属于 queue 模块。相比于普通队列的先进先出,优先队列则给元素赋予了优先级,根据优先级判断哪个元素先出。在本章中用到了如下函数:

queue. PriorityQueue():声明优先队列。

PriorityQueue. put(self,item,block=True,timeout=None):往队列中加入元素。item 是指要加入元素的队列;block 是指队列如果满时是否马上报警,默认值为 True,表示等待;timeout 表示等待的时间,默认值为 None,即一直等下去。

PriorityQueue. get(self,block=True,timeout=None):从队列中删除元素。block 是指队列如果为空的话是否马上报警,默认值为 True,表示等待;timeout 表示等待的时间,默认值为 None,即一直等下去。

PriorityQueue. qsize(self):返回队列大小。

2. 算术编码

算术编码使用的函数大多属于自定义函数,在后面会详细描述。

5.3.2　JPEG 图像压缩函数

该实验中使用到了 numpy. lib. stride_tricks. as_strided"函数"用来对图像进行分块,其余函数都属于自定义函数,在后面的实验中会详细介绍。

numpy. lib. stride_tricks. as_strided(x,shape=None,strides=None,subok=False,writeable=True):从矩阵生成子矩阵。x 为需要处理的矩阵;shape 为子矩阵的结构;strides 为需要生成的新张量的跨度;subok 判断是否生成新矩阵;writeable 返回值的属性,为 True 可写,为 False 不可写。

5.4 实验举例

5.4.1 无损压缩编码

1. 霍夫曼编码

对图像进行霍夫曼编码/解码,根据霍夫曼编码灰度图像,保存到文件中;读取霍夫曼编码的文件,解码成图像,与原图像对比。示例代码如下:

```
import cv2
from queue import PriorityQueue
import numpy as np
import math
import struct
import matplotlib.pyplot as plt
plt.rcParams['font.sans-serif']=['SimHei']
```

HuffmanNode为霍夫曼树的节点类。其中,value表示元素出现次数,key为点代表的元素,symbol表示节点的霍夫曼编码,初始化设置为空字符串,l_child表示左子节点,r_child表示右子节点。同时为了能够在构建优先队列时对自建对象进行大小对比,重写了内置方法__eq__、__gt__、__lt__,都以value的值来判断大小。

```
class HuffmanNode():
    def __init__(self,value,key=None,symbol='',l_child=None,r_child=None):
        self.left_child=l_child
        self.right_child=r_child
        self.value=value
        self.key=key
        assert symbol==''
        self.symbol=symbol
    def __eq__(self,x):
        return self.value==x.value
    def __gt__(self,other):
        return self.value>x.value
    def __lt__(self,other):
        return self.value<x.value
```

构造霍夫曼树,首先定义优先队列,然后根据传入的图像灰度分布字典,用像素值和对应的出现次数构建霍夫曼节点,然后将节点放入优先队列,构建霍夫曼树。像素值对应霍夫曼节点的key,出现次数对应霍夫曼节点的value,优先队列在判断大小时根据重写函数判断,即根据value的大小,也就意味着出现次数越少的像素优先级越高。先将优先级最高的两个节点抛出(value最小的),让它们的value相加,构成新的上级节点,然后放入优先队列,自动排序,如此循环构建霍夫曼树,最后返回根节点。

```
def bliltTree(hist_dict):
    p=PriorityQueue()
    for m,n in hist_dict.items():
        p.put(HuffmanNode(value=n,key=m))
    while p.qsize()>1:
        l_freq,r_freq=p.get(),p.get()
        node=HuffmanNode(value=l_freq.value+r_freq.value,l_child=l_freq,r_child
=r_freq)
        p.put(node)
    return p.get()
```

接下来需要给霍夫曼树编码，即确定每个像素的编码。从根节点开始，根节点编码为空。同时得到每个元素(叶子节点)的编码，保存到全局的霍夫曼编码字典中。其中，root_node表示霍夫曼树的根节点，symbol表示用于对哈夫曼树上的节点进行编码，根据霍夫曼编码，出现次数的多为“0”，出现次数少的为“1”。

```
def codetree(root_node,sy=''):
    global Huffman_encode_dict
    if isinstance(root_node,HuffmanNode):
        root_node.symbol+=sy
        if root_node.key!=None:
            Huffman_encode_dict[root_node.key]=root_node.symbol
        codetree(root_node.left_child,sy=root_node.symbol+'1')
        codetree(root_node.right_child,sy=root_node.symbol+'0')
    return
```

用已知的编码字典对图像进行编码，这一步相对容易一些，按照字典找出编码，然后将编码合并起来即可。

```
def encode_img(img,encode_dict):
    img_en=''
    for i in img:
        img_en+=encode_dict[i]
    return img_en
```

到此编程过程结束，获得霍夫曼编码的数据，通常要将数据保存起来，通过自定义函数实现。

```
def img_encode_save(img_en,filename):
    temp=bytes()
    for i in range(len(img_en)//8+1):
        temp+=int.to_bytes(int(img_en[i*8:i*8+8],2),1,byteorder='little',signed=False)
    f=open(filename,'wb')
    f.write(temp)
    f.close()
```

下面开始解码过程，首先从刚才保存的文件中把数据读出来，读取函数如下：

```
def img_encode_read(filename,len_img_en):
    f=open(filename,'rb')
    data=''
    temp=f.read()
    for i in range(len(temp)):
        data+='{:08b}'.format(temp[i])
    f.close()
    return data[0:-8]+data[-8+(len(data)-len_img_en):]
```

然后对图像进行解码：

```
def decode_img(img_encode,huffman_tree_root):
    img_src_list=[]
    root_node=huffman_tree_root
    for code in img_encode:
        if code=='1':
            root_node=root_node.left_child
        elif code=='0':
            root_node=root_node.right_child
        if root_node.key!=None:
            img_src_list.append(root_node.key)
            root_node=huffman_tree_root
    return np.asarray(img_src_list)
```

定义好上述的类和函数后，即可进行图像霍夫曼编码。同时还计算平均编码长度、编码效率和压缩率。

```
Huffman_encode_dict={}
img_bck=cv2.imread('001.bmp',0)
n,bin,patch=plt.hist(img_bck.ravel(),256,[0,256])
hist_dict={}
for i in range(len(n)):
    if n[i]==0:
        continue
    hist_dict[i]=n[i]
root_node=bliltTree(hist_dict)
codetree(root_node)
img_encode=encode_img(img_bck.ravel(),Huffman_encode_dict)
img_encode_save(img_encode,'001.bin')
img_encode=img_encode_read('001.bin',len(img_encode))
img_src_array=decode_img(img_encode,root_node)
img_decode=np.reshape(img_src_array,img_bck.shape)
total_code_len=0
total_code_num=sum(hist_dict.values())
avg_code_len=0
entropy=0
```

```
    for key in hist_dict.keys():
        count=hist_dict[key]
        code_len=len(Huffman_encode_dict[key])
        prob=count/total_code_num
        avg_code_len+=prob*code_len
        entropy+=-(prob*math.log2(prob))
    eff=entropy/avg_code_len
    print("平均编码长度为:{:.2f}".format(avg_code_len))
    print("编码效率为:{:.2f}".format(eff))
    # 压缩率
    ori_size=np.size(img_bck)/(1024
    comp_size=len(img_encode)/(1024*8)
    comp_rate='{:.2f}'.format(1-comp_size/ori_size)
    print('原图灰度图大小',ori_size,'KB  压缩后大小',comp_size,'KB  压缩率',comp_rate,'%')
    plt.subplot(121),plt.imshow(img_bck,'gray'),plt.title('原图灰度图像')
    plt.subplot(122),plt.imshow(img_decode,'gray'),plt.title('解压后')
    plt.show()
```

效果如图 5.9 所示。该图像大小为 256 KB,平均编码长度为 7.34,编码效率为 0.997,压缩后大小为 234.98 KB,压缩率为 91.791%。

图 5.9　霍夫曼编码效果图

2. 算术编码

本实验以灰度图为例,实现算术编码的编码和解码过程,读取数据示例代码如下:

```
def get_img_data(filename):
    data=cv2.imread(filename,0)
    return data
```

读取完数据后统计出每个灰度值出现的频率和累计频率,用来计算后面的起始位置和截止位置。示例代码如下:

```
def hist_data(data):
    hist_dict={}
```

```
    s_p=np.zeros(256)
    ac_p=np.zeros(257)
    k=0
    for i in np.unique(data):
        tp=data[data==i].size
        s_p[k]=tp
        ac_p[k+1]=ac_p[k]+s_p[k]
        hist_dict[i]=[int(s_p[k]),int(ac_p[k])]
        k=k+1
    return hist_dict
```

接着对图像数据进行编码,编码时为了提高编码效率,要将图像数据分组进行。本实验中设定每组长度为 1000,然后进行编码。最终返回编码结果以及每次编码的起始和终止位置,示例代码如下:

```
def encode_img(data,hist_dict,batch_size):
    code_datas=''
    l_list=[]
    h_list=[]
    step=math.ceil(len(data)/batch_size)
    print('开始编码')
    time_st=time.time()
    for k in range(step):
        l,h,code_data=encode(data[batch_size*k: batch_size*(k+1)],hist_dict,len(data))
        code_datas+=code_data
        l_list.append(l)
        h_list.append(h)
    time_ed=time.time()
    print('编码结束')
    print('编码用时:{:.2f}分钟'.format((time_ed-time_st)/60))
    return l_list,h_list,code_datas
```

其中用到了编码函数 encode()和二进制码转换函数 code_bin()。其中 encode()函数用于计算每次编码的起始和终止位置,并且利用对数计算出编码长度。然后利用 code_bin()函数,获得二进制编码。示例代码如下:

```
def encode(data,hist_data,data_len):
    l=0
    s=1
    h=1
    for i in data:
        l=l*data_len+ s*hist_data[i][1]
        h=h*data_len
        s*=hist_data[i][0]
```

```
    L=math.ceil(len(data)*math.log2(data_len)-math.log2(s))
    code=code_bin(l,h,L)
    return l,h,code
def code_bin(l,h,L):
    bins="
    while(l! =h) and(len(bins)<L):
        l*=2
        if l>h:
            bins+="1"
            l-=h
        elif l<h:
            bins+="0"
        else:
            bins+="1"
    return bins
```

编码过程结束后，开始解码。使用 decode_img()函数对压缩数据进行解压，需要输入起止位置、每个灰度值出现的频率和累计频率、每次解码的数据和总的数据长度。示例代码如下：

```
def decode_img(l_list,h_list,hist_dict,batch_size,data_len):
    temp=[]
    print('开始解码')
    step=math.ceil(data_len/batch_size)
    time_st=time.time()
    for k in range(step):
        if(k==step-1) &(data_len % batch_size!=0):
            temp+=decode(l_list[k],h_list[k],hist_dict,data_len % batch_size,data_len)
        else:
            temp+=decode(l_list[k],h_list[k],hist_dict,batch_size,data_len)
    print('编码结束')
    time_ed=time.time()
    print('编码用时:{:.2f}分钟'.format((time_ed-time_st)/60))
    return temp
```

其中用到了解码函数 decode()，用于将每一组数据进行解码，示例代码如下：

```
def decode(l,h,hist_dict,byte_num,data_len):
    byte_list=[]
    for i in range(byte_num):
        key=find_bin(hist_dict,l* data_len // h,data_len)
        byte_list.append(key)
        l=(l* data_len- h*hist_dict[key][1])* data_len
        h=h* data_len* hist_dict[key][0]
    return byte_list
```

其中用到了使用二分法确定解码后灰度值的函数 find_bin()，代码如下：

```
def find_bin(hist_dict,block,data_size):
    keys=list(hist_dict.keys())
    tem=[]
    for i in range(len(hist_dict)):
        tem.append(hist_dict[keys[i]][1])
    tem.append(data_size)
    low=0
    high=len(tem)
    if hist_dict[0][1]<=block<=data_size:
        while high>=low:
            middle=int((high+low)/2)
            if(tem[middle]<block) &(tem[middle+1]<block):
                low=middle+1
            elif(tem[middle]>block) &(tem[middle-1]>block):
                high=middle-1
            elif(tem[middle]<block) &(tem[middle+1]>block):
                return keys[middle]
            elif(tem[middle]>block) &(tem[middle-1]<block):
                return keys[middle-1]
            elif(tem[middle]<block) &(tem[middle+1]==block):
                return keys[middle+1]
            elif(tem[middle]>block) &(tem[middle-1]==block):
                return keys[middle-1]
            elif tem[middle]==block:
                return keys[middle]
        return keys[middle]
    else:
        return False
```

为了检测编码和解码的结果,定义结果展示函数 show_img_data(),代码如下:

```
def show_img_data(img_data,decode_data):
    decode_data=np.array(decode_data).reshape(img_data.shape)
    plt.subplot(121)
    plt.imshow(img_data,'gray')
    plt.title('原图')
    plt.axis('off')
    plt.subplot(122)
    plt.imshow(decode_data,'gray')
    plt.title('编码解码后图像')
    plt.axis('off')
    plt.show()
```

定义好上述函数后,使用以下代码完成实验:

```
if __name__=='__main__':
    img_data=get_img_data('001.bmp')
    data=img_data.flatten()
    hist_dict=hist_data(data)
    batch_size=1000
    l_list,h_list,code_datas=encode_img(data,hist_dict,batch_size)
    code_eff(hist_dict,len(data),code_datas)
    decode_data=decode_img(l_list,h_list,hist_dict,batch_size,len(data))
    decode_err(data,decode_data)
    show_img_data(img_data,decode_data)
```

从结果可以得到，编码用时 0.07 min，编码效率为 99.99%，压缩率为 58.565，解码用时 0.21 min，误码率为 0。说明可以完全实现编码和解码过程，图 5.10 给出了原图和编码解码后图像对比图。

原图　　　　编码解码后图像

图 5.10　算术编码实验结果

5.4.2　JPEG 压缩编码

有损压缩的典型例子是变换编码，变换编码的核心是正交变换后的数据处理，而 JPEG 压缩则是以 DCT 变换为基础，即有损压缩。本实验便是对图像实现 JPEG 编码和解码，具体内容如下。

输入图像后，首先对图像进行填充，以便将图像划分成 8×8 的子块，填充函数如下：

```
def img_pad(img):
    hb,wb=img.shape
    w,h=0,0
    if hb % 8!=0:
        w=8-hb % 8
    if wb % 8!=0:
        h=8-wb % 8
    out=np.pad(img,((0,w),(0,h)),'constant',constant_values=(0,0))
    return out
```

对分块后的数据进行离散余弦变换，函数定义如下：

```
def img_dct(block,order):
    if order==0:
        dct_data=cv2.dct(np.float32(block))
        return dct_data
    elif order==1:
        idct_data=cv2.idct(block)
        return idct_data
```

获得离散余弦变换函数后，对系数要进行量化，然后进行 zig－zag 扫描。量化矩阵 lq、zig－zag 矩阵、量化 Quantize、逆量化 IQuantize 和扫描函数分别如下：

```
lq=np.array([
    16,10,10,16,24,40,51,61,
    12,12,14,19,26,58,60,55,
    14,13,16,24,40,57,69,56,
    14,17,22,29,51,87,80,62,
    18,22,37,56,68,109,103,77,
    24,35,55,64,81,104,113,92,
    49,64,78,87,103,121,120,101,
    72,92,95,98,112,100,103,99,
])
zig=np.array([
    0,1,8,16,9,2,3,10,
    17,24,32,25,18,11,4,5,
    12,19,26,33,40,48,41,34,
    27,20,13,6,7,14,21,28,
    35,42,49,56,57,50,43,36,
    29,22,15,23,30,37,44,51,
    58,59,52,45,38,31,39,46,
    53,60,61,54,47,55,62,63
])
zag=np.array([
    0,1,5,6,14,15,27,28,
    2,4,7,13,16,26,29,42,
    3,8,12,17,25,30,41,43,
    9,11,18,24,31,40,44,53,
    10,19,23,32,39,45,52,54,
    20,22,33,38,46,41,55,60,
    21,34,37,47,50,56,59,61,
    35,36,48,49,57,58,62,63
])
def Quantize(block):
    return np.round(block/lq.reshape((8,8))).reshape(64)
def IQuantize(block):
    return np.round(block* lq.reshape((8,8)))
```

```
def Zig(blocks):
    ty=np.array(blocks)
    tz=np.zeros(ty.shape)
    for i in range(len(zig)):
        tz[:,i]=ty[:,zig[i]]
    tz=tz.reshape(np.size(blocks))
    return tz.tolist()
def Zag(decode):
    dcode=np.array(decode).reshape((len(decode) // 64,64))
    tz=np.zeros(dcode.shape)
    for i in range(len(zag)):
        tz[:,i]=dcode[:,zag[i]]
    rlist=tz.tolist()
    return rlist
```

其中 zig 矩阵和 Zig()函数用于编码，其中 zag 矩阵和 Zag()函数用于解码。

扫描后通过行程编码的方式对结果进行编码，编码函数定义如下：

```
def rle(data):
    res=[]
    cnt=0
    for i in range(len(data)):
        if int(data[i])!=0:
            res.append(cnt)
            res.append(int(data[i]))
            cnt=0
        elif cnt==15:
            res.append(cnt)
            res.append(int(data[i]))
            cnt=0
        else:
            cnt+=1
    if cnt!=0:
        res.append(cnt-1)
        res.append(0)
    return res
```

然后开始编码，编码函数如下：

```
def encode_img(filename):
    img=cv2.imread(filename,0)
    h0,w0=img.shape
    data=img_pad(img)
    h,w=data.shape
    shape=(h//8,w//8,8,8)
    st=data.itemsize*np.array([w*8,8,w,1])
```

```
    blocks=np.lib.stride_tricks.as_strided(data,shape=shape,strides=st)
    codes=[]
    for i in range(h//8):
        for j in range(w//8):
            temp=Quantize(img_dct(blocks[i,j],0))
            codes.append(temp)
    return rle(Zig(codes)),h0,w0
```

解码过程刚好和编码过程相反,先对编码好的数据进行接行程编码,函数定义如下:

```
def irle(dcode):
    rlist=[]
    for i in range(len(dcode)):
        if i % 2==0:
            rlist+=[0]*int(dcode[i])
        else:
            rlist.append(dcode[i])
    return rlist
```

需要注意,在最开始时对图像进行了填充,这里要将多余的填充去掉,函数定义如下:

```
def img_unpad(data,h,w):
    out=data[:h,:w]
    return out
```

定义上述函数,便可进行解码,解码函数如下:

```
def decode_img(code,h,w):
    blocks=Zag(irle(code))
    list1=[]
    for b in blocks:
        b=np.array(b).reshape((8,8))
        list1.append(img_dct(IQuantize(b),1))
    if h % 16!=0:
        h+ =16-h % 16
    if w % 16!=0:
        w+=16-w % 16
    list2=[]
    for i in range(h // 8):
        start=i*w // 8
        list2.append(np.hstack(tuple(list1[start: start+(w // 8)])))
    temp=np.vstack(tuple(list2))
    out=img_unpad(temp,h,w)
    return abs(out)
```

完成编码和解码后,还要对编码方法进行评价。主要依靠压缩比和解码后图像与原图的对比进行判断,查看其压缩性能。压缩比计算函数 err()和图像展示函数 show_img_data()定义如下：

```
def err(img_file,cede):
    img=cv2.imread(img_file,0)
    a=np.size(img)
    b=len(cede)
    print('压缩率为:{:.2f}% '.format(b/a*100))
def show_img_data(img_file,decode_data):
    img_data=cv2.imread(img_file,0)
    plt.subplot(121)
    plt.imshow(img_data,'gray')
    plt.title('原图')
    plt.axis('off')
    plt.subplot(122)
    plt.imshow(decode_data,'gray')
    plt.title('编码解码后图像')
    plt.axis('off')
    plt.show()
```

结果如图5.11所示，压缩比为21.29%，并且图像质量并无明显下降。

图5.11　JPEG编码实验结果

习　题

根据本章知识点，查阅相关知识，完成基于JPEG 2000的图像编码和解码。

第6章 形态学图像处理实验

形态学是生物学的分支之一，是一门研究动物和植物的形态和结构的学科，在数字图像处理中形态学通常是指数学形态学。数学形态学是数字图像处理中应用最为广泛的技术之一，主要用于从图像中提取对表达和描绘区域性状有意义的图像分量，比如边界、骨架和连通区域等，使得后续的识别工作能够抓住目标对象最具区分能力的形状特征。同时也常应用于图像的预处理或后处理过程中的形态学技术，如形态学过滤、细化和修剪等，为图像增强技术提供了有力补充。

在数字图像处理中，形态学是基于集合论的语言进行表述和理解的，其中集合表示图像中的不同对象。因此，二值图像便可以用整数空间($\mathbf{Z}^2$)上二维分量的集合进行表示，集合中包含了多个元组(可以理解为二维向量)，每个元组便对应每个像素。通常来说，这些元组是图像中目标像素的坐标，即白色或黑色像素点的坐标(x,y)。灰度图像由于还要表示量化的灰度级，所以需要更高的维度进行表示，可以表示为三维整数空间($\mathbf{Z}^3$)上分量的集合。这样每个元组便用三个元素在其中(可以理解为三维向量)，元组中前两个元素依然表示像素点的坐标，第三个元素则用来表示像素的灰度值。如果图像的组成更为复杂，就需要更高维度空间中的集合对图像进行表示，比如，彩色图像和动态图像等。

6.1 形态学基础

形态学的操作主要有膨胀、腐蚀、开运算、闭运算、击中和不击中变换等，其中膨胀和腐蚀是基本操作，其他操作都是基于这两种操作实现的。

6.1.1 膨胀和腐蚀运算

1. 膨胀

膨胀可以对物体的边界进行扩充，常用于将图像中原本断裂开来的同一物体桥接起来，即可以填充物体的缝隙。对图像目标进行提取时，可能因为提取方法不当或噪声干扰等因素，导致本来为整体的目标被分裂开或部分区域缺失，这样的提取结果对后续的处理产生干扰，导致最终处理结果出现重大误差。因此，对出现这种情况的图像通常使用膨胀的形态学操作进行预处理，目的是将被分裂区域合并或填充目标缺失区域。

对于二值图像A和B，都是二维空间中的集合，A被B膨胀可表示为

$$D=A\oplus B=\{(x,y)\mid B_{xy}\cap A=\varnothing\} \tag{6.1}$$

A被B膨胀就是当使用B在二维空间上进行位移得到B_{xy}，滑过集合(图像)A，找到所有B_{xy}与A至少有一个元素是重叠的坐标点，所有这种点的集合就是A被B膨胀的结果。B又称结构元素，可把它看作一个卷积模板。

图6.1给出了膨胀运算的简单示例图，其中图6.1(a)可为某一简单集合A，图6.1(b)可看作是结构元素B(黑色点表示元素的原点)，图6.1(c)则是利用结构元素B对A进行膨胀运算的结果。从中可以看出，膨胀后的图像比原始图像明显扩大了一圈。图6.1(d)是对结构元素B的垂直方向进行拉长后新的结构元素，即在垂直方向进行更多的膨胀，用该结构元素对A进行膨胀得到图6.1(e)所示结果，明显可以看出垂直方向扩展更多。

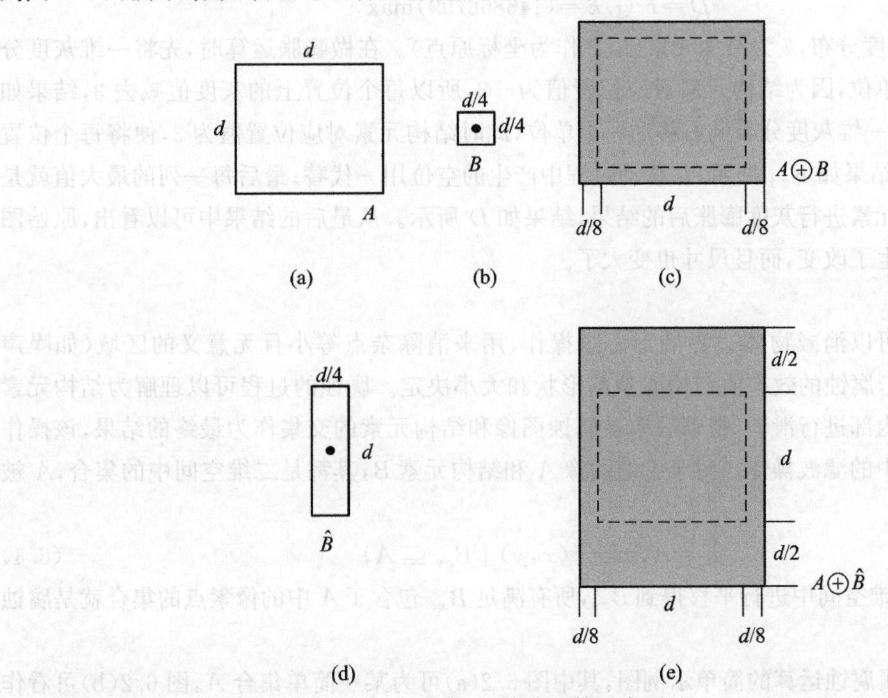

图6.1 膨胀运算示意图

说明：图中$\hat{B}$表示结构元素B拉长后的结构元素。

相比二值图像，灰度图像是三维空间上的集合，除了表示出像素点的坐标外还要表示出像素的离散灰度级值。因此灰度图像进行形态学运算便相对复杂，除了考虑位置关系外还要考虑灰度的变化，结果便是图像区域大小、形状和灰度值都会发生变化。在灰度形态学中，令$f(x,y)$为灰度图像，$b(x,y)$为结构元素，f和b是对每个坐标赋以灰度值的函数。灰度图像膨胀操作的过程，可用如下公式表示：

$$[f \oplus b](x,y)=\max_{(s,t)\in b_{\mathrm{N}}} |f(x-s,y-t)+b_{\mathrm{N}}(s,t)| \tag{6.2}$$

式中，N表示限定在结构元素的范围内，b_N表示结构元素。

根据公式，对灰度图像的膨胀操作可以理解为，对原始图像中(x,y)坐标的灰度值$f(x,y)$，分别向右移动(s,t)个单位，然后与结构元素坐标的灰度值$b(s,t)$相加，最后取其中的最大值。

如果结构元素$b(x,y)$为平坦结构，由于平坦结构的高度为0，则式(6.2)可以简化为：

$$[f \oplus b](x,y)=\max_{(s,t)\in b_{\mathrm{N}}} |f(x-s,y-t)| \tag{6.3}$$

下面以一维灰度分布和一维结构元素为例，简单展示灰度图像膨胀的过程，以便更加直观地理解灰度图像膨胀操作的运算过程：

$$F=(4636577)$$

$$k=(-3,0,2)$$

$$F_{-1}=(1303244**)$$

$$F_0=(*4636577*)$$

$$F_{+1}=(**6858799)$$

$$D=F\oplus k=(146868799)\max$$

其中,F 为一维灰度分布,k 为结构元素(以 0 作为坐标原点)。在做膨胀运算时,先将一维灰度分布向左移动一个单位,因为结构元素对应位置值为-3,所以每个位置上的灰度值减去 3,结果如 F_{-1} 所示;然后将一维灰度分布向右移动一个单位,此时结构元素对应位置值为 2,便将每个位置上的灰度值加 2,结果如 F_{+1} 所示;在移动过程中产生的空位用 * 代替;最后每一列的最大值就是原始图像被结构元素进行灰度膨胀后的结果,结果如 D 所示。从最后的结果中可以看出,原始图像不仅灰度值发生了改变,而且尺寸也变大了。

2. 腐蚀

腐蚀是一种可以消减物体边界的形态学操作,用来消除杂点等小且无意义的区域(如噪声点)。和膨胀一样,腐蚀的效果由结构元素的形状和大小决定。腐蚀的过程可以理解为结构元素在被腐蚀的图像内部进行滑动,滑动后取被腐蚀图像和结构元素的交集作为最终的结果,该操作类似于图像增强中的滤波操作。对于二值图像 A 和结构元素 B,其都是二维空间中的集合,A 被 B 腐蚀可表示为:

$$E=A\Theta B=\{(x,y)\mid B_{xy}\subseteq A\} \tag{6.4}$$

结构元素 B 在二维空间中进行平移得到 B_{xy},所有满足 B_{xy} 包含于 A 中的像素点的集合就是腐蚀后的结果。

图 6.2 给出了腐蚀运算的简单示例图,其中图 6.2(a)可为某一简单集合 A,图 6.2(b)可看作结构元素 B(黑色点表示元素的原点),图 6.2(c)则是利用结构元素 B 对 A 进行腐蚀运算的结果。从中可以看出,腐蚀后的图像比原始图像明显缩小一圈。图 6.2(d)是对结构元素 B 的垂直方向进行拉伸后新的结构元素,即在垂直方向进行更多的腐蚀,用该结构元素对 A 进行腐蚀得到图 6.2(e)所示结果,明显可以看出垂直方向缩小更多,成为一条直线。

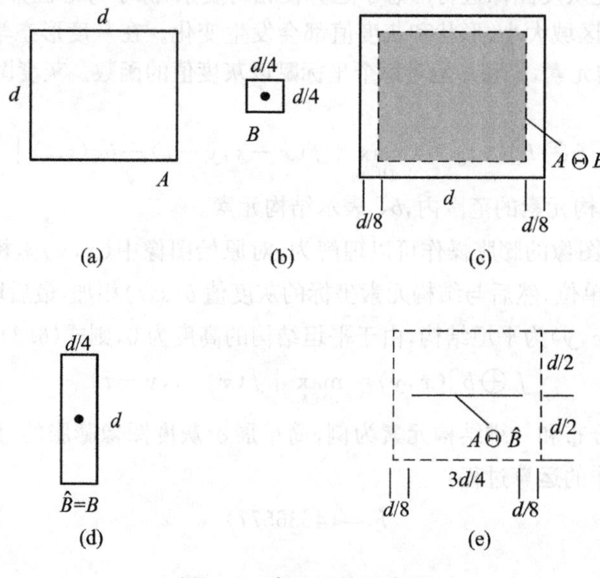

图 6.2　腐蚀运算示意图

灰度图像腐蚀操作的过程，可用如下公式表示：

$$[f \oplus b](x,y) = \min_{(s,t)\in b_N} \mid f(x+s,y+t) - b_N(s,t) \mid \tag{6.5}$$

根据公式，对灰度图像的腐蚀操作可以理解为，对原始图像中(s,t)坐标的灰度值$f(s,t)$，分别向左移动(x,y)个单位，然后与结构元素坐标的灰度值$b(s,t)$相减，最后取其中的最小值。如果结构元素$b(x,y)$为平坦结构，由于平坦结构的高度为 0，则公式可以简化为：

$$[f \oplus b](x,y) = \min_{(s,t)\in b_N} \mid f(x+s,y+t)) \mid \tag{6.6}$$

与灰度膨胀操作类似，为了方便理解，还是以简单的一维数据为例来表示其腐蚀运算过程：

$$F=(4636577)$$
$$k=(-3,0,2)$$
$$F_{+1}=(**2614355)$$
$$F_0=(*4636577*)$$
$$F_{-1}=(796981010**)$$
$$D=F\Theta k=(*23143*)\min$$

其中，F 为一维灰度分布，k 为结构元素（以 0 作为坐标原点）。在做腐蚀运算时，先将一维灰度分布向左移动一个单位，因为结构元素对应位置值为-3，所以每个位置上的灰度值减去-3，结果如F_{-1}所示；然后将一维灰度分布向右移动一个单位，此时结构元素对应位置值为 2，便将每个位置上的灰度减去 2，结果如F_{+1}所示；在移动过程中产生的空位用 * 代替；最后每一列的最小值就是原始图像被结构元素进行灰度膨胀后的结果，结果如 D 所示。从最后的结果中可以看出，原始图像不仅灰度值发生了改变，而且尺寸也变小了。

6.1.2　开运算和闭运算

开运算和闭运算都基于腐蚀和膨胀运算，如上节中所述，膨胀运算可以使图像边界扩大，腐蚀运算使图像边界向内收缩，两种操作的顺序不同对图像会产生不同的处理效果。

1. 开运算

开运算是先腐蚀后膨胀，即结构元素 B 先对图像 A 进行腐蚀，对图像周围的毛刺或噪声点等进行去除，保留图像主要内容，然后继续使用结构元素 B 对腐蚀后的结果进行膨胀，此操作的目的是填充在腐蚀过程中被过度消除的边界，使图像能够保持原来的尺寸。从中可以看出，图像经过开运算后图像的大小基本不会发生大的变化。其过程可表示为

$$A \circ B = (A \Theta B) \oplus B \tag{6.7}$$

灰度形态学的开运算与上面的描述一样，也是先用结构元素 b 对原始图像 f 进行腐蚀，之后再用结构元素对腐蚀后的结果进行膨胀，可用如下公式表示：

$$f \circ b = (f \Theta b) \oplus b \tag{6.8}$$

2. 闭运算

闭运算是先膨胀后腐蚀，即结构元素 B 相对图像 A 进行膨胀操作，该操作的目的是对图像中由于各种原因形成的缝隙进行填充或避免后续腐蚀操作将图像部分内容分割开。然后用结构元素 B 对膨胀后的结果进行腐蚀，该操作的目的是将膨胀后的部分进行消除，否则缝隙之外的边界会又扩张，使图像轮廓增加。从上面的操作可以看出，图像经过闭运算后图像的大小基本不会发生大的变化。其过程可表示为

$$A \cdot B = (A \oplus B) \Theta B \tag{6.9}$$

灰度形态学的开运算也和上面描述的一样，也是先用结构元素 b 对原始图像 f 进行膨胀，之后再用结构元素对膨胀后的结果进行腐蚀，可用如下公式进行表示：

$$f \cdot b = (f \oplus b) \Theta b \tag{6.10}$$

6.1.3 击中和击不中变换

击中和击不中变换是用来对物体形状进行检测的方法，该操作也是基于腐蚀和膨胀运算。与之前的操作不同，该操作需要两个结构元素，其中一个用于前景检测，另一个用于背景检测，最终找到与前景结构元素相同的结构。其公式如下所示：

$$H = I \otimes B_{1,2} = (A \Theta B_1) \cap (A^c \Theta B_2) \tag{6.11}$$

其中，A 为整个集合，A^c 为补集图像，I 是二值图像，B_1 和 B_2 分别为前景和背景结构元素。

在击中和击不中操作中，对目标物体不仅要检测内部，还要检测外部，需要对目标物体的内外部都进行标记，此时需要用到腐蚀操作，腐蚀过程就是对和结构元素相同的形状进行标记。图 6.3 所示为目标物体被结构元素击中的过程与结果，从中可以看出图 6.3(a)中的图像 A 包含有三角形、圆、长方形和正方形四种形状，现要在图像 A 中利用击中和击不中操作找出和图 6.3(b)中结构元素 B_1 相同的结构。首先利用前景结构元素对图像 A 进行腐蚀，即找出所有符合需求的结果，如图 6.3(d)所示。从中可以看出，找到的结果与 B_1 相同的结构比实际的要多，因此还需要更多的操作。然后利用 6.3(b)中结构元素 B_2 对 6.3(c)中 A 的补集图像进行腐蚀，即在 A 的补集中寻找和 B_1 相同的结构，结果如图 6.3(e)所示。最后取图 6.3(d)和 6.3(e)的交集，就找到所寻找结构的原点，确定目标结构的位置。

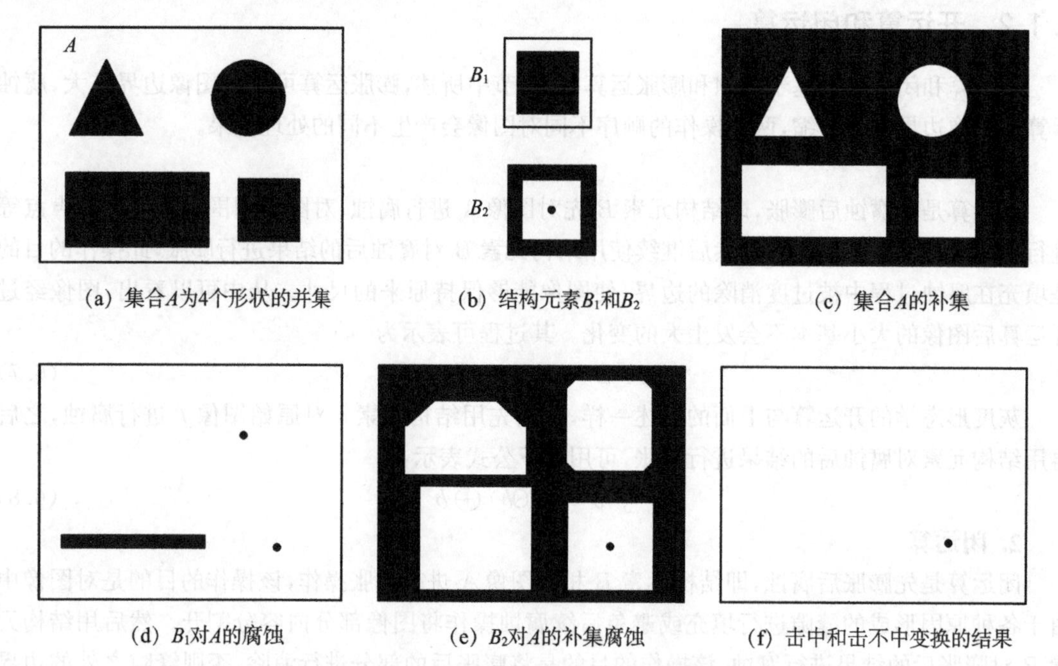

(a) 集合A为4个形状的并集　(b) 结构元素B_1和B_2　(c) 集合A的补集

(d) B_1对A的腐蚀　(e) B_2对A的补集腐蚀　(f) 击中和击不中变换的结果

图 6.3　目标物体被结构元素击中的过程与结果

6.1.4　连通分量的标注

二值图像中连通分量的提取是很多自动图像分析的核心内容，可以实现对图像中的目标进行定位和计数，而形态学操作也可以实现对连通分量的提取，主要用到的是膨胀操作。

图6.4给出了简单的连通分量的提取过程，从中可以看出6.4(a)中图像A包含2个连通分量A_1和A_2，现在需要找到2个连通分量并进行标注。提取过程如下：

(1)构建结构元素B。

(2)从图像A中的连通分量A_1中选择某一像素点开始，利用结构元素B进行膨胀操作。

(3)将膨胀的结果与图像A的交集作为新的区域，利用结构元素B对该区域进行膨胀。

(4)当膨胀结果与A的交集不再变化时终止操作，否则重复执行步骤(3)。

当交集不再变化时意味着交集充满整个连通分量A_1，此时也就完成了对连通分量A_1的提取。提取A_2的连通分量步骤相同，只不过步骤(2)中的初始像素点从A_2中选取。提取过程中需要注意的是结构元素B的构造，在图像A中，连通分量A_1与A_2有明显的分界线，即一条一个像素宽的空白。因此，从中可以推断出当结构元素为3×3时，只要选择的初始像素点在某一连通分量内，每次膨胀后都不会有其他连通区域内的像素点产生。如图6.4(b)所示，对同一个连通区域内的所有像素值赋值为对应的区域标号，这样的输出图像称为标注图像。

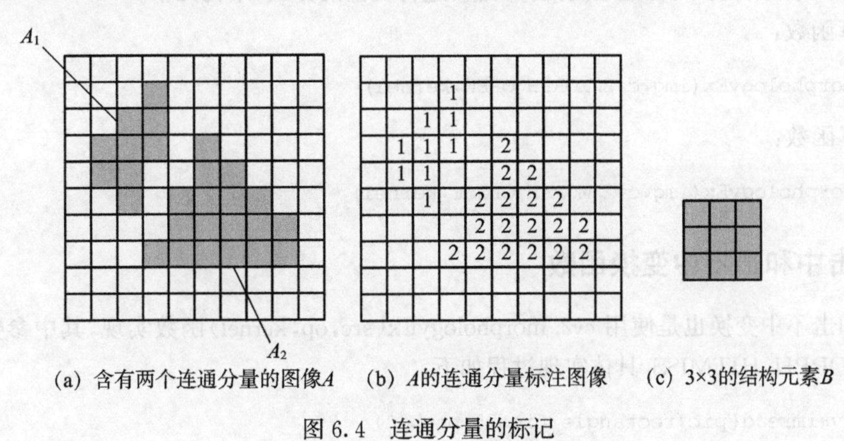

(a) 含有两个连通分量的图像A　(b) A的连通分量标注图像　(c) 3×3的结构元素B

图6.4　连通分量的标记

6.2　用到的Python函数

下面介绍使用OpenCV-Python进行形态学处理所用到的函数。

6.2.1　结构元素构造函数

对于形态学处理来说，最关键的就是定义结构元素，结构元素的形状与大小决定了经过形态学处理后图像的形状与大小，在OpenCV-Python中，可以使用内置函数getStructuringElement()定义一个结构元素，下面定义一个十字形结构，大小为5×5的结构元素：element = cv2.getStructuringElement(cv2.MORPH_CROSS,(5,5))。此外，还可以定义椭圆(MORPH_ELLIPSE)和矩形(MORPH_RECT)等形状的结构元素，其中对于矩形和十字形的结构元素的定义，也可以直接使用 NumPy 的 ndarray 进行定义，代码如下所示：

```
kernel=np.uint8(np.zeros((5,5)))
for i in range(5):
    kernel[2,i]=1
    kernel[i,2]=1
```

6.2.2 膨胀与腐蚀运算函数

膨胀运算函数：

```
dst=cv2.dilate(src,kernel[,dst[,anchor[,iterations[,borderType[,borderValue]]]]])
```

腐蚀运算函数：

```
dst=cv.erode(src,kernel[,dst[,anchor[,iterations[,borderType[,borderValue]]]]])
```

6.2.3 开运算和闭运算函数

在 OpenCV-Python 中主要使用 cv2.morphologyEx(src,op,kernel) 进行形态学的开闭运算，函数中各个参数分别表示：待处理的图像，需要进行变换的方式，结构元素。

开运算函数：

```
cv2.morphologyEx(img,cv2.MORPH_OPEN,kernel)
```

闭运算函数：

```
cv2.morphologyEx(img,cv2.MORPH_CLOSE,kernel)
```

6.2.4 击中和击不中变换函数

击中和击不中变换也是使用 cv2.morphologyEx(src,op,kernel)函数实现，其中参数 op 的取值为 cv.MORPH_HITMISS，具体实现过程如下：

```
img=cv.imread('pic/rectangle_find35.png',-1)
K=np.zeros((37,37),np.uint8)
K[1:36,1:36]=1
hm1=cv.morphologyEx(img,cv.MORPH_HITMISS,K)
hm2=cv.morphologyEx(255-img,cv.MORPH_HITMISS,1-K)
hm=cv.bitwise_and(hm1,hm2)
yx=np.where(hm==255)          #匹配成功的点坐标
```

6.2.5 连通分量函数

OpenCV-Python 中使用内置函数 cv2.connectedComponentsWithStats()获取图像中的每个连通区域的中心点、外接矩形的位置：

```
num_labels, labels, stats, centroids = cv2.connectedComponentsWithStats (image,
connectivity=8,ltype=None)
```

其中,参数 image 是输入图像,且必须是二值图像,参数 connectivity 可选 4 或 8,代表 4 连通或 8 连通;返回值 num_labels 表示所有连通域的数目,labels 表示图像上每一像素的标记,用数字 1,2,3,…表示,不同数字表示不同的连通域,stats 表示每一个标记的统计信息,是一个 5 列的矩阵,每一行对应每个连通区域外接矩形的 x、y、width、height 和面积,centroids 代表连通域的中心点。

6.3 实验举例

6.3.1 二值图像形态学处理举例

二值图像中的膨胀与腐蚀是一种像素之间逻辑"与"和逻辑"或"的关系,其形态学处理效果是前景或背景区域大小及形状的变化,而灰度图像中的膨胀与腐蚀是一种像素的灰度值之间取最大值或最小值的操作,其形态学处理效果是图像中明暗区域的大小变化,经过腐蚀操作后的灰度图像整体亮度减小,图像中暗的地方变得更暗,而经过膨胀操作后的灰度图像整体亮度增加,原来图像中亮的地方更亮,且范围扩大。类似的,灰度形态学中的开运算,消除了原图中比结构元素小的亮处,闭运算消除了原图中比结构元素小的暗处。

下面示例分别实现了二值图像的膨胀、腐蚀、闭运算、开运算等形态学操作,主要使用的是 OpenCV-Python 中的一些内置函数,具体代码如下所示:

```
import cv2
from matplotlib import pyplot as plt
import numpy as np
A=np.zeros([128,128])
a=1
A[39:67,59:100]=1
plt.subplot(151)
plt.imshow(A,'gray')
plt.title('A 图',)
B=np.zeros([128,128])
B[49:80,39:70]=1
plt.subplot(152)
plt.imshow(B,'gray')
plt.title('B 图')
C=cv2.bitwise_and(A,B)
plt.subplot(153)
plt.imshow(C,'gray')
plt.title('A,B 相与结果')
D=cv2.bitwise_or(A,B)
plt.subplot(154)
plt.imshow(D,'gray')
plt.title('A,B 相或结果')
E=cv2.bitwise_not(A,B)
```

```
plt.subplot(155)
plt.imshow(E,'gray')
plt.title('A图取反')
plt.show()
```

结果如图 6.5 所示。

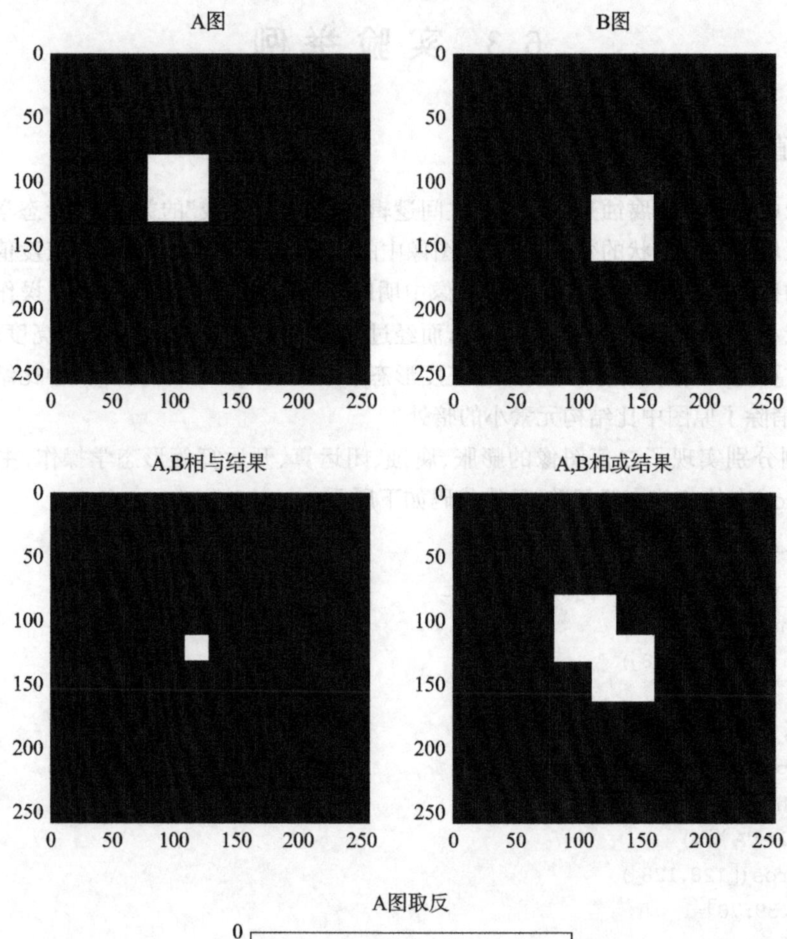

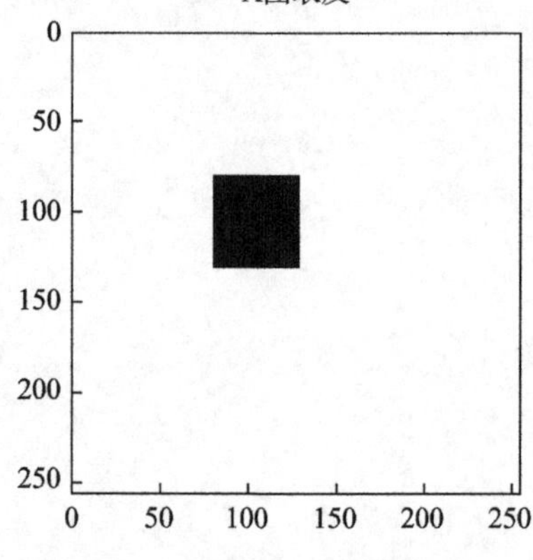

图 6.5　二值图像形态学处理示例

下面的示例是将图像的轮廓提取出来，其中用到了击中和击不中变换，示例代码如下：

```
import cv2
import numpy as np
import matplotlib. pyplot as plt
plt. rcParams['font. sans-serif']=['SimHei']
img=cv2. imread('001. bmp')
img=cv2. cvtColor(img,cv2. COLOR_BGR2RGB)
img_gray=cv2. cvtColor(img,cv2. COLOR_BGR2GRAY)
ret,binary_img=cv2. threshold(img_gray,40,200,cv2. THRESH_BINARY)
kernal=cv2. getStructuringElement(cv2. MORPH_RECT,(5,5))
imgclose=cv2. morphologyEx(binary_img,cv2. MORPH_OPEN,kernal)
k1=np. zeros((3,3))
k1[1,2],k1[1,1]=1,-1
resul1=cv2. morphologyEx(imgclose,cv2. MORPH_HITMISS,k1)
k2=np. zeros((3,3),dtype=np. int32)
k2[1,0],k2[1,1]=1,-1
resul2=cv2. morphologyEx(imgclose,cv2. MORPH_HITMISS,k2)
resul=cv2. add(resul1,resul2)
plt. subplot(121)
plt. title('原图')
plt. imshow(img)
plt. subplot(122)
plt. imshow(resul,'gray')
plt. title('轮廓图')
plt. show()
```

结果如图 6. 6 所示。

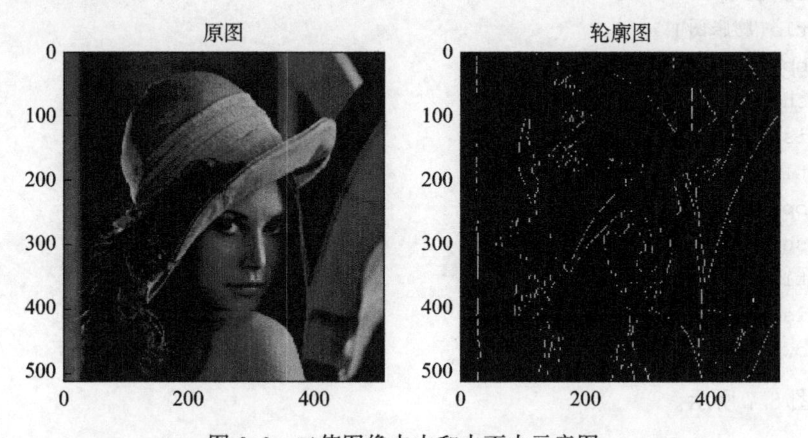

图 6. 6　二值图像击中和击不中示意图

6. 3. 2　图像的形态学处理举例

下面以 lena 图像为例进行灰度图像的形态学处理，示例代码如下：

```
import cv2
import matplotlib. pyplot as plt
plt. rcParams['font. sans- serif']=['SimHei']
img=cv2. imread('001. bmp')
img=cv2. cvtColor(img,cv2. COLOR_BGR2RGB)
img_gray=cv2. cvtColor(img,cv2. COLOR_RGB2GRAY)
ret,binary_ing=cv2. threshold(img_gray,128,255,cv2. THRESH_BINARY)
kernel=cv2. getStructuringElement(cv2. MORPH_RECT,(5,5))
eroded=cv2. erode(img_gray,kernel)
dilated=cv2. dilate(img_gray,kernel)
closed=cv2. morphologyEx(img_gray,cv2. MORPH_CLOSE,kernel)
opened=cv2. morphologyEx(img_gray,cv2. MORPH_OPEN,kernel)
plt. subplot(231)
plt. imshow(img,'gray'),
plt. axis('off')
plt. title('原图')
plt. subplot(232)
plt. imshow(img_gray,'gray')
plt. axis('off')
plt. title('灰度图')
plt. subplot(233)
plt. imshow(eroded,'gray')
plt. axis('off')
plt. title('腐蚀图')
plt. subplot(234)
plt. imshow(dilated,'gray')
plt. axis('off')
plt. title('膨胀图')
plt. subplot(235)
plt. imshow(closed,'gray')
plt. axis('off')
plt. title('闭运算图')
plt. subplot(236)
plt. imshow(opened,'gray')
plt. title('开运算图')
plt. axis('off')
plt. show()
```

结果如图 6.7 所示。

6.3.3 车牌识别示例

车牌识别是对车牌图像的一些形态学预处理操作和一些边缘检测等处理，通过一些形态学操作对车牌图像进行一些预处理，然后查找轮廓，并判断该轮廓是否为车牌轮廓，预处理部分的实验流程图如图 6.8 所示。

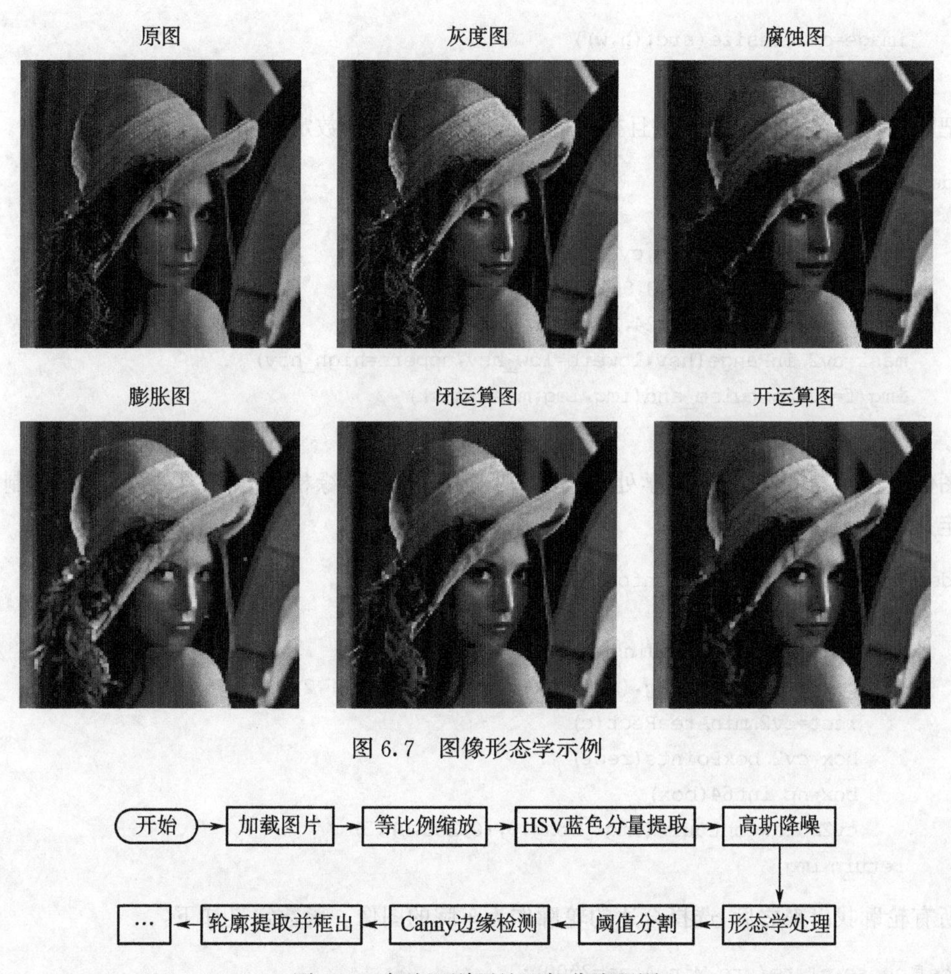

图 6.7　图像形态学示例

图 6.8　车牌识别预处理部分流程图

首先将车牌读入,然后进行等比例缩放,其目的是方便后期图片处理。等比例缩放函数的定义如下:

```
def resize_img(src,size):
    w,h=src.shape[:2]
    w_n,h_n=size
    w_f=h_n*(float(w)/h)
    h_f=w_n*(float(h)/w)
    if int(w_f)<=w_n:
        w=int(w_f)
    else:
        w=w_n
    if int(h_f)<=w_n:
        h=int(h_f)
    else:
        h=h_n
```

```
    image=cv2.resize(src,(h,w))
    return image
```

把图像转换到 HVS 空间,并且把蓝色分量提取出来。函数定义如下:

```
def hsv_color_find(src):
    img=src.copy()
    hsv=cv2.cvtColor(img,cv2.COLOR_BGR2HSV)
    low_hsv=np.array([100,80,80])
    high_hsv=np.array([124,255,255])
    mask=cv2.inRange(hsv,lowerb=low_hsv,upperb=high_hsv)
    img_f=cv2.bitwise_and(img,img,mask=mask)
    return img_f
```

图像经过降噪后,进行形态学处理开运算、阈值分割、边缘检测,然后需要将轮廓绘制出来。函数定义如下:

```
def draw_contours(img,contours):
    for c in contours:
        x,y,w,h=cv2.boundingRect(c)
        cv2.rectangle(img,(x,y),(x+w,y+h),(0,255,0),2)
        rect=cv2.minAreaRect(c)
        box=cv2.boxPoints(rect)
        box=np.int64(box)
        cv2.drawContours(img,[box],0,(0,255,0),3)
    return img
```

所有轮廓找出来之后,选择合适的轮廓作为车牌的图像。函数定义如下:

```
def chose_plate(src,Min_Area=2500):
    temp=[]
    for i in src:
        if cv2.contourArea(i)>Min_Area:
            temp.append(i)
    car_plate=[]
    for j in temp:
        r=cv2.minAreaRect(j)
        w,h=r[1]
        if w<h:
            w,h=h,w
        ast=w/h
        if ast>1.5 and ast<4.65:
            car_plate.append(j)
    return car_plate
```

最后把找到的车牌号提取出来,函数定义如下:

```
def draw_car(src):
    if len(src)==1:
        for i in src:
            r_m,c_m=np.min(i[:,0,:],axis=0)
            r_m,c_m=np.max(i[:,0,:],axis=0)
            cv2.rectangle(img,(r_m,c_m),(r_m,c_m),(0,255,0),2)
            card_img=img[c_m:c_m,r_m:r_m,:]
    else:
        print('太多目标')
    return card_img
```

定义好上述函数后，主程序如下：

```
import cv2
import numpy as np
import matplotlib.pyplot as plt
plt.rcParams['font.sans-serif']=['SimHei']
img=cv2.imread('004.jpg')
img_old=img.copy()
img_ray=cv2.cvtColor(img,cv2.COLOR_BGR2GRAY)
img=resize_img(img,[512,512])
img_gray=resize_img(img_ray,[512,512])
img_b=hsv_color_find(img)
img_bgray=cv2.cvtColor(img_b,cv2.COLOR_BGR2GRAY)
img_bgray=cv2.GaussianBlur(img_bgray,(7,7),0)
kernel=np.ones((25,25))
img_o=cv2.morphologyEx(img_bgray,cv2.MORPH_OPEN,kernel)
img_o=cv2.addWeighted(img_bgray,1,img_o,-1,0)
ret,img_t=cv2.threshold(img_o,0,255,cv2.THRESH_BINARY+cv2.THRESH_OTSU)
img_edge=cv2.Canny(img_t,100,200)
kernel=cv2.getStructuringElement(cv2.MORPH_RECT,(13,13))
img_e=cv2.morphologyEx(img_edge,cv2.MORPH_CLOSE,kernel)
c1,h=cv2.findContours(img_e,cv2.RETR_TREE,cv2.CHAIN_APPROX_SIMPLE)
c_img=draw_contours(img_bgray,c1)
card_img=chose_plate(c1)
plt.subplot(231)
plt.imshow(cv2.cvtColor(img,cv2.COLOR_BGR2RGB))
plt.title('原图')
plt.subplot(232)
plt.imshow(cv2.cvtColor(img_b,]cv2.COLOR_BGR2RGB))
plt.title('提取蓝色分量图')
plt.subplot(233)
plt.imshow(img_o,'gray')
plt.title('开运算图')
plt.subplot(234)
```

```
plt.imshow(img_e,'gray')
plt.title('闭运算图')
plt.subplot(235)
plt.imshow(c_img,'gray')
plt.title('轮廓图')
plt.subplot(236)
plt.imshow(cv2.cvtColor(draw_car(card_img),cv2.COLOR_BGR2RGB))
plt.title('车牌图')
plt.show()
```

结果如图 6.9 所示。

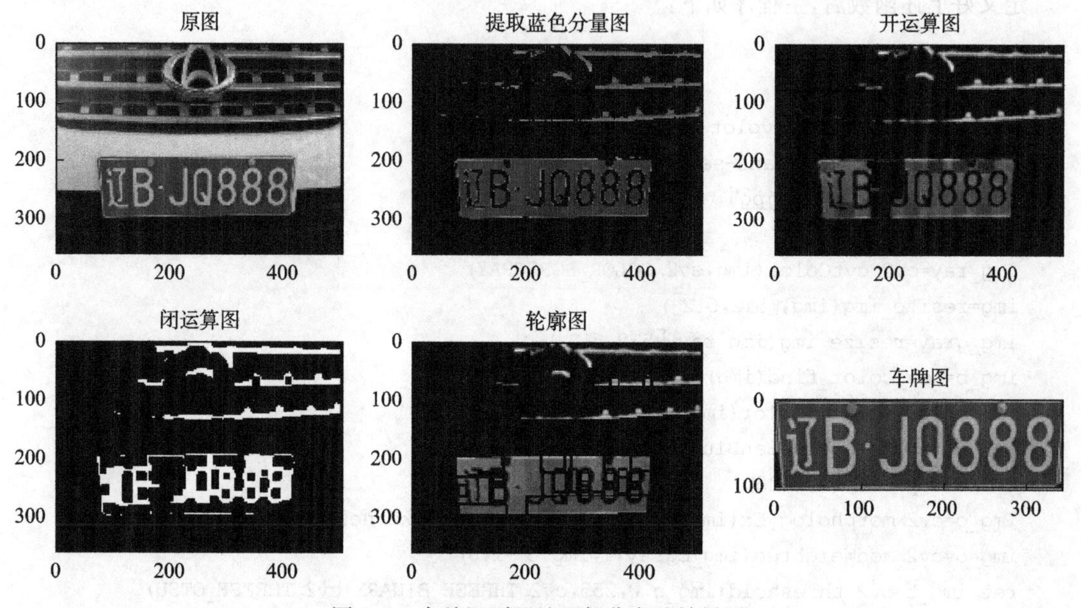

图 6.9 车牌识别预处理部分实验效果图

习 题

用数字图像处理的方法计算出颗粒物体图像中颗粒物的数目,如玉米粒图像。

第7章 图像分割实验

图像分割是数字图像处理的重要步骤，也是图像识别等处理的基础。它能够将图像中的目标和背景进行分割，为后续智能图像处理做好准备。

7.1 图像分割基础

图像分割就是把图像分成若干个特定的、具有独特性质的区域并提取出感兴趣目标的技术和过程。它是由图像处理到图像分析的关键步骤，是计算机视觉的基础，也是图像理解的重要组成部分。所谓图像分割是指根据灰度、彩色、空间纹理、几何形状等特征把图像划分成若干个互不相交的区域，使得这些特征在同一区域内表现出一致性或相似性，而在不同区域间表现出明显的不同。简单地说就是在一副图像中，把目标从背景中分离出来。

从数学角度来看，图像分割是将数字图像划分成互不相交区域的过程。图像分割的过程也是一个标记过程，即把属于同一区域的像素赋予相同的编号。

7.1.1 基础知识

用R表示任意图像区域，图像分割就是把R分割为n个子区域$R_1,R_2,\cdots,R_n$，其中子区域满足以下条件：

(1)$\bigcup_{i=1}^{n} R_i=R$。

(2)$R_i,i=0,1,\cdots,n$是一个连通集。

(3)$R_i \cap R_j=\varnothing,i\neq j$。

(4)$P(R_i)=\text{True},i=0,1,\cdots,n$。

(5)$P(R_i \cup R_j)=\text{False},i\neq j$。

其中，$P(R_i)$表示值相同子区域内的像素具有相同性质，$\varnothing$是空集，$\cup$和$\cap$分别表示并集和交集。

条件(1)说明分割后的子集必须包含全部像素，及分割的完整性；条件(2)说明各子区域内的像素必须是以某种方式连接，即满足连通性；条件(3)子区域之间是独立的，不能有交集；条件(4)指出处于同一子区域的像素有相同之处；条件(5)说明不同区域之间要有不同之处。

通常情况下图像分割依据的是图像灰度的不连续性和相似性，不连续性是指不同区域的边界处具有不连续性，相似性指的是同一个区域内的像素具有相似性，该相似性通过设定的准则进行判断。

图像分割主要从边缘检测、阈值分割、区域分割这几个方面进行考虑，下面进行详细介绍。

7.1.2 点、线和边缘检测

1. 点检测

点是指孤立点,对嵌在一幅图像的恒定区域或亮度几乎不变的区域里的孤立点的检测,就是点检测。点检测以二阶导数为主,从前面的知识中已经知道,二阶导数及二阶微分,即:

$$\begin{aligned}\nabla^2 f(x,y) &= (f(x+1,y)-f(x,y))-(f(x,y)-f(x-1,y)) \\ &\quad +(f(x,y+1)-f(x,y))-(f(x,y)-f(x,y-1)) \\ &= f(x+1,y)+f(x-1,y)+f(x,y+1)+f(x,y-1)-4f(x,y)\end{aligned} \tag{7.1}$$

1	1	1
1	-8	1
1	1	1

图 7.1　拉普拉斯算子

其中,$f(x,y)$表示灰度值,使用拉普拉斯算子滤波便可以实现该表达式。拉普拉斯算子如图 7.1 所示,根据该算子滤波中,如果计算结果超过阈值,说明找到了孤立点。为了能使孤立点突出,要把图像转换成二值图像,此时将孤立点标注为 1,其他点标注为 0,表达式如下:

$$g'(x,y)=\begin{cases}1 & |g(x,y)|>T \\ 0 & \text{其他}\end{cases} \tag{7.2}$$

其中,$g(x,y)$为滤波计算得到的灰度值,$g'(x,y)$为最终灰度值。

图 7.2 所示通过拉布拉斯滤波后的图像,经二值化处理后,孤立的点被找到。

原图

滤波后图

二值化图

图 7.2　孤立点检测结果

2. 线检测

对嵌在一幅图像的恒定区域或亮度几乎不变的区域里的线的检测,就是线检测。线检测比点检测相对复杂,依然可以使用拉普拉斯算子,但此时考虑的情况就更多了。图 7.3 所示为常用的线检测算子,从中可以看到要考虑纵向、横向和对角线多个方面。

−1	−1	−1
2	2	2
−1	−1	−1

(a) 水平检测算子

2	−1	−1
−1	2	−1
−1	−1	2

(b) 45° 检测算子

−1	2	−1
−1	2	−1
−1	2	−1

(c) 垂直检测算子

−1	−1	2
−1	2	−1
2	−1	−1

(d) −45° 检测算子

图 7.3　线检测算子

图7.4给出了各方向算子的滤波图,从图中可以看出,不同方向的滤波结果有不同之处。

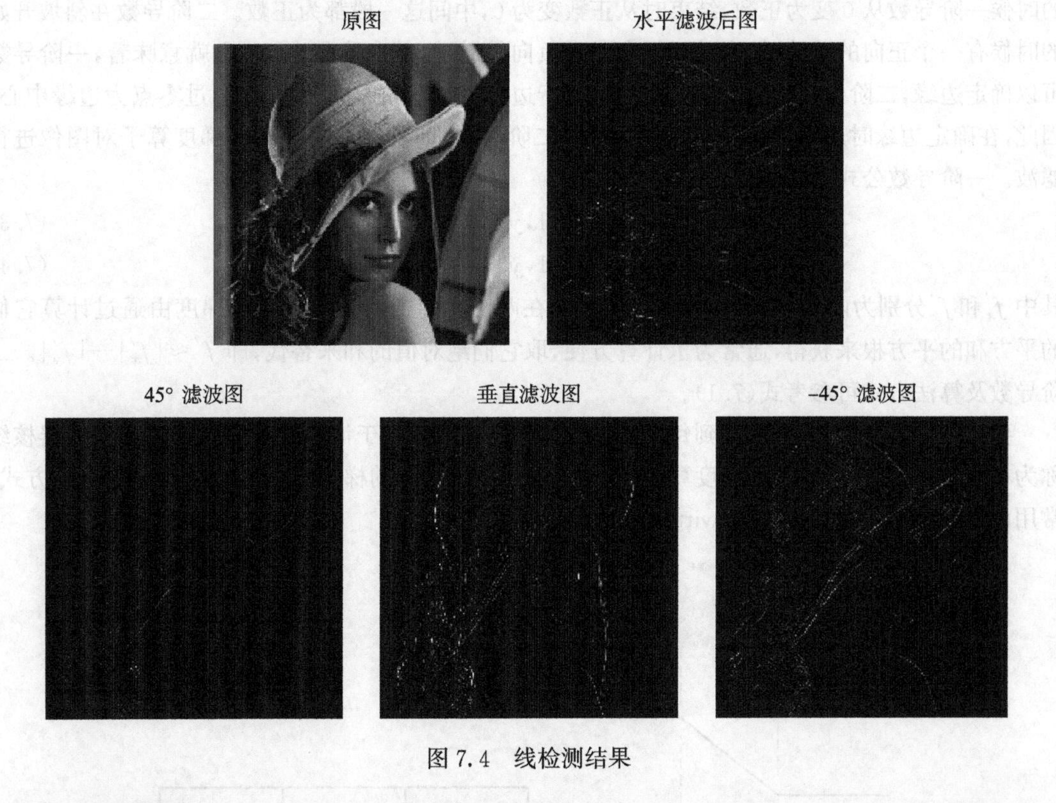

图7.4 线检测结果

3. 边缘检测

与孤立点检测和线检测相似的是,边缘检测仍然是通过算子来求图像的灰度值。边缘检测时,先要对边缘进行定义,通过其灰度来看,可将边缘划分为阶跃模型、斜坡模型和屋顶模型,如图7.5所示。

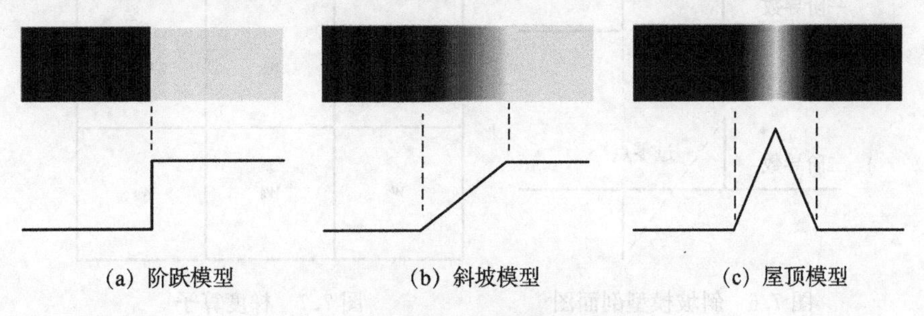

图7.5 边缘模型剖面和灰度曲线图

阶跃模型也能够在1个像素上出现清晰、理想的边缘。但是在实际中,边缘通常由于设备等因素的影响,都会比较模糊,因此阶跃模型又称理想模型。斜坡形则更符合实际的情况,边缘有明显的过渡过程。边缘点包含了斜坡中所有点,边缘则是这些点的集合。斜坡的斜度和模糊程度成反比关系,即边缘越清晰斜坡越陡,边缘越粗斜坡越平。屋顶模型则相对较复杂,可以认为是由两个斜坡形边缘组成,边缘的宽度由线的宽度和尖锐程度决定,通常用来处理像卫星图像和数字化线条图像。

以斜坡形边缘为例,图 7.6 给出了该边缘的一阶和二阶导数曲线。从中可以看到,斜坡开始的时候一阶导数从 0 变为正数,结束时从正数变为 0,中间这一段都为正数。二阶导数在斜坡开始的时候有一个正向的脉冲,结束的时候有一个负向的脉冲,其余阶段为 0。也就意味着,一阶导数可以确定边缘,二阶导数可以确定边缘像素位于边缘亮的一侧还是暗的一侧,过零点为边缘中心。因此,在确定边缘时通常要计算它们的一阶和二阶导数,即利用一阶或二阶梯度算子对图像进行滤波。一阶导数公式如下:

$$f'_x=f(x+1,y)-f(x,y) \tag{7.3}$$

$$f'_y=f(x+1,y)-f(x,y) \tag{7.4}$$

其中 f'_x 和 f'_y 分别为两个方向上的偏导,即梯度在两个方向上的分量。总的梯度由通过计算它们的平方和的平方根来获得,通常为了计算方便,取它们绝对值的和来替代,即 $f'\approx|f'_x|-|f'_y|$。二阶导数及算法方式可参考式(7.1)。

要得到图像的梯度,就要找到每个像素位置的偏导数。用于计算梯度所需导数的滤波器核统称为梯度算子,图 7.7 所示为梯度算子的通用模板,根据不同的梯度算子调整求导数的计算方式。常用的梯度算子有 Roberts、Prewitt 和 Sobel 梯度算子等。

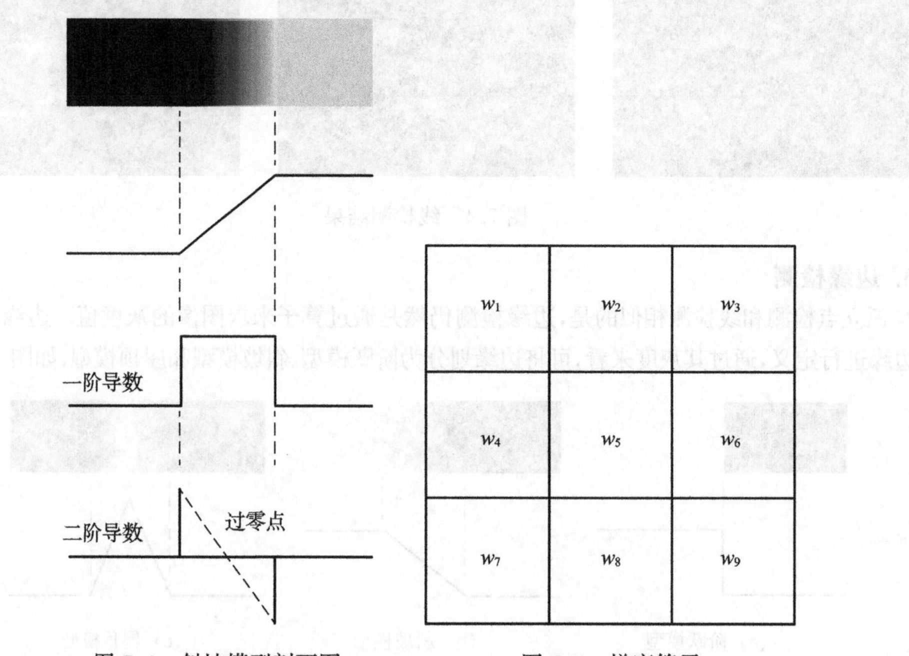

图 7.6　斜坡模型剖面图　　　　图 7.7　梯度算子

Roberts 算子是 2×2 的算子,结合前面的公式和图 7.7,两个方向的梯度为 $f'_x=(w_9-w_5)$,$f'_y=(w_8-w_6)$。Prewitt 算子则是 3×3 的算子,能够更好地计算边缘方向。其两个方向的梯度为 $f'_x=(w_7+w_8+w_9)-(w_1+w_2+w_3)$,$f'_y=(w_3+w_6+w_9)-(w_1+w_4+w_7)$。Sobel 梯度算子则是在 Prewitt 算子的基础上加上了权重信息,这样获取的边缘信息更加准确。其两个方向的梯度为 $f'_x=(w_7+2w_8+w_9)-(w_1+2w_2+w_3)$,$f'_y=(w_3+2w_6+w_9)-(w_1+2w_4+w_7)$。根据它们各个方向的梯度,可得梯度算子如图 7.8 所示,它们对图像的处理结果如图 7.9 所示。

Canny 是常用的边缘检测算子,虽然其算法相对复杂,但是检测性能非常优秀。Canny 方法基

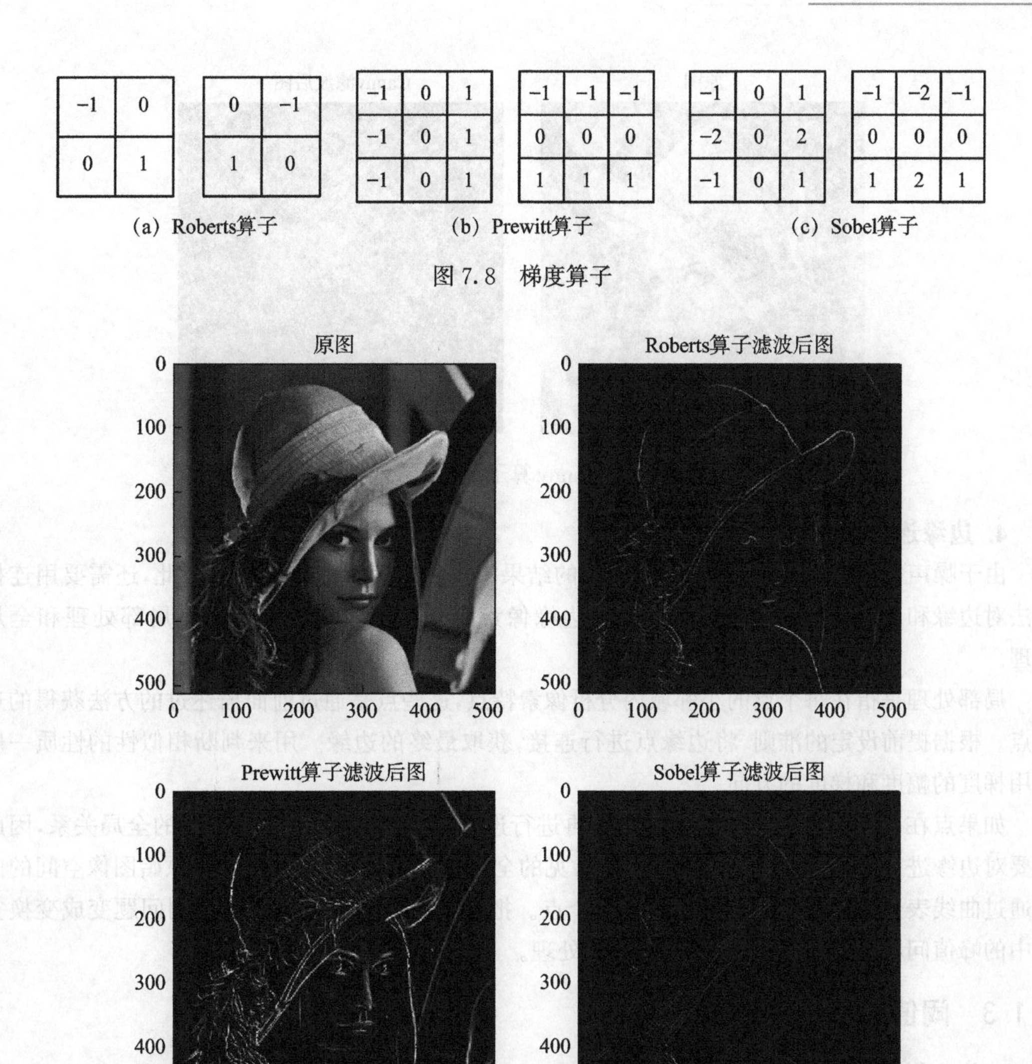

图 7.8　梯度算子

图 7.9　经梯度算子滤波后图像

于三个基本目标：低错误率、边缘点应能被很好的定位、单个边缘点响应。主要有以下几个步骤：

（1）使用高斯滤波器进行平滑滤波。对图像进行去噪处理，防止噪声点对边缘提取的影响。

（2）计算图像梯度的幅度和角度。与之前的梯度计算不同，此时不光需要计算梯度的大小，还要计算梯度的角度，最终将梯度归纳到四个方向（$-45°$、水平、$45°$、垂直）。

（3）对梯度幅度进行非极大值抑制。利用非极大值抑制方法对不是局部极大值的点赋值为 0，减少假边缘点。

（4）使用双阈值处理和连通性分析检测边缘连接。设定两个阈值，梯度小于低阈值的点赋值 0（表示丢弃），大于高阈值的点赋值 1（表示为边界点），介于两者之间的点根据其连通性进行进一步判断。这样就能最大限度地将假边缘点删除，找到真实的图像边缘，图 7.10 所示为 Canny 算子滤波结果。

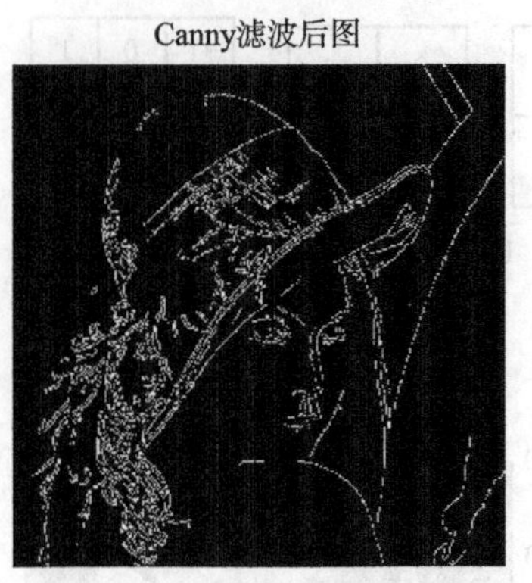

图 7.10 Canny 算子滤波结果示例

4. 边缘连接点

由于噪声等的干扰，通常边缘检测获得的结果很少能够完全表征边缘。因此，还需要用连接算法对边缘和点进行连接，目的是将所有边缘像素合并。常用的连接方法有局部处理和全局处理。

局部处理是指在每个点的小邻域内分析像素特点，这些点是通过前面描述过的方法获得的边缘点。根据提前设定的准则，将边缘点进行连接，获取最终的边缘。用来判断相似性的性质一般使用梯度的幅度和梯度的方向。

如果点在曲线上，则先要确定边缘点，再进行连接，这时需要考虑像素之间的全局关系，因此需要对边缘进行全局处理。霍夫曼变换是常见的全局处理方法，该方法能够将原始图像空间的曲线通过曲线表达形式转换为变换空间的一个点。把原始空间图像中区间的检测问题变成变换空间中的峰值问题，把全局处理转换成了局部处理。

7.1.3 阈值分割

阈值分割是根据图像的灰度特征按照设定的阈值将图像分割成不同的子区域。简单理解就是先将图像进行灰度处理，然后根据灰度值和设定的灰度范围将图像灰度分类。比如 0～128 是一类，129～255 是一类。因此，核心问题就变成了如何确定阈值。常见的阈值分割可定义为：

$$g(x,y)=\begin{cases}1 & f(x,y)>T \\ 0 & f(x,y)\leqslant T\end{cases} \tag{7.5}$$

其中，T 为阈值，$f(x,y)$为当前灰度值，$g(x,y)$为最终计算灰度值。当阈值是常数时，可以称为全局阈值分割。如果阈值是变化的，称为可变阈值处理。如果阈值处理更加复杂，比如图像的直方图中有明显的三个峰值时，则需要多阈值处理。表达式如下：

$$g(x,y)=\begin{cases}a & f(x,y)\leqslant T_1 \\ b & T_1<f(x,y)\leqslant T_2 \\ c & f(x,y)>T_2\end{cases} \tag{7.6}$$

其中，T_1 和 T_2 为阈值；a、b 和 c 是三个不同的灰度值，表示出不同的目标和背景。

根据不同的阈值分割方法，阈值分割主要包括人工阈值分割、直方图阈值分割、迭代阈值分割、最大类间方差阈值分割、自适应阈值分割、最小误差分割等。

1. 人工阈值分割

简单阈值分割是通过人为观察确定阈值，将灰度值大于阈值的像素点置为 255，而小于或等于该阈值的点设置为 0。该方法使用简单，但是准确率不高，使用面窄。

2. 直方图阈值分割

当图像和目标的灰度值相差较大的情况下，灰度直方图会有明显的双峰性质，两者之间存在明显的波谷，也就是两峰之间的最小值，该值可以认为是最优的阈值，用来对图像进行分割。核心问题便是如何寻找到该点，可以通过人为确定，也可以通过算法计算。

3. 迭代阈值分割

在图像的灰度图出现明显的双峰性质的情况下，选取位于两个峰值中间的谷底的灰度值作为灰度阈值 T。该过程可用迭代的方式进行，从而获得更加准确的阈值。其核心思路是在最初始时选择一个阈值，然后按照预先制定好的方式不断地对该阈值进行修改，直到满足最初设定的停止标准。在迭代过程中，迭代方法的选择显得尤为重要。常见的迭代步骤如下：

(1)初始化阈值 T_0，一般使用全局灰度平均值。

(2)根据阈值 T_i 将图像分成两个子区域，然后计算两个子区域的灰度均值 μ_1 和 μ_2。

(3)将 μ_1 和 μ_2 的均值作为新的阈值 T_{i+1}。

(4)重复步骤(2)和(3)，直到新阈值 T_i 和 T_{i+1} 相等或差值小于预先设定好的值。

4. 最大类间方差阈值分割

最大类间方差法简称 Otsu，是基于直方图进行计算的图像分割方法。基本思想是将图像的像素分成两类，保证两个类别之间的方差最大。两个类别间的方差大，说明两个类别之间存在差异，这种差异越大说明分类效果越好，当这个值最大时表示分类最优。在像素中，这两类分别是目标和背景，这样就可以通过最大类间方差法确定最佳阈值对图像进行分割。最大类间方差法被认为是图像分割中阈值选取的优秀算法，由于其计算简单，不受图像亮度和对比度的影响，因此在数字图像处理上得到了广泛应用。

若存在 L 级灰度图像 F，大小为 $M\times N$，n_i 是灰度值为 i 的像素点个数。图像总像素为 $MN=n_1+n_2+\cdots+n_{L-1}$，第 i 级像素出现的概率为 $p_i=n_i/MN$。Otsu 算法通过阈值将所有像素分为两类，最终就要计算两个类之间的方差，使之最大化。假设阈值为 t，目标像素类别和背景类别分别为 c_1 和 c_2。像素被分到 c_1 和 c_2 类的概率分别为

$$k_0=\sum_{i=0}^{t-1}p_i \tag{7.7}$$

$$k_1=\sum_{i=t}^{L-1}p_i=1-k_0 \tag{7.8}$$

同时也可以获得两个类的灰度平均值，分别为

$$\mu_0=\frac{1}{k_0}\sum_{i=0}^{t-1}ip_i \tag{7.9}$$

$$\mu_1=\frac{1}{k_1}\sum_{i=t}^{L-1}ip_i \tag{7.10}$$

整个图像的灰度平均值为

$$\mu=\mu_0k_0+u_1k_1=\sum_{i=0}^{t-1}ip_i+\sum_{i=t}^{L-1}ip_i=\sum_{i=0}^{L-1}ip_i \tag{7.11}$$

此时计算可以得到类间方差为

$$
\begin{aligned}
\sigma^2(t) &= k_0(\mu_0-\mu)^2+k_1(\mu_1-\mu)^2 \\
&= k_0(\mu_0-\mu_0k_0-u_1k_1)^2+k_1(\mu_1-\mu_0k_0-u_1k_1)^2 \\
&= k_0k_1(\mu_0-\mu_1)^2
\end{aligned}
\tag{7.12}
$$

从式(7.12)中可以发现,当两类像素的均值相差越大,最终的类间方差也就越大。那么遍历所有的灰度级,计算每个灰度级下的类间方差。确定取得最大类间方差的灰度值 t,即为最佳阈值。

5. 自适应阈值分割

在有些情况下,阈值并不是固定的值,因此使用全局阈值图像分割往往不会获得很好的分割效果。比如灰度值分布不均匀的图像,全局阈值可能在图像的部分地方分割结果好,有些地方分割效果不好。因此,就需要用变化的阈值实现阈值分割。一般的做法是使用某个函数变化地计算阈值,根据灰度值的不同,获得不同的阈值,获得最好的阈值分割结果。通常的做法是将图像进行平滑滤波后的结果作为阈值的参考值,对图像进行阈值分割。

6. 最小误差分割

最小误差分割是以图像中背景和目标的概率密度函数来获得,当分割图像的阈值使得目标分为背景和背景分为目标的错误概率最小时,该阈值就是最佳阈值。

假设图像中目标像素和背景像素都服从某个分布,概率密度函数分别为 $p_0(t)$和 $p_1(t)$。若目标像素点占总像素点的比例为 θ_0,则背景像素点占总像素点的比例为 $\theta_1=1-\theta_0$。设阈值为 T,目标点错划为背景点和背景点错划为目标点的概率分别为

$$e_0(T)=\int_T^{\infty}p_0(t)\mathrm{d}t \tag{7.13}$$

$$e_1(T)=\int_0^{T}p_1(t)\mathrm{d}t \tag{7.14}$$

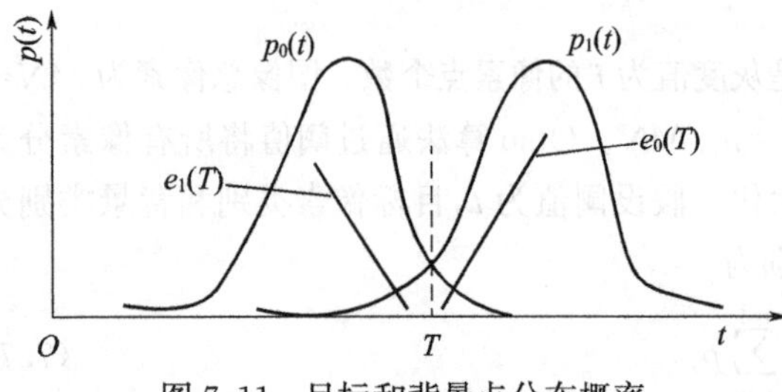

图 7.11 目标和背景点分布概率

如图 7.11 所示,可以得到总错误率为

$$
\begin{aligned}
e(T) &= \theta_0e_0(T)+\theta_1e_1(T) \\
&= \theta_0e_0(T)+(1-\theta_0)e_1(T)
\end{aligned}
\tag{7.15}
$$

现在的目的是通过式(7.15)获得最小值,通过其导数为 0,可得:

$$\theta_0p_1(T)=(1-\theta_0)p_2(T) \tag{7.16}$$

通过式(7.16),可以解得最佳阈值。若 $\theta_1=\theta_0=0.5$,则最佳阈值在两条概率密度分布函数曲线的交点处。

7.1.4 区域分割

当待分割的图像拥有多个区域时,前面描述的区域分割方法便很难获得较好的分割效果,而区域分割则会弥补这个不足。区域分割的核心思想是通过像素的空间性质进行分割,即同一区域内的像素具有相似的性质。常用的区域分割方法包括区域生长和区域分裂与合并两种,这些方法能够在少量或没有先验知识的前提下获得优秀的图像分割效果。但由于需要大量的迭代和计算,分割总体开销较大。

1. 区域生长

区域生长是根据相邻像素间的关系，在最初确定某些像素点作为种子，判断其周围像素点和这个种子点的关系，如果符合预先设定的生长准则就将它们划分到相同区域。然后在区域内移动，把多个拥有相同性质的像素点都找到，完成区域的划分，实现区域生长的图像分割。

区域生长法的主要步骤如下：

(1)选择合适的种子点。

(2)确定生长准则。

(3)确定生长停止条件。

从以上步骤中可以看到，区域生长法要确定适当的生长种子。如果有先验知识时，通常可以根据像素点的性质选择一组或多组种子。如果没有先验知识，则需要计算每个像素的相同属性集，然后根据性质把像素划分到不同的区域。当区域中的像素点达到一定数量后，就以该区域中心像素点的灰度级作为种子。确定好生长种子后就要选择合适的生长准则，此时还需要考虑图像数据的类型。如彩色图像很多时候要考虑颜色特性，灰度图像要考虑其空间特性。一般的停止条件就是当没有符合生长准则的像素点时停止，但有些时候也会加入特殊条件，如区域内像素达到一定数量时直接终止。

图 7.12 给出了区域生长的简单示例。图 7.12(a)是已给定的 3×3 像素块，假设生长种子分别为左上角的 2 和右下角的 7，生长准则为邻域内像素点的值与种子点的灰度值差值 T，如果差值小于或等于该值则将像素划分到该区域。图 7.12(b)所示为 $T=1$ 时区域生长结果，图像块被分成了两个区域。图 7.12(c)所示为 $T=4$ 时区域生长结果，图像块被分成一个区域。

2	8	9
3	4	8
4	3	7

(a) 初始图像块

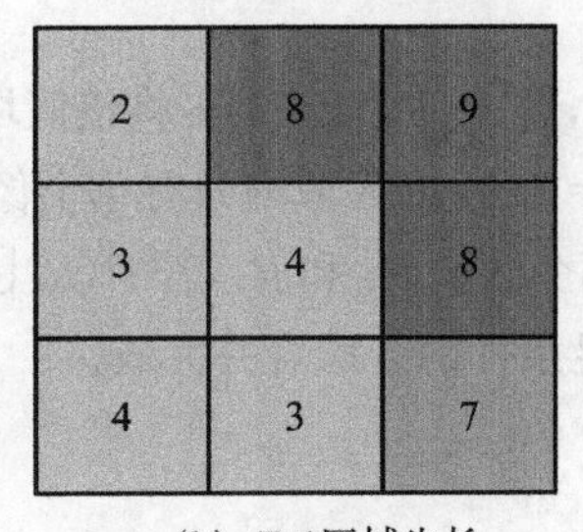

(b) T=1区域生长

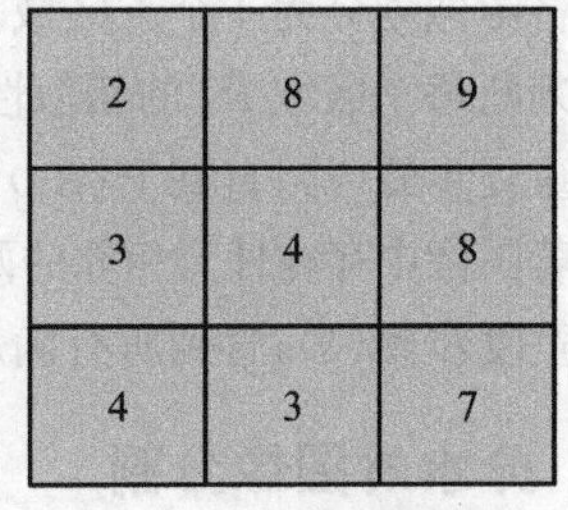

(c) T=4区域生长

图 7.12　区域生长示例

2. 区域分裂与合并

区域分裂与合并是先将图像分为一系列不相交的子区域，针对每个区域按照一定的准则再继续进行合并或者分裂。即该方法分为两个步骤，区域分裂和区域合并。

区域分裂的目的是将图像分裂成不能再分裂的子区域，要求每个子区域内的像素具有相似的性质。因此，区域分裂时要确定好分裂准则，即如何判定像素间的相似性。同时还要制定好分裂区域的方法，确保分裂后的区域内像素满足分裂准则。

区域分裂根据不同的分裂准则将图像分裂成子区域后，某些相邻的子区域之间可能存在一定的相似性。此时需要利用区域合并的方法把这些子区域进行合并，获得更好的图像分割效果。

区域分裂和合并方法不需要人为指定种子点，其按照一定的规则进行分裂与合并，当区域不满足相似性则分裂，当相邻区域满足相似性则合并。分裂与合并可先后进行，也可同时进行，经过不断地分裂与合并,最后得到准确的分割结果。

图 7.13 给出了常见的图像分裂与合并方法——四叉树。假设图像用 R 表示,R_i 表示分裂的子区域,P 表示某个相似准则,$P(R_i)=\text{True}$ 表示符合相似性准则,$P(R_i)=\text{False}$ 表示不符合相似性准则。当 $P(R_i)=\text{False}$ 时,区域继续分裂成更小的四个子区域,直到 $P(R_i)=\text{True}$ 或区域内只有一个像素时停止分裂。如果在分裂好的区域内,有相邻区域之间符合相似性准则,则将这些区域合并。在图 7.13 中先将图像 R 分为四个子区域 R_1、R_2、R_3、R_4。其中前 3 个区域符合相似性准则,不再进行分裂。第 4 个子区域不符合相似性准则,将其继续分裂成四个区域 R_{41}、R_{42}、R_{43}、R_{44},此时所有区域都符合相似性准则,分裂结束。

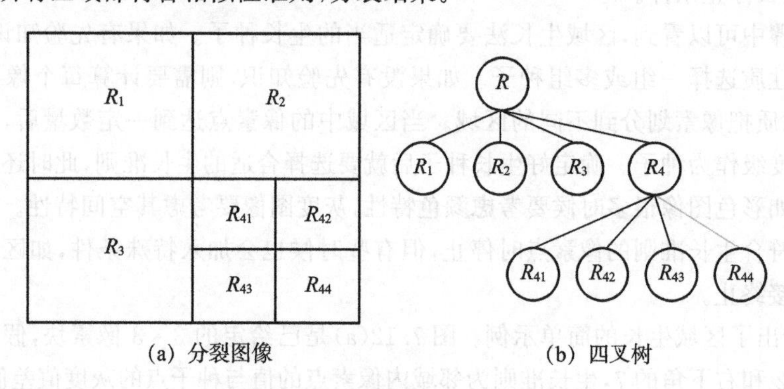

(a) 分裂图像　　(b) 四叉树

图 7.13　图像分裂与合并方法

综上所述,四叉树区域分裂与合并的步骤如下:

(1)将图像划分为 4 个子区域。

(2)判断每个区域 R_i 的相似性,若 $P(R_i)=\text{False}$ 将该区域划分为 4 个子区域。

(3)重复步骤(2),直到 $P(R_i)=\text{True}$ 或区域内只有单个像素。

(4)若图像中存在任意相邻的两个区域 R_i 和 R_j,若 $P(R_i \cup R_j)=\text{True}$,则把这两个区域合并。

(5)重复步骤(4),直到所有满足条件的区域合并完成。

7.1.5 分水岭图像分割

分水岭算法将灰度空间类似于地理结构,每个像素代表高度,然后向该地形引入水流。此时需要关注以下三种类型的点:

(1)区域极小值点,当滴入水滴时,都汇聚于该点,也可能是一个极小值平面。

(2)水滴的起始位置,把水滴放在这些位置,都会流向某个极小值点。

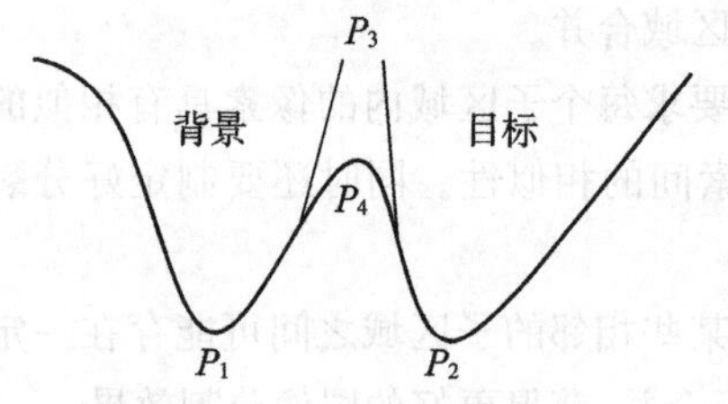

图 7.14　分水岭算法原理图

(3)水滴的起始位置,把水滴放在这些位置,都会流向不止一个极小值点。

其中满足条件(1)的是分水岭的谷底,即某个区域的最低点。满足条件(2)的像素点构成了分水岭,即把不同区域进行了区分。满足条件(3)的是分水岭的最高点,即不同区域的临界处。如图 7.14 所示,展示分水岭结构,并和上面三个条件进行了对应。其中,P_1 和 P_2 属于符合条件(1)的点,P_3 是符合条件(2)的点,P_4 是符合条件(3)的点。

使用分水岭算法时先用较低的阈值把图像二值化，这样正确地分割出区域的个数，然后逐渐增加阈值，类似于向分水岭地形注水的过程。该过程中物体的边界逐渐扩大，相当于注水时水平面上升。当到两个区域边界相互接触时就到达了分水岭的最高点，即不同区域的相交处，此时两个物体并没有合并。把这些初次接触的点记录下来，便是最终的边界。该过程能够解决目标和背景距离很近的图像的分割问题，这些图像若使用前面学习的阈值分割很难获得好的分割效果。

从上面的描述中可以看到，初始阈值对分水岭算法很重要。该阈值将图像进行初始二值化，太小可能会导致初始区域划分不正确，太大会导致物体在一开始就被合并。同时还需要一个截止阈值，及灰度值上升到该值时结束的算法。

7.2 使用到的 Python 函数

7.2.1 点、线和边缘检测

1. 点检测

点检测用到的是拉普拉斯梯度算子，使用 OpenCV 自带函数实现：

```
cv2.Laplacian(src,ddepth,dst,ksize,scale,delta,borderType)
```

参数含义：src 为待检测图像；ddepth 是图像深度，一般使用－1，表示和输入图像相同；dst 为可选参数，表示输出图像；kesize 为可选参数，是算子大小，必须为 1、3、5 等奇数，默认值为 1；scale 为可选参数，缩放比例，默认情况下无缩放；delta 为可选参数，最后加入的修正量，默认不修正；borderType 为可选参数，图像边界模式。

2. 线检测

线检测中用到 OpenCV 中的 filter2D 函数已在第 3 章中进行了介绍，这里不再过多阐述。

3. 边缘检测

边缘检测中用到 OpenCV 中的 GaussianBlur、Sobel 和 Canny 函数，前两个都在第 3 章中进行了介绍。

```
cv2.Canny(image,threshold1,threshold2,edges,apertureSize,L2gradient)
```

7.2.2 阈值分割

1. 人工阈值分割

该方法中阈值是由人为给出的，用到的函数为 OpenCV 自带函数 threshold()：

```
cv2.threshold(src,thresh,maxval,type)
```

参数含义：src 为需要分割的图像；thresh 为起始阈值；maxval 为最高阈值；type 给出根据阈值处理像素的方法，主要有以下几种：cv2.THRESH_BINARY，大于阈值返回 maxval，否则返回 0；cv2.THRESH_BINARY_INV 大于阈值返回 0，否则返回 maxval；cv2.THRESH_TRUNC 大于阈值返回 thresh，否则返回 0；cv2.THRESH_TOZERO 大于阈值返回当前灰度，否则返回 0；

cv2.THRESH_TOZERO_INV 大于阈值返回0,否则返回当前灰度;cv2.THRESH_OTSU 使用最小二乘法处理像素点;cv2.THRESH_TRIANGLE 使用三角算法处理像素点。

2. 直方图阈值分割

直方图阈值分割中用到的函数为:

```
numpy.where(condition,x,y)
```

参数含义:condition 为判断条件;x 和 y 为返回值。如果满足条件,返回 x,否则返回 y。如果 x 和 y 都不存在,则返回满足条件的元素的坐标。

3. 迭代阈值分割

迭代阈值分割中用到了求矩阵均值和 OpenCV 中自带的 threshold()函数,前面已有介绍。

4. 最大类间方差阈值分割

该实验中用到了求矩阵均值和 OpenCV 自带的 threshold()函数,前面已有介绍。

5. 自适应阈值分割

自适应阈值分割实验中使用了 OpenCV 自带的函数:

```
cv2.adaptiveThreshold(src,maxValue,adaptiveMethod,thresholdType,blockSize,C)
```

参数含义:src 为待分割图像;maxValue 为最大灰度值,通常使用255;adaptiveMethod 为自适应方法;thresholdType 为阈值类型,有 cv2.THRESH_BINARY 或者 cv2.THRESH_BINARY_INV;blockSize 邻域大小,通常为3、5、7等奇数;C 为常量。

自适应方法如下:

cv2.ADAPTIVE_THRESH_MEAN_C:邻域所有像素点的权重值相同。

cv2.ADAPTIVE_THRESH_GAUSSIAN_C:通过高斯方程得到邻域各个点的权重值。两种方法都是逐个像素地计算自适应阈值,自适应阈值等于每个像素由参数 blockSize 所指定邻域的加权平均值减去常量 C。

7.2.3 区域分割

1. 区域生长

区域生长中用到了 NumPy 中的 append()函数和 Python 自带的 pop 方法。

```
numpy.append(arr,values,axis)
```

参数含义:arr 要加入数据的数组;values 需要加入的数据;axis 可选参数,如果 axis 没有给出,那么 arr、values 都将先展开成一维数组。

pop:移除列表中的一个元素,默认是最后一个(pop 方法是唯一既能返回元素值又能改变列表的方法)。

2. 区域分裂与合并

区域分裂与合并实验中用到的矩阵均值和方差的计算前面均有介绍,round()函数为四舍五入取整。其他函数均为自定义,在示例中有详细介绍。

7.2.4 分水岭算法

分水岭算法图像分割用到的都是 OpenCV 自带的函数,其中新用到的函数如下:

cv2. distanceTransform(src,distanceType,maskSize),该函数用于计算各个像素与背景的距离,此时背景是指值为 0 的像素点。参数的具体含义如下：

src 为待计算距离的图像,一般为二值图像;distanceType 为计算距离的方式,有 CV_DIST_L1、CV_DIST_L2 和 CV_DIST_C,常用的是欧氏距离 CV_DIST_L;maskSize 为掩模的大小,即计算距离的范围,通常为奇数。

cv2. connectedComponents(src),该函数将找出图像中的连通区域,将其标记出来。返回两个值,一个为连通区域的数目,一个为具体的 label,用数字 1,2,3 等表示。

cv2. watershed(src,markers),该函数从输入的图像 src 和标记 markers 中用分水岭算法获取边界。

7.3　实验举例

7.3.1　点检测

点检测先利用拉普拉斯算子进行滤波,然后设定阈值对滤波结果进行二值化,最后测出图像中的孤立点。二值化函数定义如下：

```
def la_b(src,T):
    img=src.copy()
    for i in range(img.shape[0]):
        for j in range(img.shape[1]):
            if img[i,j]>=T:
                img[i,j]=1
            else:
                img[i,j]=0
    return img
```

整个点检测示例代码如下：

```
import cv2
import matplotlib.pyplot as plt
plt.rcParams['font.sans-serif']=['SimHei']
img=cv2.imread('001.bmp',0)
img_l=cv2.Laplacian(img,-1,3)
img_b=la_b(img_l,100)
plt.subplot(131)
plt.imshow(img,'gray')
plt.title('原图')
plt.axis('off')
plt.subplot(132)
plt.imshow(img_l,'gray')
plt.title('滤波后图')
plt.axis('off')
```

```
plt.subplot(133)
plt.imshow(img_b,'gray')
plt.title('二值化图')
plt.axis('off')
plt.show()
```

结果如图 7.15 所示。

图 7.15 点检测示例结果图

7.3.2 线检测

线检测需要考虑水平、垂直、45°、-45°方向,示例代码如下:

```
import cv2
import numpy as np
import matplotlib.pyplot as plt
plt.rcParams['font.sans-serif']=['SimHei']
k1=np.array([-1,-1,-1,2,2,2,-1,-1,-1]).reshape((3,3))
k2=np.array([2,-1,-1,-1,2,-1,-1,-1,1]).reshape((3,3))
k3=np.array([-1,2,-1,-1,2,-1,-1,2,-1]).reshape((3,3))
k4=np.array([-1,-1,2,-1,2,-1,2,-1,-1]).reshape((3,3))
img=cv2.imread('003.bmp',0)
img_l1=cv2.filter2D(img,-1,k1)
img_l2=cv2.filter2D(img,-1,k2)
img_l3=cv2.filter2D(img,-1,k3)
img_l4=cv2.filter2D(img,-1,k4)
plt.subplot(221)
plt.imshow(img,'gray')
plt.title('原图')
plt.axis('off')
plt.subplot(222)
plt.imshow(img_l1,'gray')
```

```
plt.title('水平滤波后图')
plt.axis('off')
plt.subplot(234)
plt.imshow(img_l2,'gray')
plt.title('45°滤波图')
plt.axis('off')
plt.subplot(235)
plt.imshow(img_l3,'gray')
plt.title('垂直滤波图')
plt.axis('off')
plt.subplot(236)
plt.imshow(img_l4,'gray')
plt.title('-45°滤波图')
plt.axis('off')
plt.show()
```

结果如图7.16所示。

原图

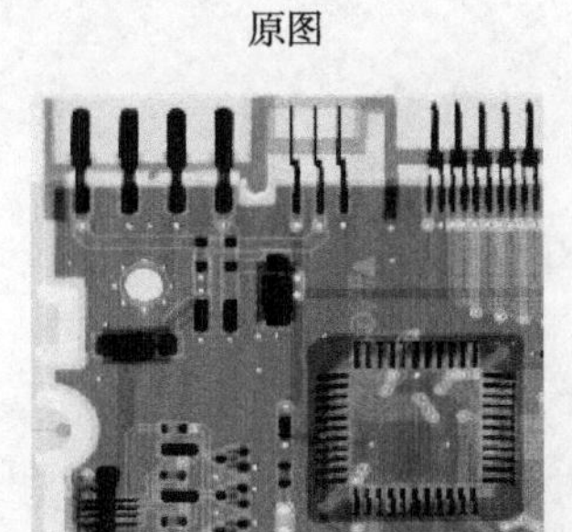

水平滤波后图

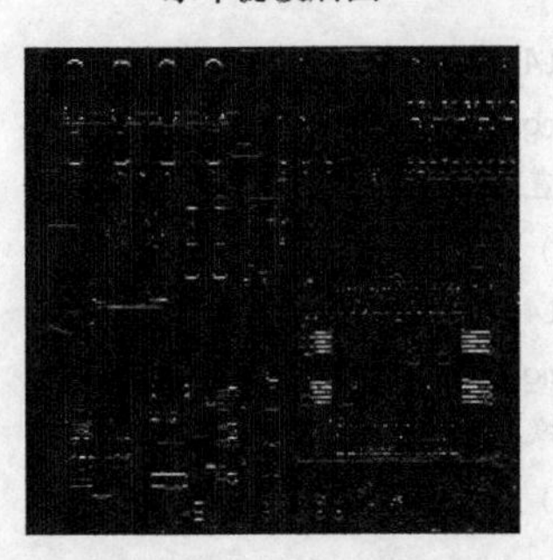

45°滤波图

垂直滤波图

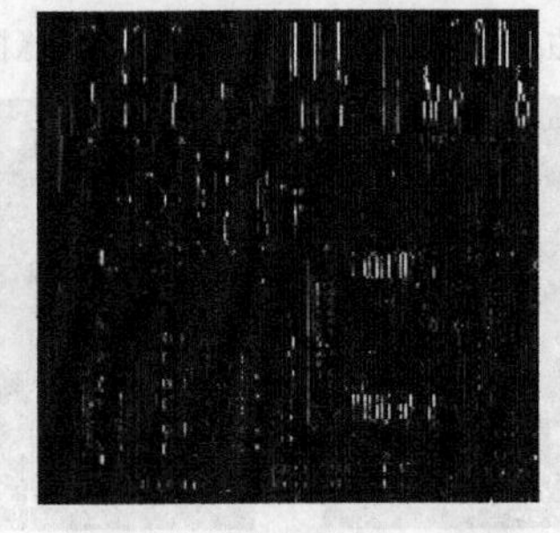

-45°滤波图

图7.16　线检测示例结果

7.3.3　边缘检测

边缘可以用梯度算子通过滤波获得，下面就以Roberts、Prewitt和Sobel梯度算子为例，进行边缘检测。

Roberts 梯度算子边缘检测示例代码如下：

```
import cv2
import matplotlib.pyplot as plt
import numpy as np
img=cv2.imread('001.bmp',0)
Robertx=np.array([[-1,0],[0,1]])
Roberty=np.array([[0,-1],[1,0]])
img_x=cv2.filter2D(img,-1,Robertx)
img_y=cv2.filter2D(img,-1,Roberty)
img_r=abs(img_x) + abs(img_y)
plt.subplot(141)
plt.imshow(img,'gray')
plt.title('原图')
plt.axis('off')
plt.subplot(142)
plt.imshow(img_x,'gray')
plt.title('水平方向边缘检测结果')
plt.axis('off')
plt.subplot(143)
plt.imshow(img_y,'gray')
plt.title('垂直方向边缘检测结果')
plt.axis('off')
plt.subplot(144)
plt.imshow(img_r,'gray')
plt.title('边缘检测结果')
plt.axis('off')
plt.show()
```

结果如图 7.17 所示。

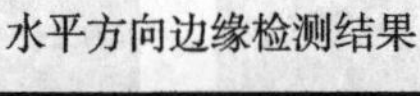

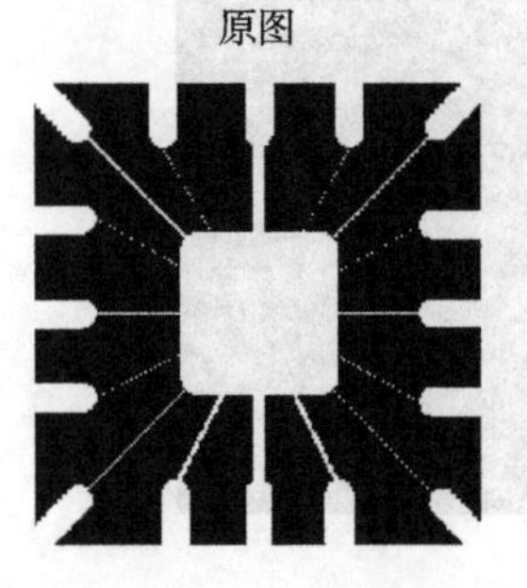
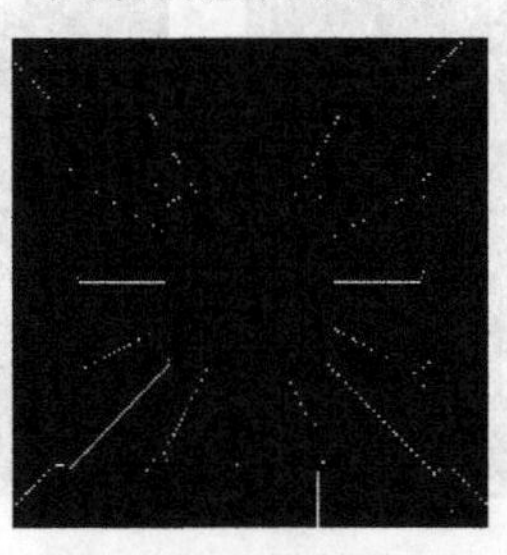
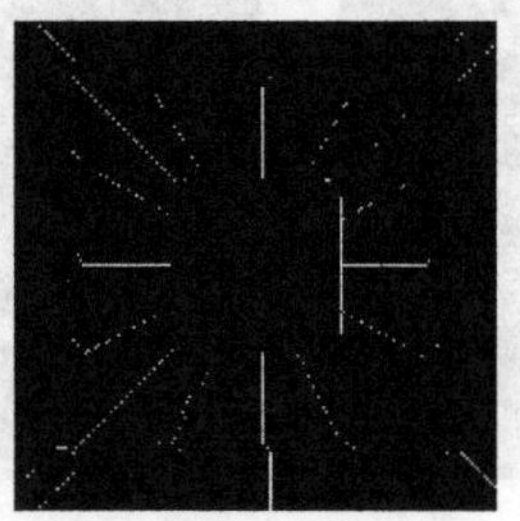
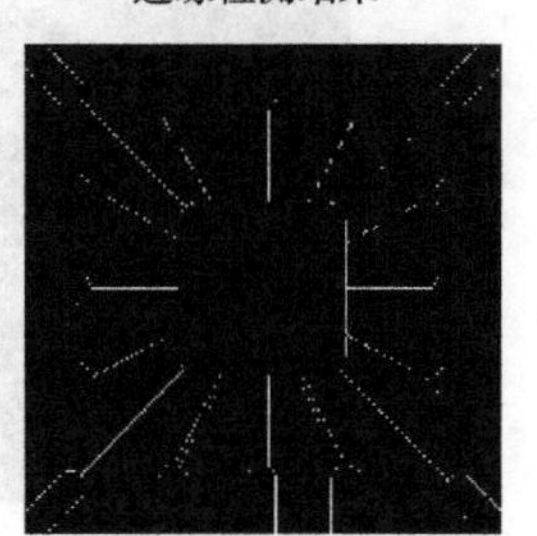

图 7.17　Roberts 梯度算子边缘检测示例结果

Prewitt 梯度算子边缘检测示例代码如下：

```
import cv2
import matplotlib.pyplot as plt
```

```
plt.rcParams['font.sans-serif']=['SimHei']
img=cv2.imread('007.bmp',0)
Prewittx=np.array([[-1,-1,-1],[0,0,0],[1,1,1]])
Prewitty=np.array([[-1,0,1],[-1,0,1],[-1,0,1]])
img_x=cv2.filter2D(img,-1,Prewittx)
img_y=cv2.filter2D(img,-1,Prewitty)
img_r=abs(img_x)+ abs(img_y)
plt.subplot(141)
plt.imshow(img,'gray')
plt.title('原图')
plt.axis('off')
plt.subplot(142)
plt.imshow(img_x,'gray')
plt.title('水平方向边缘检测结果')
plt.axis('off')
plt.subplot(143)
plt.imshow(img_y,'gray')
plt.title('垂直方向边缘检测结果')
plt.axis('off')
plt.subplot(144)
plt.imshow(img_r,'gray')
plt.title('边缘检测结果')
plt.axis('off')
plt.show()
```

结果如图 7.18 所示。

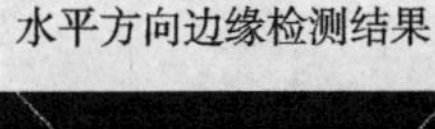

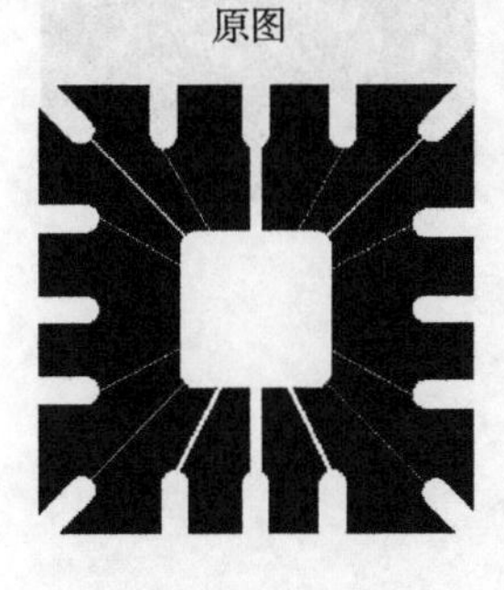

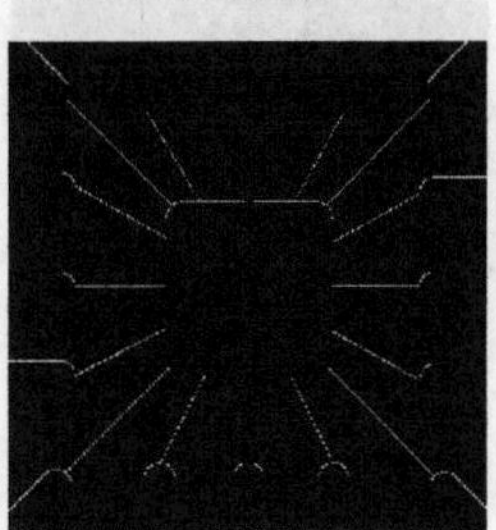

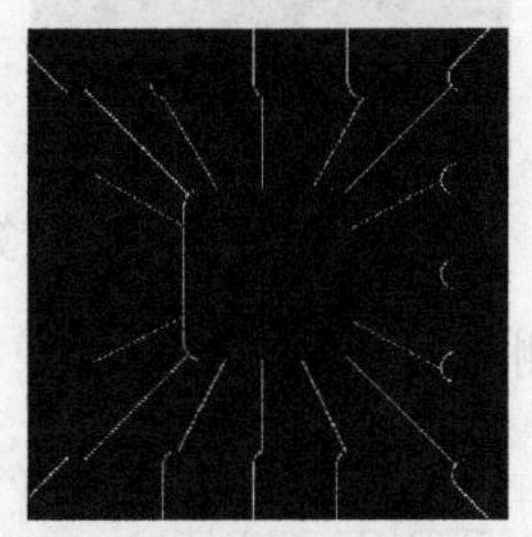

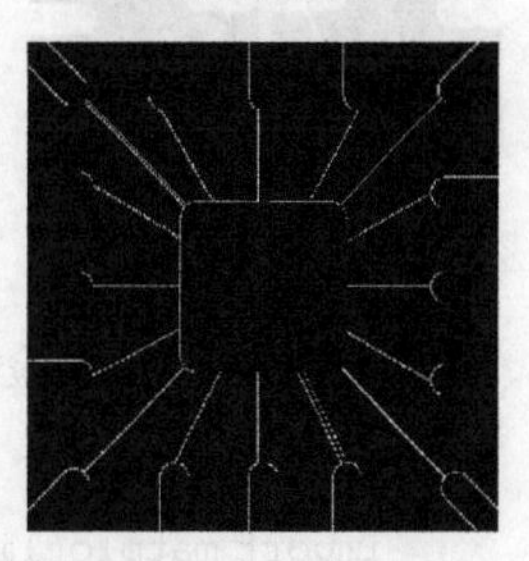

图 7.18　Prewitt 梯度算子边缘检测示例结果

Sobel 梯度算子边缘检测示例代码如下：

```
import cv2
import matplotlib.pyplot as plt
plt.rcParams['font.sans-serif']=['SimHei']
img=cv2.imread('007.bmp',0)
img_x=cv2.Sobel(img,-1,1,0)
```

```
img_y=cv2.Sobel(img,-1,0,1)
img_r=cv2.Sobel(img,-1,1,1)
plt.subplot(141)
plt.imshow(img,'gray')
plt.title('原图')
plt.axis('off')
plt.subplot(142)
plt.imshow(img_x,'gray')
plt.title('水平方向边缘检测结果')
plt.axis('off')
plt.subplot(143)
plt.imshow(img_y,'gray')
plt.title('垂直方向边缘检测结果')
plt.axis('off')
plt.subplot(144)
plt.imshow(img_r,'gray')
plt.title('边缘检测结果')
plt.axis('off')
plt.show()
```

结果如图 7.19 所示。

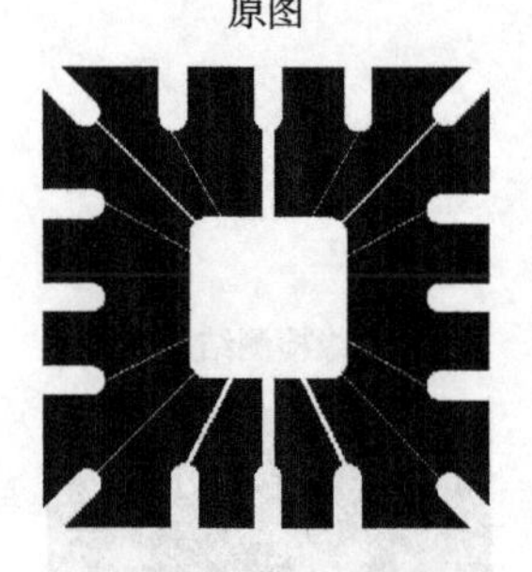

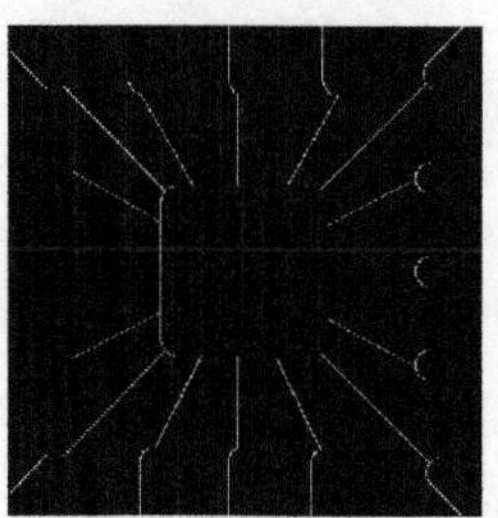

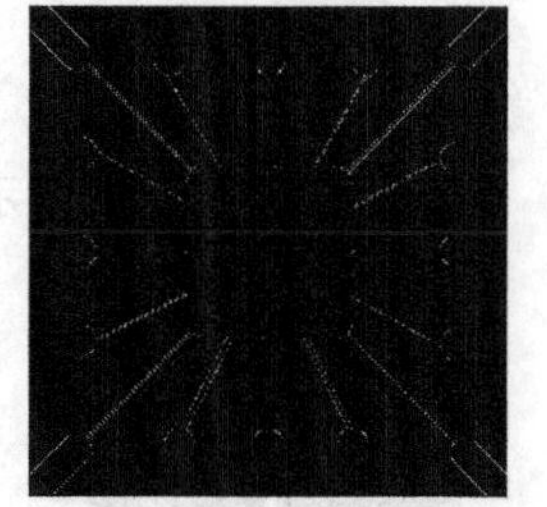

图 7.19 Sobel 梯度算子边缘检测示例结果

Canny 算子边缘检测示例代码如下：

```
import cv2
import matplotlib.pyplot as plt
plt.rcParams['font.sans-serif']=['SimHei']
img=cv2.imread('007.bmp',0)
img_l=cv2.Canny(img,80,200)
plt.subplot(121)
plt.imshow(img,'gray')
plt.title('原图')
plt.axis('off')
plt.subplot(122)
```

```
plt.imshow(img_1,'gray')
plt.title('Canny 滤波后图')
plt.axis('off')
plt.show()
```

结果如图 7.20 所示。

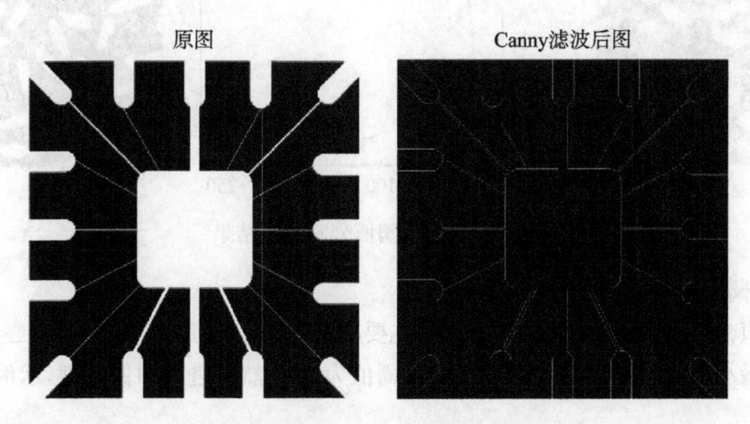

图 7.20　Canny 算子边缘检测示例结果

7.3.4　阈值分割

1. 人工阈值分割

根据图像的直方图特性，人为给出阈值为 200，示例代码如下：

```
import cv2
import matplotlib.pyplot as plt
plt.rcParams['font.sans-serif']=['SimHei']
img=cv2.imread('008.bmp',0)
_,img_b=cv2.threshold(img,130,255,cv2.THRESH_BINARY)
plt.subplot(131)
plt.imshow(img,'gray')
plt.title('原图')
plt.axis('off')
plt.subplot(132)
hist=cv2.calcHist([img],[0],None,[256],[0,255])
plt.plot(hist)
plt.title('灰度直方图')
plt.subplot(133)
plt.imshow(img_b,'gray')
plt.title('人工阈值分割图 T=130')
plt.axis('off')
plt.show()
```

结果如图 7.21 所示。

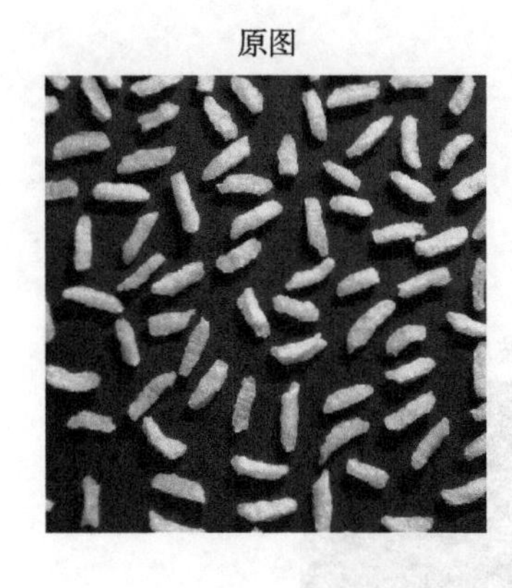

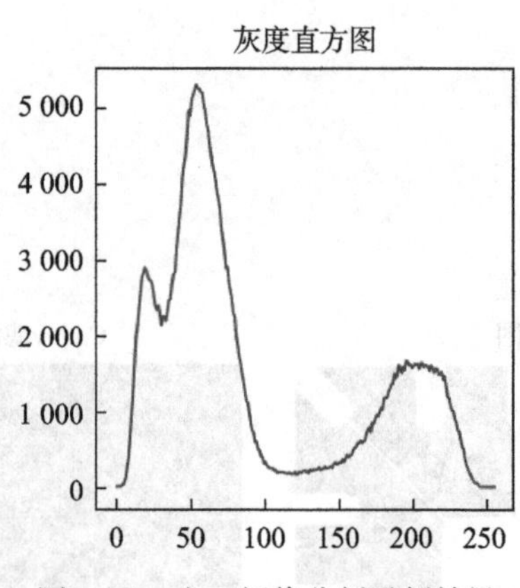

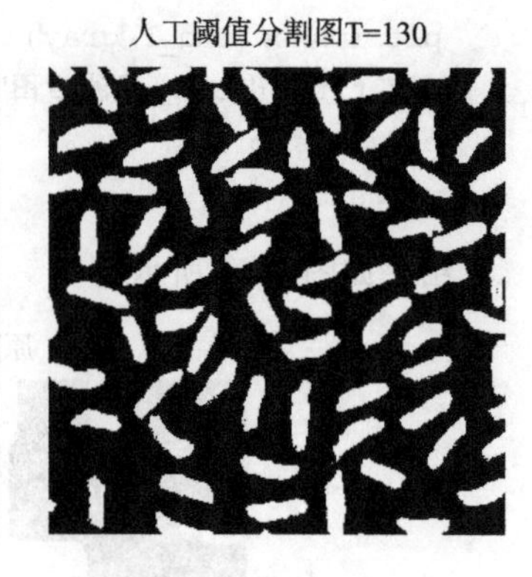

图 7.21　人工阈值分割示例结果

2. 直方图阈值分割

直方图阈值分割通常是使用双峰法完成,先要确定第一个峰值,然后定位第二个峰值,最后获得两峰之间的最小值作为阈值。通过计算获得阈值为 121,然后进行图像分割,示例代码如下:

```
import cv2
import matplotlib.pyplot as plt
plt.rcParams['font.sans-serif']=['SimHei']
img=cv2.imread('008.bmp',0)
n,_,_=plt.hist(img.ravel(),256,[0,255])
l_ma=np.where(n==np.max(n))
f1=l_ma[0][0]
temp=0
for i in range(256):
    temp1=np.power(i-f1,2)*n[i]
    if temp1>temp:
        temp=temp1
        f2=i
if f1>f2:
    f1,f2=f2,f1
l_mi=np.where(n[f1:f2]==np.min(n[f1:f2]))
T=f1+l_mi[0][0]
_,img_b=cv2.threshold(img,T,255,cv2.THRESH_BINARY)
plt.subplot(121)
plt.imshow(img,'gray')
plt.title('原图')
plt.axis('off')
plt.subplot(122)
plt.imshow(img_b,'gray')
plt.title('直方图阈值分割图 T='+'{:d}'.format(T))
plt.axis('off')
plt.show()
```

结果如图 7.22 所示。

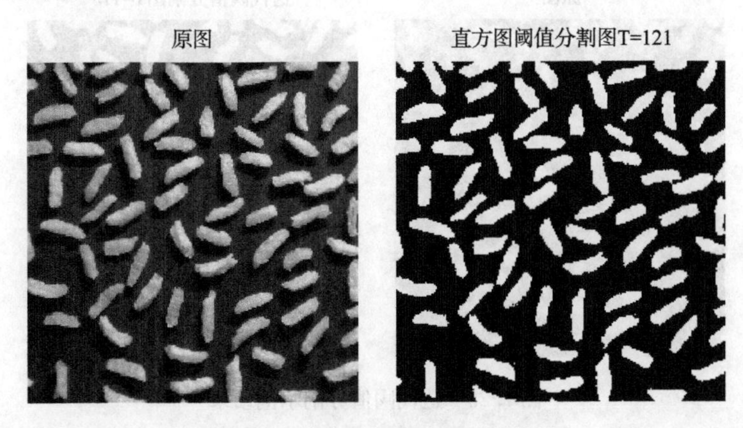

图 7.22　直方图阈值分割示例结果

3. 迭代阈值分割

迭代阈值分割先将均值作为初始阈值，将图像分成两个子区域，再通过计算两个子区域的均值更新阈值，迭代计算过程直至找到最佳阈值。通过迭代计算，示例中的最佳阈值为 118，示例代码如下：

```
import cv2
import numpy as np
from matplotlib import pyplot as plt
plt.rcParams['font.sans-serif']=['SimHei']
img=cv2.imread('008.bmp',0)
T=int(np.mean(img))
while True:
    m1=np.mean(img[img>=T])
    m2=np.mean(img[img<T])
    if abs((m1+m2)/2-T)<20:
        break
    else:
        T=int((m1+m2)/2)
_,img_b=cv2.threshold(img,T,255,cv2.THRESH_BINARY)
plt.subplot(121)
plt.imshow(img,'gray')
plt.title('原图')
plt.axis('off')
plt.subplot(122)
plt.imshow(img_b,'gray')
plt.title('迭代阈值分割图 T='+'{:d}'.format(T))
plt.axis('off')
plt.show()
```

结果如图 7.23 所示。

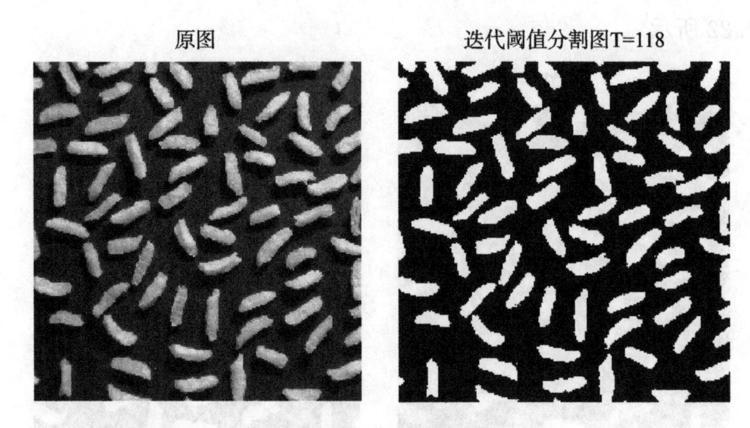

图 7.23 迭代阈值分割示例结果

4. 最大类间方差阈值分割

最大类间方差的核心是通过式(7.12)计算类间方差,并使之最大化。示例中使用了两种方法实现:一种是按照公式自己编写代码实现;另一种是利用 OpenCV 自带的函数实现。通过计算得到最佳阈值分别为 124 和 123,示例代码如下:

```
import cv2
import numpy as np
from matplotlib import pyplot as plt
plt.rcParams['font.sans-serif']=['SimHei']
img=cv2.imread('008.bmp',0)
t=0
for i in range(256):
    mean1=np.mean(img[img<i])
    mean2=np.mean(img[img>=i])
    w1=np.sum(img<i)/np.size(img)
    w2=np.sum(img>=i)/np.size(img)
    tem=w1* w2* np.power((mean1-mean2),2)
    if tem>t:
        T=i
        t=tem
_,img_b=cv2.threshold(img,T,255,cv2.THRESH_BINARY)
T1,img_b1=cv2.threshold(img,0,255,cv2.THRESH_BINARY+cv2.THRESH_OTSU)
plt.subplot(131)
plt.imshow(img,'gray')
plt.title('原图')
plt.axis('off')
plt.subplot(132)
plt.imshow(img_b,'gray')
plt.title('最大类间方差阈值分割图 T='+'{:d}'.format(T))
plt.axis('off')
plt.subplot(133)
```

```
plt.imshow(img_b1,'gray')
plt.title('最大类间方差阈值分割图 T='+'{:d}'.format(int(T1)))
plt.axis('off')
plt.show()
```

结果如图 7.24 所示。

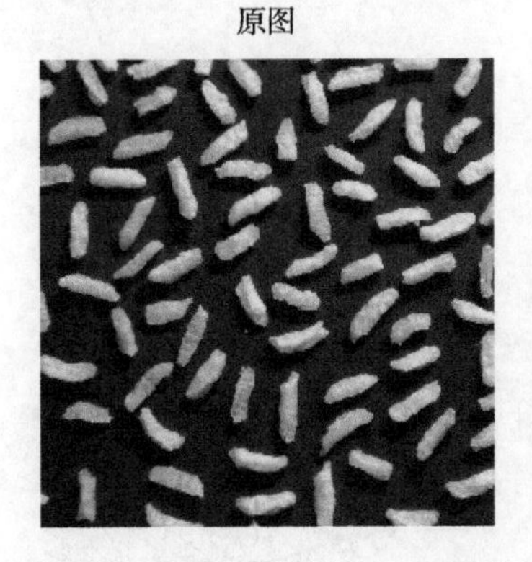

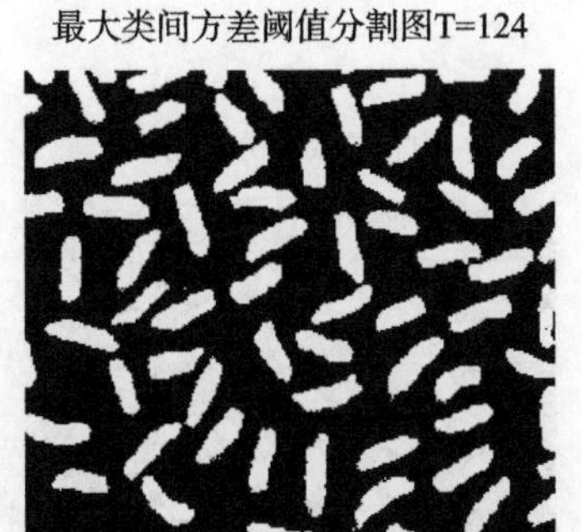

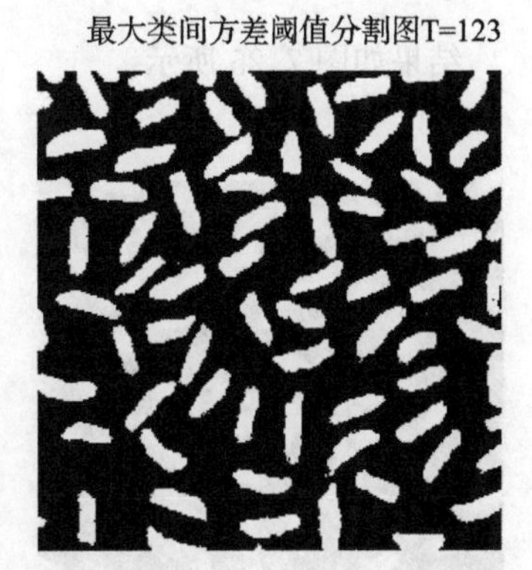

图 7.24　最大类间方差阈值分割示例结果

5. 自适应阈值分割

在示例中，首先利用均值滤波对图像进行滤波，得到的数据乘以 0.95 作为每个像素点的阈值，然后进行图像分割。为了对比，同时使用了 OpenCV 自带的自适应图像分割函数进行图像分割，使用的邻域大小和前面一致，滤波方法使用的是 cv2.ADAPTIVE_THRESH_MEAN_C。示例代码如下：

```
import cv2
import numpy as np
from matplotlib import pyplot as plt
plt.rcParams['font.sans-serif']=['SimHei']
img=cv2.imread('008.bmp',0)
img_b=img.copy()
img_p=cv2.blur(img_b,(5,5))
img_t=img_b-0.95*img_p
img_b[img_t>=0]=255
img_b[img_t<0]=0
img_1=cv2.adaptiveThreshold(img,255,cv2.ADAPTIVE_THRES H_MEAN_C,cv2.THRESH_BINARY,5,10)
plt.subplot(131)
plt.imshow(img,'gray')
plt.title('原图')
plt.axis('off')
plt.subplot(132)
plt.imshow(img_b,'gray')
plt.title('自适应阈值分割图')
```

```
plt.axis('off')
plt.subplot(133)
plt.imshow(img_1,'gray')
plt.title('自适应阈值分割图')
plt.axis('off')
plt.show()
```

结果如图 7.25 所示。

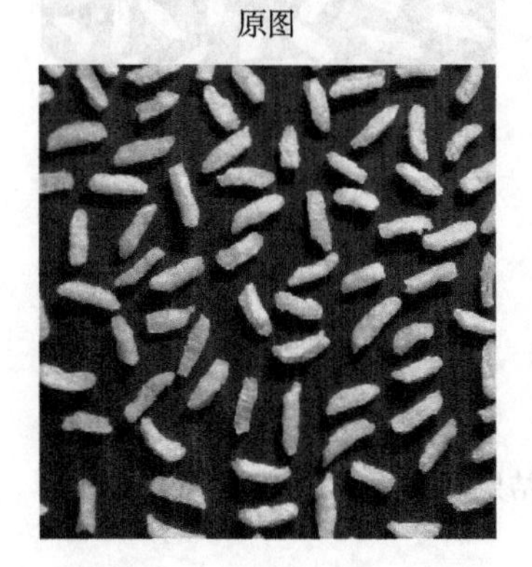

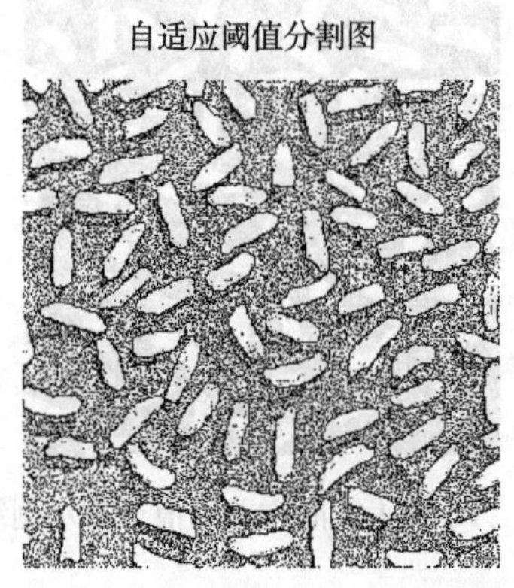

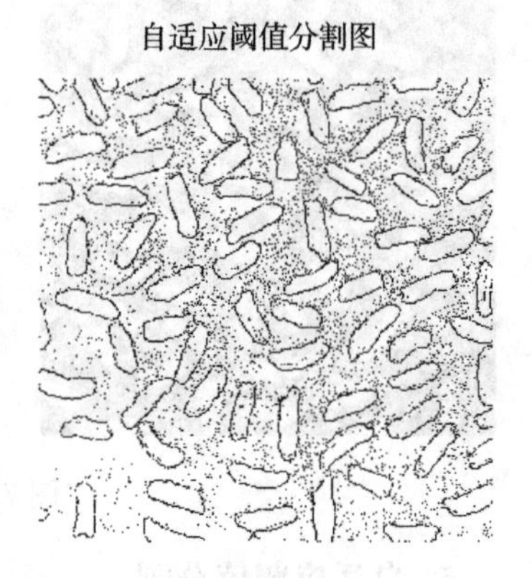

图 7.25 自适应阈值分割示例结果

7.3.5 区域分割

1. 区域生长

区域生长先要选择合适的种子,因为已知图像只有目标和背景。已知背景是连通的,故选取了背景中的一个点作为种子进行区域生长。生长准则:种子点 8 邻域内的像素与种子点灰度差值的绝对值小于或等于 10 时符合相似性。示例代码如下:

```
import cv2
import numpy as np
from matplotlib import pyplot as plt
plt.rcParams['font.sans-serif']=['SimHei']
img=cv2.imread('008.bmp',0)
dire=[(-1,-1),(0,-1),(1,-1),(1,0),(1,1),(0,1),(-1,1),(-1,0)]
threshold=10
seeds=[(158,160)]
img_v=np.zeros(img.shape)
while len(seeds):
    seed=seeds.pop(0)
    value=int(img[seed[1],seed[0]])
    img_v[seed[1],seed[0]]=1
    for j in range(len(dire)):
        t_x=seed[0]+dire[j][0]
        t_y=seed[1]+dire[j][1]
```

```
            if t_x<0 or t_y<0 or t_x>=img.shape[1] or t_y>=img.shape[0]:
                continue
            if abs(int(img[t_y,t_x])-value)<=threshold and(img_v[t_y,t_x]==0):
                img_v[t_y,t_x]=1
                seeds.append((t_x,t_y))
plt.subplot(121)
plt.imshow(img,'gray')
plt.title('原图')
plt.axis('off')
plt.subplot(122)
plt.imshow(img_v,'gray')
plt.title('区域生长分割图')
plt.axis('off')
plt.show()
```

结果如图7.26所示。

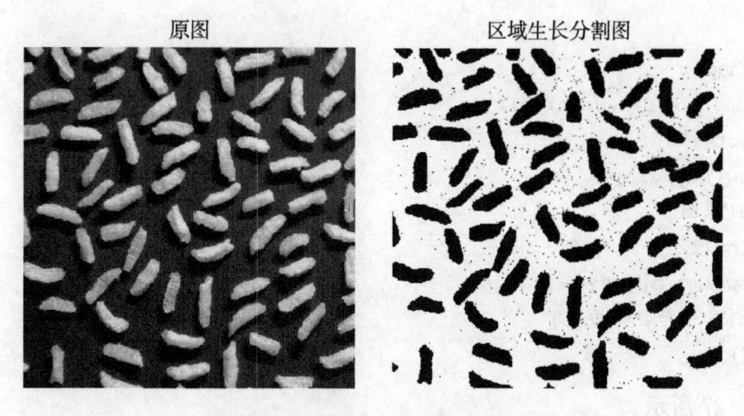

图7.26　区域生长分割示例结果

2. 区域分裂与合并

区域分裂与合并示例中，在分裂阶段用其方差判断分裂后子区域内的相似性。若方差小于阈值，则认为不能再分裂，若方差大于阈值，则继续分裂。在合并时通过均值实现，当不能再分裂的块均值大于阈值，该区域赋值为1，若小于阈值，该区域赋值为0。在本示例中，方差阈值为5，均值阈值为100。先定义合并函数：

```
def Mer_img(img,y,x,h,w,th1):
    if np.mean(img[y:y+h,x:x+w])>th1:
        img[y:y+h,x:x+w]=255
    else:
        img[y:y+h,x:x+w]=0
```

再定义分裂函数：

```
def div_img(img,y,x,h,w,th,th1):
    if np.std(img[y:y+h,x:x+w])>th and min(h,w)>=10:
```

```
        div_img(img,y,x,round(h/2),round(w/2),th,th1)
        div_img(img,y,x+round(w/2),round(h/2),round(w/2),th,th1)
        div_img(img,y+round(h/2),x,round(h/2),round(w/2),th,th1)
        div_img(img,y+round(h/2),x+round(w/2),round(h/2),round(w/2),th,th1)
    else:
        Mer_img(img,y,x,h,w,th1)
```

主函数代码如下：

```
import cv2
import numpy as np
from matplotlib import pyplot as plt
plt.rcParams['font.sans-serif']=['SimHei']
img=cv2.imread('008.bmp',0)
img_b=img.copy()
th=5
th1=100
global p
h,w=img.shape
div_img(img_b,0,0,h,w,th,th1)
plt.subplot(121)
plt.imshow(img,'gray')
plt.title('原图')
plt.subplot(122)
plt.imshow(img_b,'gray')
plt.title('分裂与合并后图')
plt.show()
```

结果如图 7.27 所示。

原图

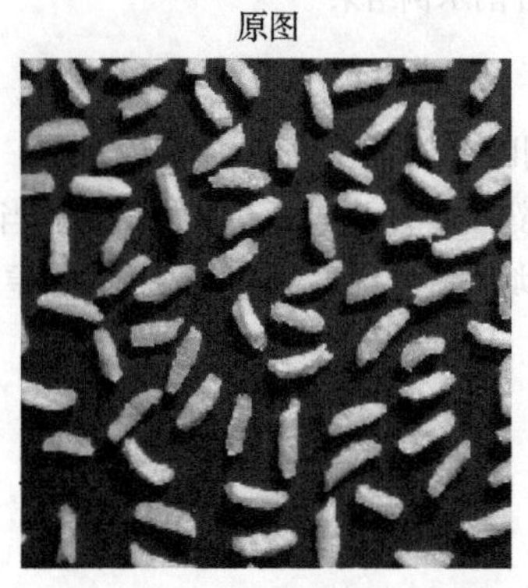

分裂与合并后图

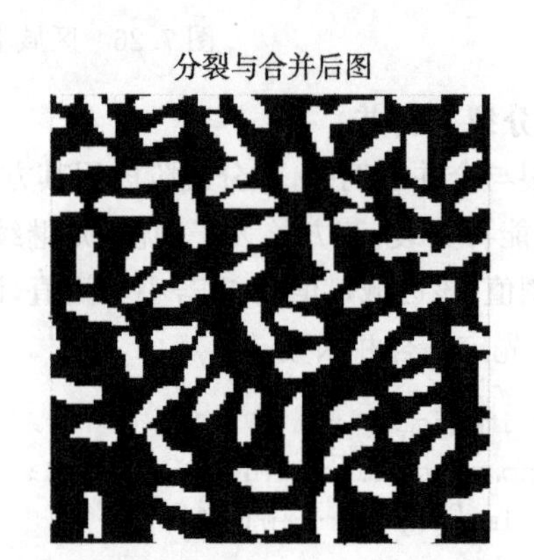

图 7.27 区域生长分裂法分割示例结果

7.3.6 分水岭算法

分水岭算法在实现时需要先把图像进行形态学处理，从而获得前景和背景的标注，然后利用分水岭算法实现图像分割。实验中先定义了 watershed_img()函数，该函数有三个输入参数，分别为需要分割的图像(RGB图像)src、结构元素大小ksize和二值化参数w。二值化参数w是百分比,表示以最大值的某个百分比值作为二值化阈值,取值范围为0～1。返回值为两幅图像,第一幅为分割后的二值图像,第二幅为带有边界标记的原始图像。具体函数如下:

```
def watershed_img(src,ksize,w):
    img=cv2.cvtColor(src,cv2.COLOR_BGR2GRAY)
    img_old=img.copy()
    _,img_b=cv2.threshold(img,0,255,cv2.THRESH_BINARY+ cv2.THRESH_OTSU)
    kenel=cv2.getStructuringElement(cv2.MORPH_RECT,(ksize,ksize))
    tem=cv2.morphologyEx(img_b,cv2.MORPH_RECT,kenel)
    tem=cv2.dilate(tem,kenel,iterations=4)
    dist=cv2.distanceTransform(tem,cv2.DIST_L2,ksize)
    _,img_s=cv2.threshold(dist,dist.max()*w,255,cv2.THRESH_BINARY)
    _,mb=cv2.connectedComponents(np.uint8(img_s))
    loc=cv2.subtract(tem,np.uint8(img_s))
    mb=mb+ 1
    mb[loc==255]=0
    mk=cv2.watershed(src,mb)
    img[mk==-1]=255
    img[mk!=-1]=0
    img_old[mk==-1]=255
    return  img,img_old
```

主要代码如下:

```
import cv2
import numpy as np
from matplotlib import pyplot as plt
plt.rcParams['font.sans-serif']=['SimHei']
img=cv2.imread('008.bmp')
img_b,img_p=watershed_img(img,3,0.5)
plt.subplot(131)
plt.imshow(img,'gray')
plt.title('原图')
plt.axis('off')
plt.subplot(132)
plt.imshow(img_b,'gray')
plt.title('分水岭算法分割图')
plt.axis('off')
plt.subplot(133)
plt.imshow(img_p,'gray')
plt.title('原带轮廓图')
plt.axis('off')
plt.show()
```

结果如图 7.28 所示。

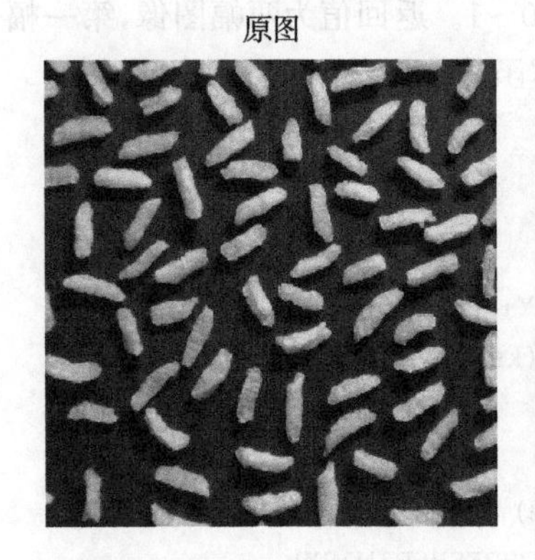

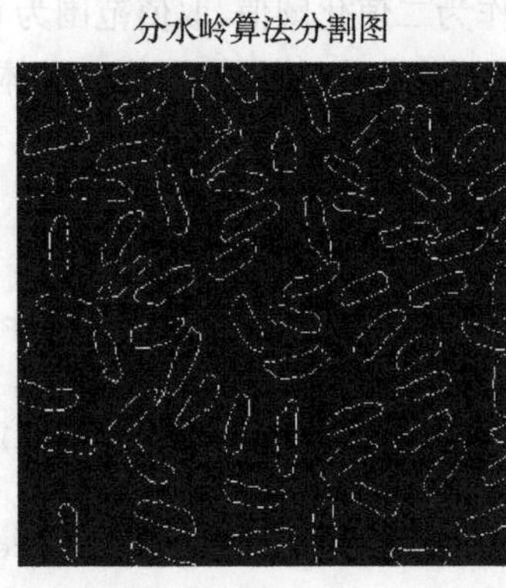

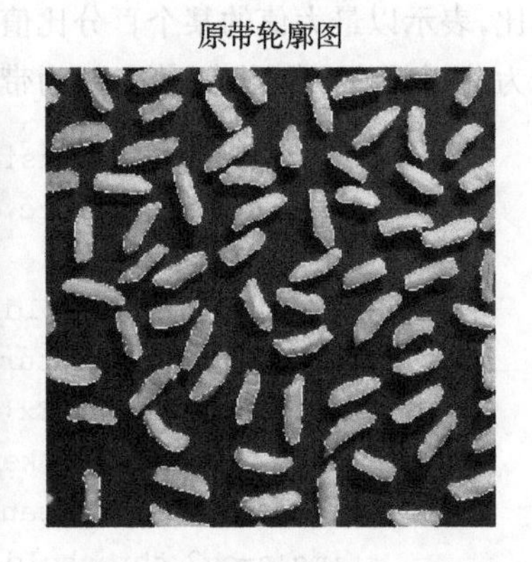

图 7.28 分水岭分割示例结果

习 题

利用本章知识完成遥感卫星图像的分割。

第 8 章 手写文字识别实验

手写文字识别是当前的热点研究问题之一,而数字图像处理作为手写汉字识别的前期处理,对手写文字的识别结果有着重要的影响。有效的数字图像处理能够在减少模型训练时间的同时提高文字识别的准确率。其中用到的数字图像处理操作包括图像增强、目标检测和图像分割等。下面介绍基于 SVM 手写数字识别和基于深度学习的手写汉字识别,展示数字图像处理在其中的应用。

8.1 基于 SVM 手写数字识别

支持向量机(Support Vector Machine,SVM)是机器学习中常用的二分类模型,被广泛应用于各种分类问题中。在手写数字识别中,可以将数字的识别看作多分类问题。而 SVM 经过构造和设计后可以有效地解决多分类问题,并且在很多领域都有应用。下面学习 SVM 实现手写数字的识别过程。

8.1.1 基础理论

SVM 是机器学习中进行有监督学习的一种,通过对输入的数据集进行大量的学习,构建最优分类器,并利用分类器对数据进行分类。所谓的分类器,是对两类不同的数据进行区分,最终将不同的数据划分到不同类别。即对每个输入,分类器都会得到一个类别的输出,决定该数据属于哪一类。在 SVM 中,将不同类别的两类数据标记成两组向量,训练得到一个最大边距超平面把不同类别的数据构成的向量分割到两边,使得两组向量中离此超平面最近的向量(即支持向量)到此超平面的距离都尽可能远。在 SVM 分类中,通常有线性 SVM 和非线性 SVM。

1. 线性 SVM

对于给定的输入数据集 $T=\{(x_1,y_1),(x_2,y_2),\cdots,(x_N,y_N)\}$,其中 $\boldsymbol{x}_i$ 是第 i 个数据向量,$y_i\in\{-1,+1\}$表示标签,$y_i=+1$ 表示正类,$y_i=-1$ 表示负类,$i=1,2,\cdots,N$。学习目的是在输入的样本空间上找到一个超平面,能够将不同类别的样本数据进行准确分类。

通常,对于一个线性可分问题,可用式(8.1)表示一个超平面,要利用该超平面实现样本点的划分:

$$\boldsymbol{w}^{\mathrm{T}}\boldsymbol{x}+b=0 \tag{8.1}$$

其中,$\boldsymbol{w}$ 和 b 分别是超平面的法向量和截距。如图 8.1 所示,最终目的是通过调整 $\boldsymbol{w}$ 和 b 让超平面最近的向量到此超平面的间隔都尽可能远。同时又不能偏袒任何一类,所以超平面到每一类的间隔要相等。此时问题就变成了计算超平面与其最近向量之间的间隔,并使这个间隔最大化。即图中 $\boldsymbol{w}^{\mathrm{T}}\boldsymbol{x}+b=1$、$\boldsymbol{w}^{\mathrm{T}}\boldsymbol{x}+b=-1$ 和超平面的间隔,分为 $d_1=\frac{1}{\|\boldsymbol{w}\|}$,$d_2=\frac{1}{\|\boldsymbol{w}\|}$,总间隔为 $d=d_1+d_2=\frac{2}{\|\boldsymbol{w}\|}$,也是两条支持向量的间隔。

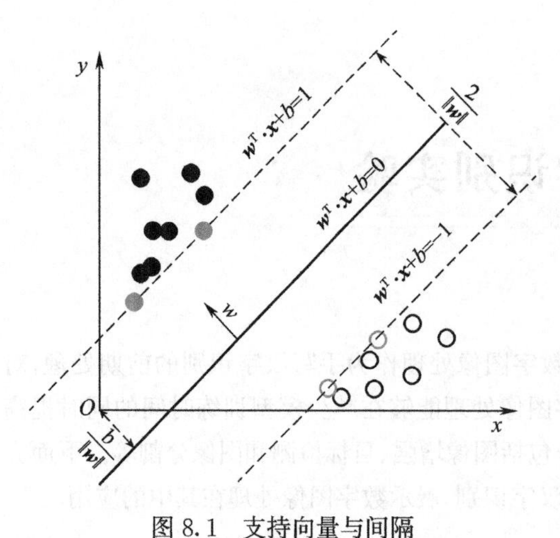

图 8.1 支持向量与间隔

为了求得最大边距超平面，就要使得距离 $d=\frac{2}{\|\boldsymbol{w}\|}$ 越大越好，即使得 $\|\boldsymbol{w}\|_2$ 越小越好，即

$$\min_{w,b}\frac{1}{2}\|\boldsymbol{w}\|^2 \tag{8.2}$$

同时需要满足以下条件：

$$\boldsymbol{w}^T\boldsymbol{x}_i+b\geqslant 1, y_i=1$$

$$\boldsymbol{w}^T\boldsymbol{x}_i+b\leqslant -1, y_i=-1$$

2. 线性 SVM

如果样本数据线性不可分时，上面的方法便不再实用。线性不可分意味着式(8.2)的两个条件不满足，此时引入松弛变量 $\xi_i\geqslant 0$，使得

$$y_i(\boldsymbol{w}^T\boldsymbol{x}+b)\geqslant 1-\xi_i \tag{8.3}$$

其中，y_i 是指每个样本的类别标记。同时对每个松弛变量 ξ_i，有对应的代价 ξ_i。因此式(8.2)转变为

$$\min_{w,b}\frac{1}{2}\|\boldsymbol{w}\|^2+C\sum_{i=1}^{N}\xi_i \tag{8.4}$$

其中，C 为惩罚系数，同时需要满足条件：$y_i(\boldsymbol{w}^T\boldsymbol{x}_i+b)\geqslant 1-\xi_i, \xi_i\geqslant 0$。

3. 非线性 SVM

当问题变为非线性分类时就不能用线性 SVM 进行分类，但是只要样本的属性是有限的，那么就可以将特征映射到更高维度的空间，使得其能够进行线性分类。但同时无限制的维度升高会引来新的问题，如维度爆炸，这样会使计算难度增大，甚至无法计算。为了解决这个问题，核函数被引入以便能够高效地进行模型的训练和分类。核函数在将样本数据从低维空间向高维映射，但在计算时依然保持在低维度上，这样就避免了维度爆炸问题，提高计算效率。

常用的核函数有线性核函数、高斯径向核函数、多项式核函数、拉普拉斯核函数、sigmoid 核函数等，它们的计算公式见表 8.1。线性核函数并没有将数据映射到高维空间，仅仅计算了向量的内积，计算参数少，速度快，但是不能处理较为复杂的问题；高斯径向核函数将样本数据映射到高维空间，应用较为广泛，对多数数据都能获得较好的结果；多项式核函数也是将样本数据映射到高维空间，但是其参数较多，尤其是多项式的阶数较高时计算复杂，耗时长；sigmoid 核函数则是增加了一层神经网络，其隐藏层节点、权值都是在训练过程中自动确定，结合 SVM 特性，具有良好的泛化能力。

表 8.1 SVM 中的核函数

核函数名称	计算公式	核函数名称	计算公式
线性核	$\kappa(\boldsymbol{x}_1,\boldsymbol{x}_2)=\boldsymbol{x}_1^T\boldsymbol{x}_2$	拉普拉斯核	$\kappa(\boldsymbol{x}_1,\boldsymbol{x}_2)=\exp\left(-\frac{\|\boldsymbol{x}_1-\boldsymbol{x}_2\|}{\sigma}\right)$
多项式核	$\kappa(\boldsymbol{x}_1,\boldsymbol{x}_2)=(\boldsymbol{x}_1^T\boldsymbol{x}_2)^T$	sigmoid 核	$\kappa(\boldsymbol{x}_1,\boldsymbol{x}_2)=\tanh[a(\boldsymbol{x}_1^T\boldsymbol{x}_2)-b], a,b>0$
高斯径向核	$\kappa(\boldsymbol{x}_1,\boldsymbol{x}_2)=\exp\left(-\frac{\|\boldsymbol{x}_1-\boldsymbol{x}_2\|^2}{2\sigma^2}\right)$		

8.1.2 流程设计

(1)数据读取，得到 Mnist 数据集的图像及其对应标签。

(2)数据预处理。数据处理中为了模拟真实场景，给测试集加上了高斯噪声，同时利用主成分分析(PCA)方法将原始数据降维。

(3)分类器的构建。本文使用多项式核函数和高斯径向核函数分别构建SVM分类器。

(4)分别使用训练集训练得到分类器。

(5)预测测试集在分类器上的准确率。

测试共有三个：原始测试集测试、带噪测试集测试、带噪测试集图像增强后测试。

8.1.3 运行环境

这里在Pytorch框架下进行实验，实验环境设置见表8.2。

表8.2 实验环境

实验环境	基本信息	实验环境	基本信息
操作系统	Windows 10	开发语言	Python 3.8.8
内存大小	16 GB	开发平台	Pytorch
处理器	Intel(R) Xeon(R) Silver 4110 CPU @ 2.10 GHz		

8.1.4 模块实现

在模块实现时，使用Mnist手写体数据集，将其分为训练集和测试集，其中训练集含有60 000张图片，测试集含有10 000张图片。该数据集包含了手写的数字0～9。Mnist数据集中部分数据如图8.2所示。

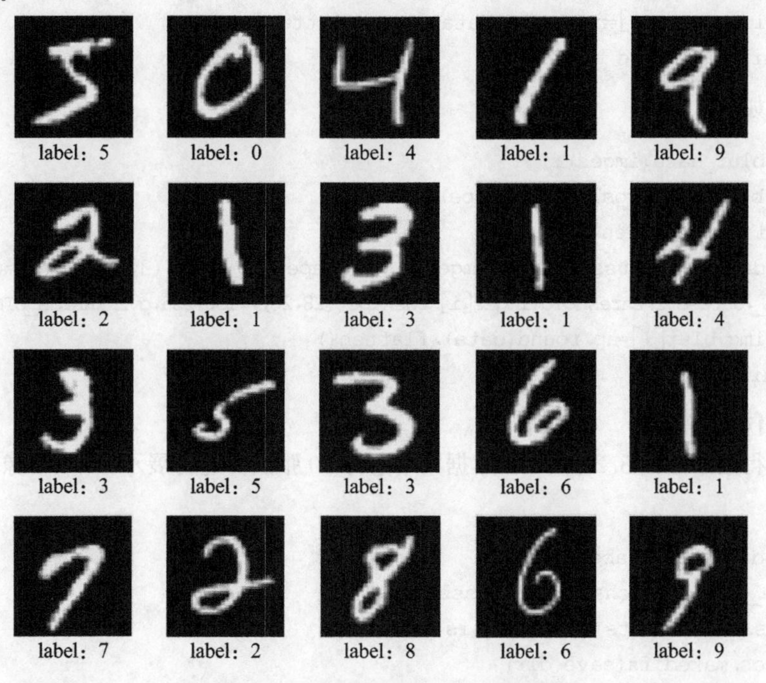

图8.2 Mnist数据集中部分数据

基于SVM手写数字识别的代码实现如下：

1. 数据加载模块

该函数用于读取Mnist数据集的原始样本，最终得到标签和大小为784的图像。数据读取函数定义如下：

```
load_data(path,kind):
    labels_path=os.path.join(path,'% s-labels-idx1-ubyte.gz'% kind )
    images_path=os.path.join(path,'% s-images-idx3-ubyte.gz' % kind )
    with gzip.open(labels_path,'rb') as l_p:
        labels=np.frombuffer(l_p.read(),dtype=np.uint8,offset=8)
    with gzip.open(images_path,'rb') as img_p:
        imges=np.frombuffer(img_p.read(),dtype=np.uint8,offset=16).reshape(len
(labels),784)
        return labels,imges
```

该函数用于从Mnist读取数据，Mnist下载的数据是压缩格式，这里使用gzip工具进行读取。且读取出来的数据是二进制数据，通过np.frombuffer转换成使用的十进制。

同时为了模拟实际中情况，在此对测试数据进行加入噪声处理，将加入噪声的数据进行测试，然后对带噪图像去噪，最后进行测试。噪声加入函数如下：

```
def get_nosie_data(imges):
    img_noise=np.zeros(imges.shape)
    for i in range(len(imges)):
        data=skimage.util.random_noise(imges[i].reshape((28,28)),mode='gaussian',
mean=0,var=0.05)
        img_noise[i]=np.round(data* 255).flatten()
    return img_noise
```

去噪函数如下：

```
def get_blur_data(imges):
    img_blur=np.zeros(imges.shape)
    for i in range(len(imges)):
        data=cv2.GaussianBlur(imges[i].reshape((28,28)),(3,3),sigmaX=0.2)
        _,data=cv2.threshold(imges[i].reshape((28,28)),150,255,cv2.THRESH_BINARY)
        img_blur[i]=np.round(data).flatten()
    return img_blur
```

2. 数据可视化模块

该模块可得结果如图8.2所示，在数据集中选择20张图像进行展示，每张图像下方是其对应的标签。

```
def vis_data(data,label,kind):
    save_dir="data/chapt8/processs/all/"
    if os.path.exists(save_dir) is False:
        os.makedirs(save_dir)
    for i in range(20):
```

```
        image_array=np.resize(data[i],(28,28))
        filename=save_dir+'mnist_'+'% s_' % kind  +str(i+1)+'.jpg'
        plt.subplot(4,5,i+1)
        plt.subplots_adjust(hspace=0.45)
        plt.xticks([])
        plt.yticks([])
        plt.xlabel('label: '+str(label[i]))
        plt.imshow(image_array,cmap='gray')
    plt.savefig(filename)
```

3. PCA 模块

PCA 的作用是在最大程度保证原始数据信息不丢失的情况下，对原始数据降维，得到低维特征，从而达到数据压缩的目的，也可以提升模型的训练速度。将原始数据进行 PCA 降维的代码如下：

```
def pca_process(train,test,pca_dim=10):
    pca=PCA(n_components=pca_dim)
    pca.fit(train)
    pca_train=pca.transform(train)
    pca_test=pca.transform(test)
return pca_train,pca_test
```

4. 训练与测试模块

本节使用了原始数据集和利用 PCA 降维后的数据进行实验，在构建 SVM 分类器时，分别选择了多项式核函(poly)数和高斯径向核函数(rbf)，具体代码如下：

```
def train_test(train_data,train_label,test_data,test_label):
    print('\n 使用多项式核函数 SVM:')
    start_time=time.time()
    svm_poly=svm.SVC(kernel='poly',gamma='scale')
    svm_poly.fit(train_data,train_label)
    poly_pre=svm_poly.predict(test_data)
    poly_acc=acc_resul(poly_pre,test_label)
    print("使用多项式核函数 SVM 准确率:",poly_acc)
    end_time=time.time()
    print("使用多项式核函数 SVM 使用时间:",(end_time-start_time)/60,'分钟')

    print('\n 使用高斯径向核函数 SVM:')
    start_time=time.time()
    svm_poly=svm.SVC(kernel='rbf',gamma='scale')
    svm_poly.fit(train_data,train_label)
    poly_pre=svm_poly.predict(test_data)
    poly_acc=acc_resul(poly_pre,test_label)
    print("使用高斯径向核函数 SVM 准确率:",poly_acc)
    end_time=time.time()
print("使用高斯径向核函数 SVM 使用时间:",(end_time-start_time)/60,'分钟')
```

5. 评价指标计算

本节使用准确率(Accuracy)作为估计模型好坏的评价标准,计算准确率的代码如下:

```
def acc_resul(pre_label,ori_label):
    pre_label=np.array(pre_label)
    ori_label=np.array(ori_label)
    accuracy=1-np.count_nonzero(pre_label-ori_label)/len(ori_label)
    return accuracy*100
```

6. 主函数

```
if __name__=='__main__':
    be=time.time()
    train_data,train_label=load_data('data/chapt8/mnist','train')
    test_data,test_label=load_data('data/chapt8/mnist','t10k')
    print('无噪声原始数据实验:')
    vis_data(test_data,test_label,'test')
    train_test(train_data,train_label,test_data,test_label)
    print('无噪声 PCA 降维后实验:')
    pca_train,pca_test=pca_process(train_data,test_data,30)
    train_test(pca_train,train_label,pca_test,test_label)
    print('加入噪声数据实验:')
    test_data1=get_nosie_data(test_data)
    vis_data(test_data1,test_label,'test_n')
    train_test(train_data,train_label,test_data1,test_label)
    print('加入噪声 PCA 降维后实验:')
    pca_train,pca_test=pca_process(train_data,test_data1,30)
    train_test(pca_train,train_label,pca_test,test_label)
    print('加入噪声图像增强数据实验:')
    test_data2=get_blur_data(test_data1)
    vis_data(test_data2,test_label,'test_n_l')
    train_test(train_data,train_label,test_data2,test_label)
    print('加入噪声图像增强 PCA 降维后实验:')
    pca_train,pca_test=pca_process(train_data,test_data2,30)
    train_test(pca_train,train_label,pca_test,test_label)
    en=time.time()
    print('总计用时',(en-be)/60,'分钟')
```

8.1.5 性能评价

本次实验总共分为以下几组:

(1)训练集为原始数据,测试集为原始数据。

(2)训练集为 PCA 降维后数据,测试集为 PCA 降维后数据。

(3)训练集为原始数据,测试集为加入噪声数据。

(4)训练集为 PCA 降维后数据,测试集为经过噪声加入和 PCA 降维后数据。

(5)训练集为原始数据，测试集为经过噪声加入和图像增强后数据。

(6)训练集为 PCA 降维数据，维度分别降到了 30 维和 10 维。测试集为经过噪声加入、图像增强和 PCA 降维后的数据。

并且每一组实验又分为以下两种情况：

(1)SVM 核函数为多项式函数(poly)。

(2)SVM 核函数为高斯径向核函数(rbf)。

图 8.3 分别给出了原始测试数据、加入噪声测试数据、加入噪声图像增强后测试数据的示例图，实验结果见表 8.3。

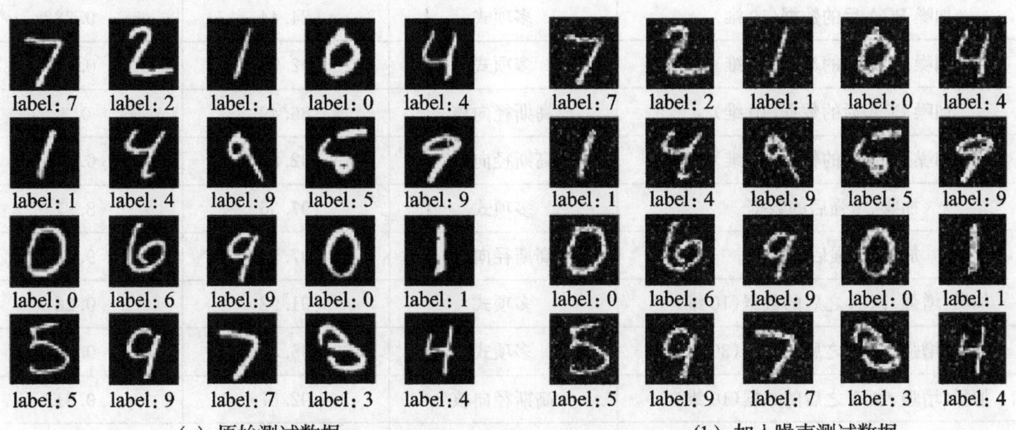

(a) 原始测试数据　　(b) 加入噪声测试数据

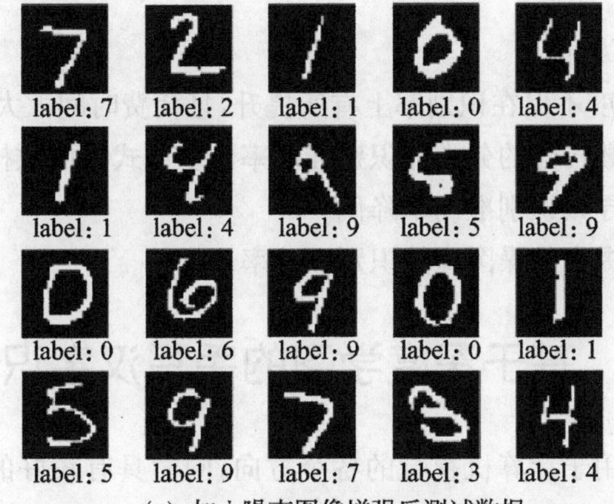

(c) 加入噪声图像增强后测试数据

图 8.3　测试数据示例

表 8.3　不同模型在不同数据下的结果

测试数据	SVM 的核函数	识别准确率/%	所需时间/min
原始数据	多项式	97.71	8.99
原始数据	高斯径向核	97.92	8.94
PCA 后的数据(10 维)	多项式	92.64	0.28

续表

测试数据	SVM的核函数	识别准确率/%	所需时间/min
PCA后的数据(30维)	多项式	98.02	0.44
PCA后的数据(10维)	高斯径向核	93.64	0.30
PCA后的数据(30维)	高斯径向核	98.04	0.41
加噪数据	多项式	96.2	8.95
加噪数据	高斯径向核	95.21	8.95
加噪PCA后的数据(10维)	多项式	84.44	0.28
加噪PCA后的数据(30维)	多项式	92.71	0.48
加噪PCA后的数据(10维)	高斯径向核	86.49	0.3
加噪PCA后的数据(30维)	高斯径向核	92.86	0.47
加噪、增强后的数据	多项式	97.36	8.91
加噪、增强后的数据	高斯径向核	97.58	9.08
加噪、增强、PCA之后的数据(10维)	多项式	91.92	0.28
加噪、增强、PCA之后的数据(30维)	多项式	95.57	0.51
加噪、增强、PCA之后的数据(10维)	高斯径向核	92.67	0.31
加噪、增强、PCA之后的数据(30维)	高斯径向核	97.6	0.52

由表8.3可以获得以下结论:

(1)PCA降到合适的维度不但在识别率上有所提升,且耗费时间大大减小。

(2)选择高斯径向核函数构建的分类器识别准确率比多项式核函数构建的分类器略高。

(3)加入高斯噪声后会导致识别准确率降低。

(4)经过图像增强后会提高带噪图像的识别准确率。

8.2 基于深度学习的手写汉字识别

目前,深度学习大量应用于计算机视觉的各个方向,同时具有较好的效果。下面使用深度学习的一些技术进行手写汉字识别。

8.2.1 基础理论

本节使用卷积神经网络(Convolutional Neural Network,CNN)提取输入图像的局部特征,相关知识如下:

卷积神经网络是一种带有卷积结构的深层神经网络,由输入层、卷积层、池化层、全连接层和输出层组成。从图8.4中可以很明显地看出卷积层和池化层通常都是交替设置的。其中卷积神经网络的输入层可以处理多维数据。卷积层通过设置不同大小的卷积核,提取图像的局部特征;池化层可以进行特征选择和降低参数量。

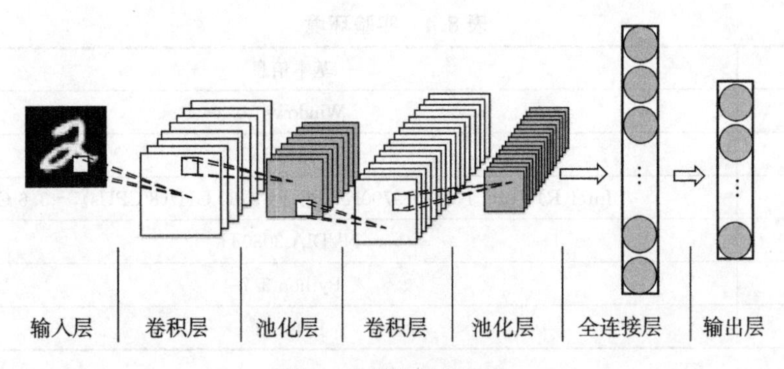

图 8.4 卷积神经网络

卷积神经网络变体很多，在本节使用已在 ImageNet 数据集上训练好的 VGG16 网络模型。VGG16 是 VGGNet 网络中的一种，由 13 个卷积层、3 个全连接层组成，总共是 16 层。它的卷积层可以被分成 5 组，各组之间由池化层分隔开。最后是全连接层，分别由 4 096、4 096、1 000 个节点构成。具体应用时，全连接的分类节点数根据具体任务而定。图 8.5 所示为 VGG16 提取图像特征示意图。

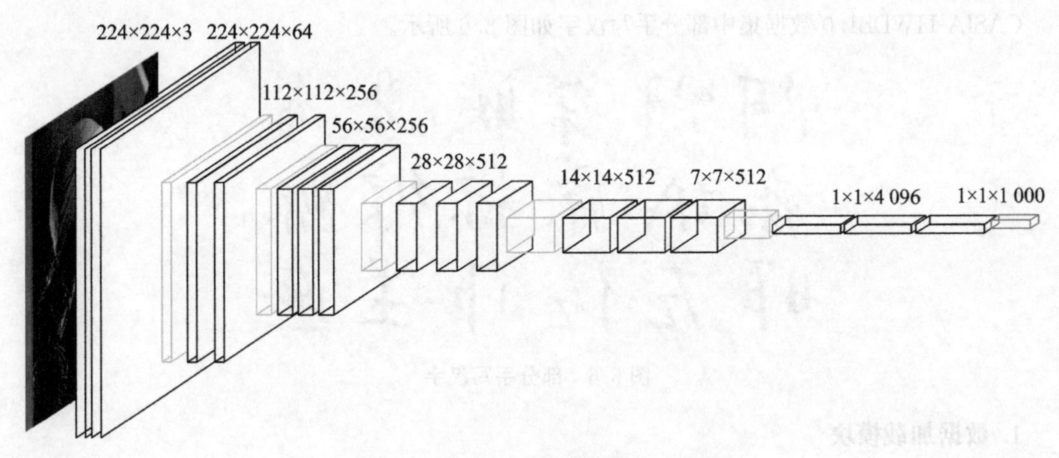

图 8.5 VGG16 提取图像特征示意图

8.2.2 流程设计

在进行手写汉字识别时，按照如下流程进行实验：

(1)原始手写汉字数据集没有标签，首先按照字体的类别给每张图片打标签。

(2)数据预处理。对输入数据进行随机裁剪、数据增强。

(3)训练模型。模型训练分为两个阶段：训练和测试。每次训练完后都要用测试数据对模型进行测试。

(4)测试模型性能。

8.2.3 运行环境

实验环境见表 8.4。

表 8.4 实验环境

实验环境	基本信息
操作系统	Windows 10
内存大小	16 GB
处理器	Intel(R) Core(TM) i7-9700K CPU @ 3.60 GHz(8 CPUs),~3.6 GHz
GPU	NVDIA 3080Ti
开发语言	Python 3.7
开发平台	Pytorch

8.2.4 模块实现

在具体实现时,选择经典的 CASIA-HWDB1.0 手写汉字数据集。在该数据集中,共包括汉字的类别为 3 866 类和 171 类符号,总共包含 1 609 136 个手写汉字图像,其中训练集含有 1 288 988 个图像,测试集含有 320 148 个图像。为了加快训练速度,本实验中只选择了其中 20 个字符进行训练和识别。

CASIA-HWDB1.0 数据集中部分手写汉字如图 8.6 所示。

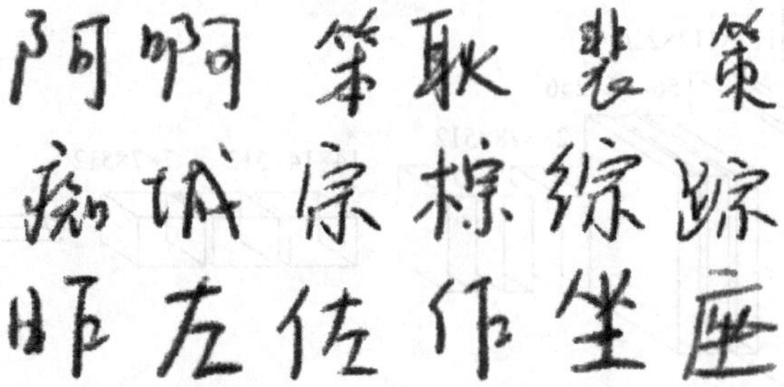

图 8.6 部分手写汉字

1. 数据加载模块

```
def data_pre():
    train_data_transforms=transforms.Compose([
        transforms.RandomResizedCrop(224),
        transforms.RandomHorizontalFlip(),
        transforms.ToTensor(),
        transforms.Normalize([0.485,0.456,0.406],[0.229,0.224,0.225])]
    )
    val_data_transforms=transforms.Compose([
        transforms.RandomResizedCrop(224),
        transforms.RandomHorizontalFlip(),
        transforms.ToTensor(),
        transforms.Normalize([0.485,0.456,0.406],[0.229,0.224,0.225])
    ])
    train_data_dir='data/chapt8/CASIA-HWDB/train'
```

```
    train_data=ImageFolder(train_data_dir,transform=train_data_transforms)
    train_data_loader=Data.DataLoader(
        dataset=train_data,
        batch_size=8,
        shuffle=True,
        num_workers=0,
    )
    val_data_dir='data/chapt8/CASIA-HWDB/test'
    val_data=ImageFolder(val_data_dir,transform=val_data_transforms)
    val_data_loader=Data.DataLoader(
        dataset=val_data,
        batch_size=8,
        shuffle=True,
        num_workers=0,
    )
    print('训练样本数:',len(train_data.targets))
    print('验证样本数:',len(val_data.targets))
    return train_data_loader,val_data_loader
```

在数据加载时还需要加入加噪和滤波过程：

```
def add_nosie(path):
    file=os.listdir(path)
    file_list=[]
    for i in file:
        file_list.append(path+str(i)+'/')
    for k in range(len(file_list)):
        for i in os.listdir(file_list[k]+'/'):
            img=Image.open(file_list[k]+str(i))
            imge=cv2.cvtColor(np.asarray(img),cv2.COLOR_RGB2GRAY)
            data=skimage.util.random_noise(imge,mode='gaussian',mean=0,var=0.05)
            data=np.int64(data*255)
            if not os.path.exists(path[:-7]+'noise/'+file[k]):
                os.mkdir(path[:-7]+'noise/'+file[k])
            imag=Image.fromarray(cv2.cvtColor(np.uint8(data),
                cv2.COLOR_GRAY2BGR))
            imag.save(path[:-7]+'noise/'+file[k]+'/'+str(i))

def nosie_blur(path):
    file=os.listdir(path)
    file_list=[]
    for i in file:
        file_list.append(path+ str(i)+'/')
    for k in range(len(file_list)):
        for i in os.listdir(file_list[k]+'/'):
```

```
                img=Image.open(file_list[k]+str(i))
                imge=cv2.cvtColor(np.asarray(img),cv2.COLOR_RGB2GRAY)
                data=cv2.GaussianBlur(imge,(3,3),sigmaX=0.05)
                if not os.path.exists(path[:-6]+'noise_blur/'+file[k]):
                    os.mkdir(path[:-6]+'noise_blur/'+file[k])
                imag=Image.fromarray(cv2.cvtColor(np.uint8(data),
                     cv2.COLOR_GRAY2BGR))
                imag.save(path[:-6]+'noise_blur/'+file[k]+'/'+str(i))
```

2. 模型构建模块

```
class My_Vgg16(nn.Module):
def __init__(self):
    super(My_Vgg16,self).__init__()
    self.conv1=nn.Sequential(
        nn.Conv2d(in_channels=3,out_channels=64,kernel_size=3,stride=1,padding=1),
        nn.ReLU(),
        nn.Conv2d(in_channels=64,out_channels=64,kernel_size=3,stride=1,padding=1),
        nn.ReLU(),
        nn.BatchNorm2d(num_features=64,eps=1e-05,momentum=0.1,affine=True),
        nn.MaxPool2d(kernel_size=2,stride=2)
        )
    self.conv2=nn.Sequential(
        nn.Conv2d(in_channels=64,out_channels=128,kernel_size=3,stride=1,padding=1),
        nn.ReLU(),
        nn.Conv2d(in_channels=128,out_channels=128,kernel_size=3,stride=1,padding=1),
        nn.ReLU(),
        nn.BatchNorm2d(128,eps=1e-5,momentum=0.1,affine=True),
        nn.MaxPool2d(kernel_size=2,stride=2)
        )
    self.conv3=nn.Sequential(
        nn.Conv2d(in_channels=128,out_channels=256,kernel_size=3,stride=1,padding=1),
        nn.ReLU(),
        nn.Conv2d(in_channels=256,out_channels=256,kernel_size=3,stride=1,padding=1),
        nn.ReLU(),
        nn.Conv2d(in_channels=256,out_channels=256,kernel_size=3,stride=1,padding=1),
        nn.ReLU(),
        nn.BatchNorm2d(256,eps=1e-5,momentum=0.1,affine=True),
        nn.MaxPool2d(kernel_size=2,stride=2)
        )
    self.conv4=nn.Sequential(
        nn.Conv2d(in_channels=256,out_channels=512,kernel_size=3,stride=1,padding=1),
        nn.ReLU(),
```

```
            nn.Conv2d(in_channels=512,out_channels=512,kernel_size=3,stride=1,padding=1),
            nn.ReLU(),
            nn.Conv2d(in_channels=512,out_channels=512,kernel_size=3,stride=1,padding=1),
            nn.ReLU(),
            nn.BatchNorm2d(512,eps=1e-5,momentum=0.1,affine=True),
            nn.MaxPool2d(kernel_size=2,stride=2)
            )
        self.conv5=nn.Sequential(
            nn.Conv2d(in_channels=512,out_channels=512,kernel_size=3,stride=1,padding=1),
            nn.ReLU(),
            nn.Conv2d(in_channels=512,out_channels=512,kernel_size=3,stride=1,padding=1),
            nn.ReLU(),
            nn.Conv2d(in_channels=512,out_channels=512,kernel_size=3,stride=1,padding=1),
            nn.ReLU(),
            nn.BatchNorm2d(512,eps=1e-5,momentum=0.1,affine=True),
            nn.MaxPool2d(kernel_size=2,stride=2)
        )
        self.dense1=nn.Sequential(
            nn.Linear(7*7*512,4096),
            nn.ReLU(),
            nn.Linear(4096,4096),
            nn.ReLU(),
            nn.Linear(4096,20)
        )

    def forward(self,x):
        x=self.conv1(x)
        x=self.conv2(x)
        x=self.conv3(x)
        x=self.conv4(x)
        x=self.conv5(x)
        x=x.view(x.size(0),-1)
        x=self.dense1(x)
        return x
```

3. 训练与测试模块

```
    def train(my_vgg,train_data_loader,val_data_loader,epoches,optimizer,loss_func,device):
        all_train_loss=[]
        all_train_acc=[]
        all_val_loss=[]
        all_val_acc=[]
        st=time.time()
        for epoch in range(epoches):
```

```
            print('Epoch {}/{}'. format(epoch+1,epoches))
            print('-'*10)
            train_loss_epoch=0
            val_loss_epoch=0
            train_corrects=0
            val_corrects=0
            my_vgg. train()
            for step,(data,label) in enumerate(train_data_loader):
                output=my_vgg(data. to(device))
                loss=loss_func(output,label. to(device))
                pre_lab=torch. argmax(output,1)
                optimizer. zero_grad()
                loss. backward()
                optimizer. step()
                train_loss_epoch+=loss. item()*data. size(0)
                train_corrects+=torch. sum(pre_lab. to('cpu')==label. data)
            train_loss=train_loss_epoch/len(train_data_loader. dataset. targets)
            train_acc=train_corrects. double()/len(train_data_loader. dataset. targets)
            print('train_loss:{:. 4f},train_acc:{:. 4f}'. format(train_loss,train_acc))
            all_train_loss. append(train_loss)
            all_train_acc. append(train_acc)
            my_vgg. eval()
            for step,(data,label) in enumerate(val_data_loader):
                output=my_vgg(data. to(device))
                loss=loss_func(output,label. to(device))
                pre_lab=torch. argmax(output,1)
                val_loss_epoch+=loss. item()*data. size(0)
                val_corrects+=torch. sum(pre_lab. to('cpu')==label. data)
            val_loss=val_loss_epoch/len(val_data_loader. dataset. targets)
            val_acc=val_corrects. double()/len(val_data_loader. dataset. targets)
            print('val_loss:{:. 4f},val_acc:{:. 4f}'. format(val_loss,val_acc))
            all_val_loss. append(val_loss)
            all_val_acc. append(val_acc)
            if(epoch+1)% 5==0:
                torch. save(my_vgg. state_dict(),'data/chapt8/CASIA-HWDB/model/traom_'+'
{:02d}'. format(epoch+ 1)+'. pkl')
        ed=time. time()
        print('使用时间为:{:02f}'. format((ed-st)/60)+'分钟')
        return[all_train_loss,all_train_acc,all_val_loss,all_val_acc]
```

4. 数据可视化模块

```
def vs_train(train_process):
    plt.figure(figsize=(12,4))
    plt.subplot(121)
    plt.plot(np.array(train_process[0]),'ro-',label='Train loss')
    plt.plot(np.array(train_process[2]),'bs-',label='Val loss')
    plt.legend()
    plt.xlabel('epoch')
    plt.ylabel('Loss')
    plt.subplot(122)
    plt.plot(np.array(train_process[1]),'ro-',label='Train acc')
    plt.plot(np.array(train_process[3]),'bs-',label='Val acc')
    plt.xlabel('epoch')
    plt.ylabel('acc')
    plt.legend()
    plt.savefig('data/chapt8/CASIA-HWDB/model/train.jpg')
    plt.show()
```

5. 主函数模块

```
import torch
import torch.nn as nn
import matplotlib.pyplot as plt
from torchvision.datasets import ImageFolder
from torchvision import transforms
import torch.utils.data as Data
import time
import gc
import numpy as np
import skimage
if __name__=="__main__":
    gc.collect()
    torch.cuda.empty_cache()
    epoch=30
    num_classes=20
    device=torch.device("cuda" if torch.cuda.is_available() else "cpu")
    # device='cpu'
    model=My_Vgg16()
    my_vgg=model.to(device)
    # print(my_vgg)
    train_data_loader,val_data_loader=data_pre()
```

```
    # vs_train_data(train_data_loader)
    optimizer=torch.optim.Adam(my_vgg.parameters(),lr=0.00005)
    loss_func=nn.CrossEntropyLoss()
    train_process=train(my_vgg,train_data_loader,val_data_loader,epoch,optimizer,loss_func,device)
    vs_train(train_process)
```

8.2.5 性能评价

本实验选择 CASIA-HWDB1.0 手写汉字数据集中的 20 类进行实验,实验共分为以下几组:

(1)训练数据为原始训练数据,测试数据为原始测试数据。

(2)训练数据为原始训练数据,测试数据为加入噪声测试数据。

(3)训练数据为原始训练数据,测试数据为加入噪声并图像增强后的测试数据。

(4)训练数据为加入噪声训练数据,测试数据为加入噪声测试数据。

(5)训练数据为加入噪声并图像增强后训练数据,测试数据为加入噪声并图像增强后的测试数据。

训练过程中损失和准确率如图 8.7 至图 8.11 所示。

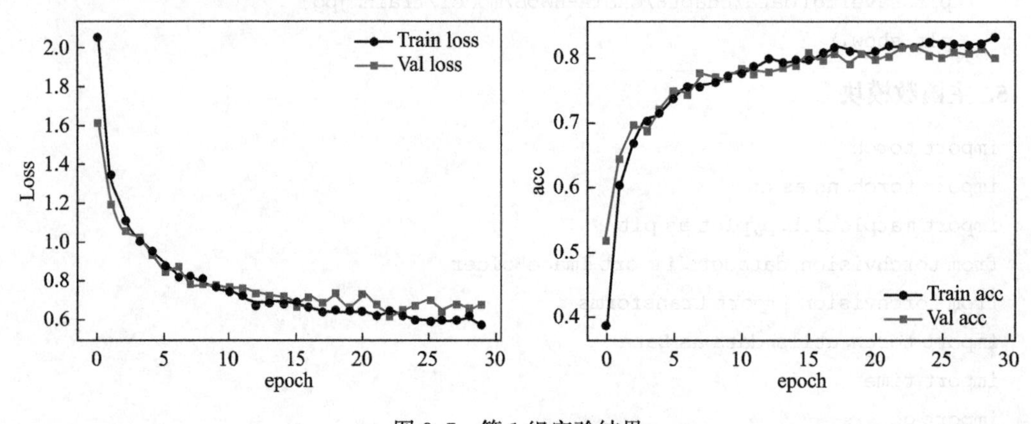

图 8.7　第 1 组实验结果

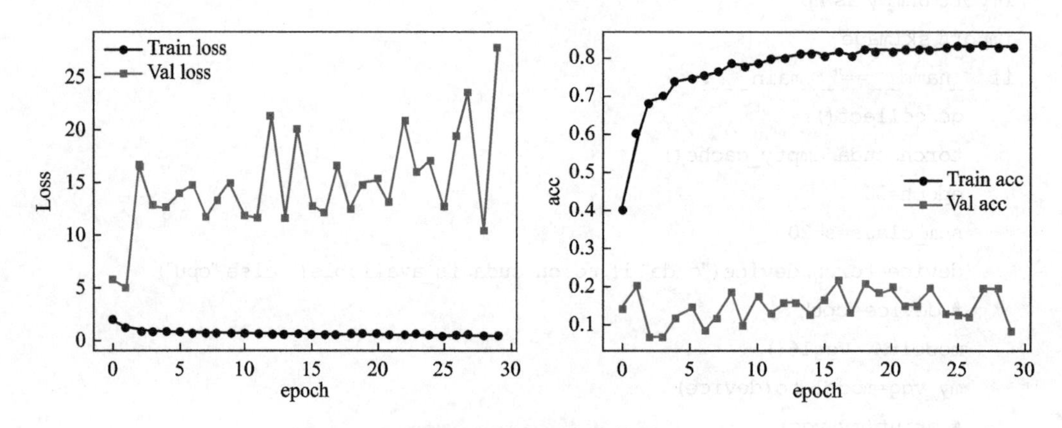

图 8.8　第 2 组实验结果

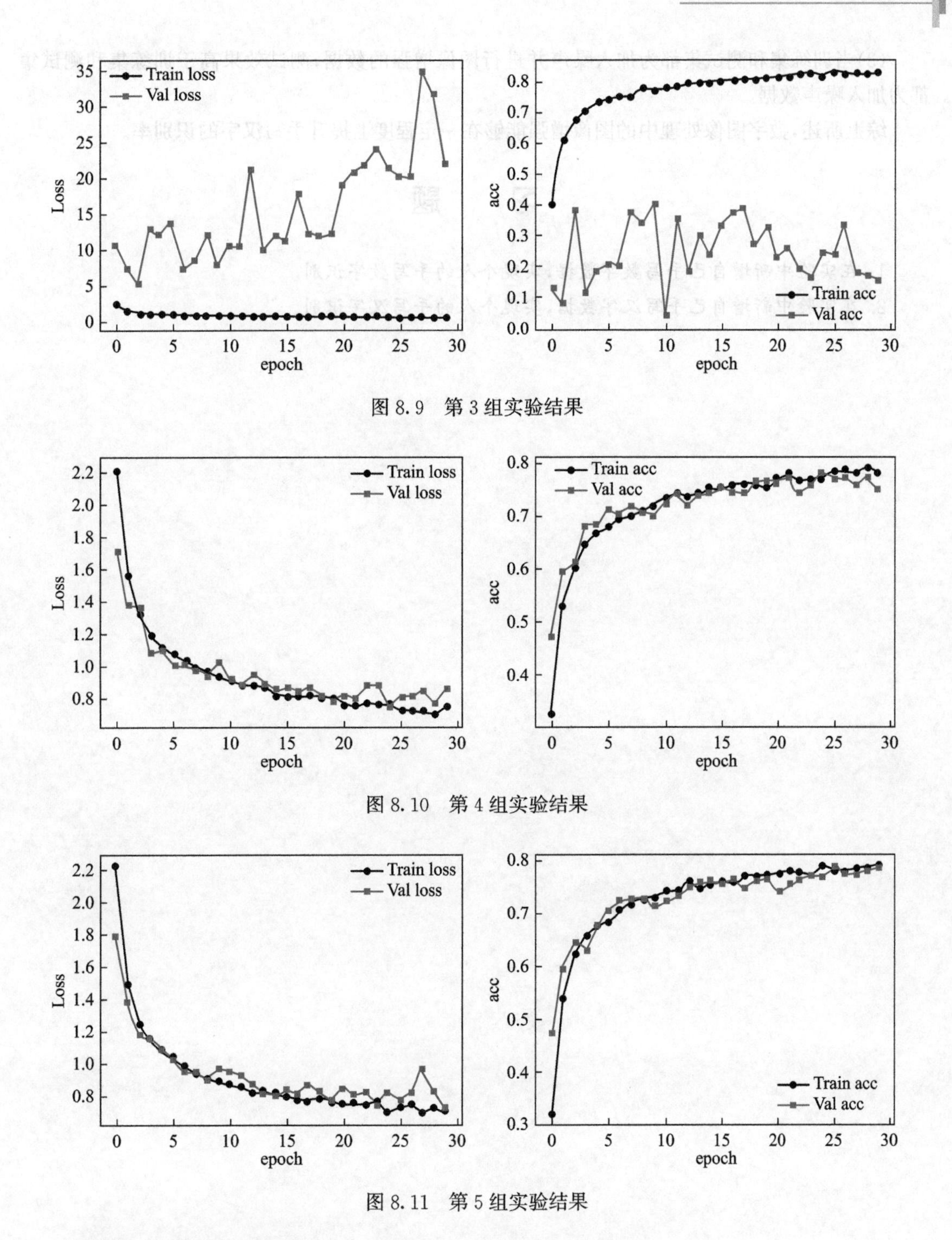

图 8.9 第 3 组实验结果

图 8.10 第 4 组实验结果

图 8.11 第 5 组实验结果

从图中可以得出以下结论：

(1)当训练集为原始训练集,测试集加入噪声后测试效果明显下降。

(2)当训练集为原始训练集,测试集加入噪声并经过图像增强后,测试效果比原始测试集效果明显下降,但是比加入噪声后的测试集测试效果好。

(3)当训练集和测试集都为加入噪声并进行图像增强的数据，测试效果高于训练集和测试集都为加入噪声数据。

综上所述，数字图像处理中的图像增强能够在一定程度上提升手写汉字的识别率。

习　题

1. 在实验中新增自己手写数字数据，实现个人的手写数字识别。
2. 在实验中新增自己手写汉字数据，实现个人的手写汉字识别。

第 9 章 图像分类实验

图像分类是当前图像分析与处理所研究的主要方向之一，比较有代表性的图像分类方法有基于 SVM 的图像分类和基于深度神经网络的图像分类，分别代表着传统的分类方法和基于深度学习的分类方法。本章将对这两种图像分类方法进行探究，学习图像分类的具体实现方法。

9.1 基于 SVM 的图像分类

基于 SVM 的图像分类是典型的图像分类方法，凭借 SVM 能够很好地解决小样本、非线性、能够避免过拟合等特性，在深度学习广泛应用之前有着广泛使用。本节从 SVM 的基本原理开始，介绍并实现基于 SVM 的图像分类。

9.1.1 基础理论

SVM 是典型的结构风险最小化模型，因此在样本容量较小的情况下，依旧可以通过训练得到一个一般误差较小、泛化能力较好的模型，即得到一个对未知样本预测能力较强的模型。这也正是统计学习理论最重要的目标之一。部分理论知识已经在第 8 章中有所了解，这里不再做过多描述，下面来看 SVM 的两个支撑理论：结构风险最小化和 VC 理论。

1. 欠拟合与过拟合

SVM 是机器学习中的一种二分类模型，训练过程就是对模型进行学习以获得最优的模型参数从而确定模型。但是集中模型训练时会有三种情况出现：欠拟合、拟合、过拟合。而欠拟合是指模型在训练数据和测试数据上拟合程度都不高，偏差较高，也可以理解为模型过于简单。而过拟合则是指模型在训练数据上拟合程度高，而在测试数据上拟合程度不高，方差高，也可以理解为模型过于复杂，泛化能力差。

图 9.1 给出了拟合模型 $y=f(x)$ 三种情况的示例，其中图 9.1(a)所示为欠拟合，图 9.1(b)所示为拟合，图 9.1(c)所示为过拟合。图 9.1(a)中用直线对样本数据进行分类，无论如何调整直线的方向，都没有办法将两个类别的样本划分开，即简单的直线不能对数据进行有效的分类。图 9.1(b)中用曲线进行拟合，只有两个样本划分错误，是较为理想的分类结果，也是期望获得的结果。图 9.1(c)中使用了更为复杂的曲线对样本进行了划分，使得每个样本都得到了正确的划分，但此时为了两个样本的正确分类增加模型的复杂度，即方差增高，这样会使得该模型对给出的新样本分类出现错误，也不是期望的训练结果。SVM 使用了结构风险最小化，自带正则项，因此能够较好地处理过拟合问题。

2. 经验风险最小化

以二分类问题为例，假定有数据 $T=\{(x_1,y_1),(x_2,y_2),\cdots,(x_N,y_N)\}$，其中 x_i 为样本数据，

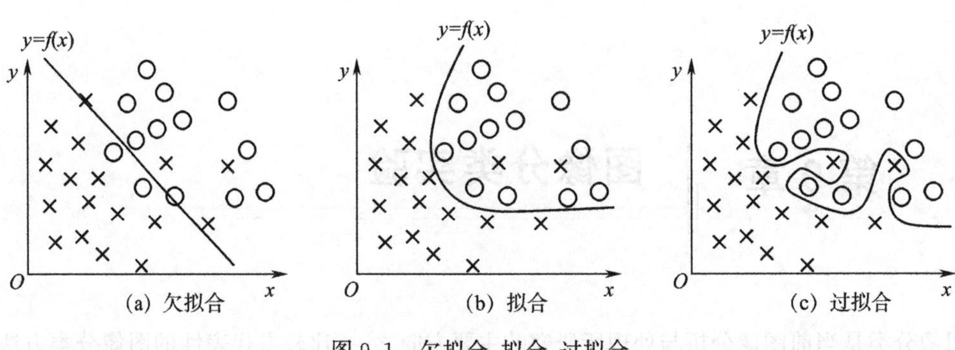

图 9.1 欠拟合、拟合、过拟合

×—类别 1;○—类别 2

y_i 为样本类别(标记为 0 类和 1 类),且每个样本之间是独立分布的,都服从于某个分布。此时有线性分类器 $h_\theta(x)$,定义损失函数为 $L=\sum_{i=1}^{N} 1\{h_\theta(x_i)\neq y_i\}$,即当分类器结果与样本本身类别不一致时产生单位 1 的损失。训练误差的定义为

$$E(h_\theta)=\frac{1}{N}\sum_{i=1}^{N} 1\{h_\theta(x_i)\neq y_i\} \tag{9.1}$$

该训练误差又称风险。所谓的经验风险最小化就是在不断训练中选择合适的参数 θ,使得误差最小。

从式(9.1)可以看出,上述问题是非凸求解问题,而非凸优化问题很难求解。若假定类 D 为一假设集合,即其中包含多种假设。在上述问题中,假设 D 中包含的是所有线性分类器。此时经验结构风险最小化便是从 D 中选择合适的线性分类器使得误差最小。这样就解决了该非凸最优化问题,得到预期结果。

3. VC 维

在统计学中,VC 维是用来研究学习过程一致收敛的速度和推广性,是表征泛化能力的一种方法。在机器学习中,VC 维常用来描述二分类模型的复杂度。

VC 维的传统定义是:对一个指示函数集,如果存在 N 个样本能够被函数集中的函数按所有可能的 2^N 种形式分开,则称函数集能够把 N 个样本打散;函数集的 VC 维就是它能打散的最大样本数目 N。若对任意数目的样本都有函数能将它们打散,则函数集的 VC 维是无穷大,有界实函数的 VC 维可以通过用一定的阈值将它转化成指示函数来定义。结合上节中的定义可以发现,如果 VC 维越大,那么假设的集合 D 容量越大。

假设 D 是包含了二维线性分类器的假设类,T 是二维平面上 2 个点的集合,此时就有 4 种情况,如图 9.2 所示。对于每种形式都可以从假设类 D 中选取某个分类器实现准确预测,即假设类 D 能够将集合 T 打散。

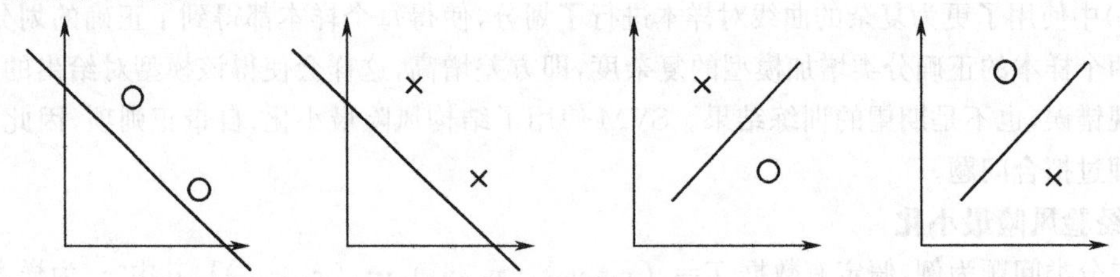

图 9.2 假设类 D 打散集合 T

假设同上，如果 T 是二维平面上3个点的集合，此时就有8种情况，如图9.3所示。对于每种形式都可以从假设类 D 中选取某个分类器实现准确预测，即假设类 D 能够将集合 T 打散。

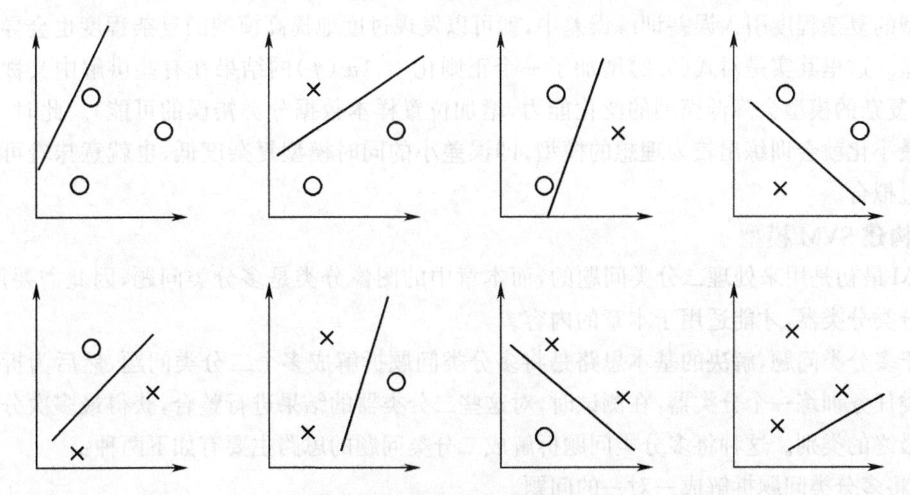

图9.3　假设类 D 打散集合 T

如果 T 是二维平面上4个点的集合，那么就存在16种情况，如果存在图9.4所示的情况，就无法对两类样本数据进行分类，因此假设类 D 能够将集合 T 打散。也就是说二维平面上最多能够打散3个样本点，即其VC维为3。更普遍的，对于一个包含所有 n 维线性分类器的假设类 D，其VC维为 $n+1$。

当假设类 D 简单时，VC维小，此时就有可能出现模型在训练集和测试集上误差都很大的情况，但是此时的模型方差小，对应欠拟合现象。如果假设类复杂，VC维大，此时可能会出现训练模型在训练集上误差小，在测试集上误差大的情况，此时方差大，对应过拟合现象。因此只有选择复杂度合适的假设类时，才能获得理想的模型训练和测试效果。

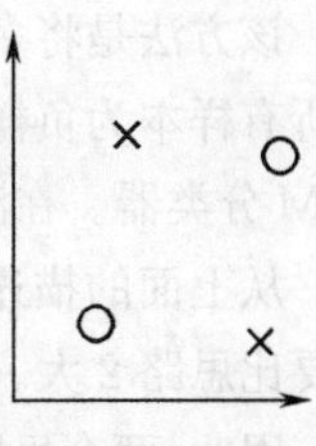

图9.4　假设类 D 不能打散集合 T

4. 结构风险最小化

如果不仅仅局限于二分类问题，对于一般的机器学习模型来说，在给定训练集 $T=\{(x_1,y_1),(x_2,y_2),\cdots,(x_N,y_N)\}$、假设类 F 和损失函数 $L(y_i,f(x_i))$ 的条件下，训练误差即为

$$E(f)=\frac{1}{N}\sum_{i=1}^{N}L(y_i,f(x_i)) \tag{9.2}$$

其中，通过上节讲述的经验风险最小化会从假设类 F 中选择最优的假设 f，使得训练误差最小。此时如果所提供的数据集的样本量足够，模型复杂程度适中的话，就可以获得较为理想的训练结果，即模型能够较好实现分类。但在实际中，某些数据获取较为困难，导致没有足够的训练样本，这会导致学习效果变差。同时，针对训练样本，由于经验风险最小化会导致过拟合，使得模型的泛化能力差，因此很难确定模型最优的复杂程度。

而结构风险最小化就能够很好地解决过拟合问题，此时训练误差变为

$$E(f)=\frac{1}{N}\sum_{i=1}^{N}L(y_i,f(x_i))+\lambda w(f) \tag{9.3}$$

其中,$\lambda w(f)$表示模型的复杂程度,λ是常数,可以认为是惩罚因子。此时就用到上面讲过的VC维的思想,如果想要经验风险最小,需要增加模型的复杂程度,那么此时会出现过拟合现象。在此时把模型的复杂程度引入误差训练误差中,就可以发现过度地提高模型的复杂程度也会导致增加训练误差。这里其实是对式(9.2)增加了一个正则化项,$\lambda w(f)$的结果在有些讲解中又称置信风险(过度复杂的模型会降低模型的泛化能力,增加位置样本数据分类错误的可能)。此时,通过结构风险最小化就会训练出较为理想的模型,即误差小的同时模型复杂度低,也就意味着可以有效地防止过拟合。

5. 构建SVM模型

SVM最初是用来处理二分类问题的,而本章中的图像分类是多分类问题,因此需要用SVM构造多分类分类器,才能适用于本章的内容。

对于多分类问题,解决的基本思路是将多分类问题拆解成多个二分类问题,然后为拆出的每个二分类任务训练一个分类器,在测试时,对这些二分类器的结果进行整合,获得最多次分类的结果就是最终的类别。这种将多分类问题拆解成二分类问题的思路主要有如下两种:

(1)将多分类问题拆解成一对一的问题。

假设有N个类别的分类任务,将N个类别的样本两两配对,对这样的配对好的数据就可以进行二分类。最后将多分类问题拆解成$N(N-1)/2$个二分类任务,即训练了$N(N-1)/2$个SVM。在测试时利用训练好的模型进行计算,最终获得$N(N-1)/2$个结果,统计将样本划分给每一类的次数,获得次数最高的类即为最终分类结果。

(2)将多分类问题拆解成一对其他的问题。

该方法是将多分类问题进行多次训练(假设为N类),每次训练时以一类数据作为正样本,其余所有样本为负样本,这样每次的训练也就是二分类问题。通过这样的训练,最终会获得N个SVM分类器。在测试时,找到将测试数据划分为正样本的类便是分类结果。

从上面的描述可以看出,思路1训练的模型的个数要比思路2的多,因此存储开销和测试时间要比思路2大。但在训练时思路2每个训练器都要将全部训练数据训练,这样时间开销也会很大。因此,两个思路方法的性能取决于样本数据的分布。

9.1.2 流程设计

本实验使用SVM模型基于CIFAR-10数据集实现图像分类。

(1)数据读取,得到CIFAR-10数据集的图像及其对应标签。

(2)数据预处理。数据处理中为了模拟真实场景,除了原始数据外,还要给测试集加上高斯噪声。

(3)分类器的构建。本文使用多项式核函数和高斯径向核函数分别构建SVM分类器。

(4)分别使用训练集训练得到分类器。

(5)预测测试集在得到分类器上的准确率。

测试共有三个:原始测试集测试、带噪测试集测试、带噪测试集图像增强后测试。

9.1.3 运行环境

本实验在Python 3.7版本下进行。

使用 Pillow 软件包提供基本的图像处理功能，如改变图像大小、旋转图像、图像格式转换等；使用 Scikit-learn 算法包导入 SVM 算法。

9.1.4　模块实现

1. 数据的加载

CIFAR-10 是一个用于识别普适物体的小型数据集。一共包含 10 个类别的 RGB 彩色图片：飞机、汽车、鸟类、猫、鹿、狗、蛙类、马、船和卡车。图片的尺寸为 32×32，数据集中共有 50 000 张训练图片和 10 000 张测试图片。本实验只使用数据的第一部分训练，即使用 10 000 张图片训练，10 000 张图片测试。根据数据集本身提供的方式和自建函数完成数据加载：

```
def unpickle(file):
    import pickle
    with open(file,'rb') as fo:
        dict=pickle.load(fo,encoding='bytes')
    return dict
def load_data(batch_name):
    file=unpickle(batch_name)
    images=file[b'data']
    labels=file[b'labels']
    return images,labels
```

2. 数据预处理

从图像数据库中读出来格式为(10000,32 * 32 * 3)，训练时为减小数据量，把彩色图转换为灰度图。同时为了对比实验的结果，还需要对数据进行加噪和图像增强过程，因此分别定义了把数据重构成 RGB 彩色图的函数 re_built(img)、灰度化函数 img_gray(img)、获取噪声数据函数 get_nosie_data(imges)、获取图像增强后数据函数 get_blur_data(imges)，分别如下：

```
def re_built(img):
    temp=img.reshape(-1,1024)
    image=np.zeros((32,32,3))
    r=temp[0,:].reshape(32,32)
    g=temp[1,:].reshape(32,32)
    b=temp[2,:].reshape(32,32)
    image[:,:,0]=r
    image[:,:,1]=g
    image[:,:,2]=b
    return np.uint8(image)
def img_gray(img):
    img_gray=np.zeros((img.shape[0],1024))
    for i in range(len(img)):
        img_gray[i]=cv2.cvtColor(re_built(img[i]),cv2.COLOR_RGB2GRAY).flatten()
    return img_gray
def vis_data(data,label ,kind):
    save_dir="data/chapt9/cifar-10-python/"
```

```
        label_name=['airplane','automobile','brid','cat','deer','dog','frog','horse','ship','truck']
        if os.path.exists(save_dir) is False:
            os.makedirs(save_dir)
        for i in range(20):
            if data.shape[1]==1024:
                image_array=data[i].reshape((32,32))
            else:
                image_array=re_built(data[i])
            filename=save_dir+'cifar-10_'+'% s_' % kind +str(i+1)+'.jpg'
            plt.subplot(4,5,i+1)
            plt.subplots_adjust(hspace=0.4)
            plt.xticks([])
            plt.yticks([])
            plt.xlabel(str(label_name[label[i]]))
            plt.imshow(image_array,cmap='gray')
        plt.savefig(filename)
    def get_nosie_data(imges):
        img_noise=np.zeros((imges.shape[0],1024))
        for i in range(len(imges)):
            if imges.shape[1]==1024:
                image_array=imges[i].reshape((32,32))
            else:
                image_array=cv2.cvtColor(re_built(imges[i]),cv2.COLOR_RGB2GRAY)
            data=skimage.util.random_noise(image_array,mode='gaussian',mean=0,var=0.01)
            img_noise[i]=np.uint8(data*255).flatten()
        return img_noise
    def get_blur_data(imges):
        img_blur=np.zeros((imges.shape[0],1024))
        for i in range(len(imges)):
            if imges.shape[1]==1024:
                image_array=imges[i].reshape((32,32))
            else:
                image_array=cv2.cvtColor(re_built(imges[i]),cv2.COLOR_RGB2GRAY)
            data=cv2.GaussianBlur(image_array,(3,3),5)
            _,data1=cv2.threshold(np.uint8(image_array),0,255,cv2.THRESH_OTSU)
            data=cv2.add(0.9* data,0.1* data1)
            img_blur[i]=np.uint8(data).flatten()
    return img_blur
```

3. 训练和测试

通过自定义函数实现训练和测试过程：

```
    def train_test(train_data,train_label,test_data,test_label):
        print('\n 使用多项式核函数 SVM:')
```

```
        start_time=time.time()
        svm_poly=svm.SVC(kernel='poly',gamma='scale')
        svm_poly.fit(train_data,train_label)
        poly_pre=svm_poly.predict(test_data)
        poly_acc=acc_resul(poly_pre,test_label)
        print("使用多项式核函数 SVM 准确率 :",poly_acc)
        end_time=time.time()
        print('使用多项式核函数 SVM 使用时间:{:.2f}'.format((end_time-start_time)/60),'分钟')
        print('\n 使用高斯径向核函数 SVM:')
        start_time=time.time()
        svm_poly=svm.SVC(kernel='rbf',gamma='scale')
        svm_poly.fit(train_data,train_label)
        poly_pre=svm_poly.predict(test_data)
        poly_acc=acc_resul(poly_pre,test_label)
        print("使用高斯径向核函数 SVM 准确率 :",poly_acc)
        end_time=time.time()
        print('使用高斯径向核函数 SVM 使用时间:{:.2f}'.format((end_time-start_time)/60),'分钟')
```

4. 性能评价

最终通过计算准确率判断结果优劣，函数定义如下：

```
def acc_resul(pre_label,ori_label):
        pre_label=np.array(pre_label)
        ori_label=np.array(ori_label)
        accuracy=1-np.count_nonzero(pre_label-ori_label)/len(ori_label)
        return accuracy*100
```

5. 主函数

```
from sklearn import svm
import time
import os
import numpy as np
import skimage
import matplotlib.pyplot as plt
import cv2
```

主函数如下：

```
if __name__=='__main__':
    be=time.time()
    train_data,train_label=load_data('data/chapt9/cifar-10-python/cifar-10-batches-py/
    data_batch_1')
    test_data,test_label=load_data('data/chapt9/cifar-10-python/cifar-10-batches-py/
    test_batch')
    train_gray=img_gray(train_data)
    train_label=train_label
```

```
test_gray=img_gray(test_data)
print('无噪声原始数据实验:')
# vis_data(test_gray,test_label,'test')
# train_test(train_gray,train_label,test_gray,test_label)
print('加入噪声数据实验:')
test_data1=get_nosie_data(test_data)
# vis_data(test_data1,test_label,'test_n')
# train_test(train_gray,train_label,test_data1,test_label)
print('加入噪声图像增强数据实验:')
test_data2=get_blur_data(test_data1)
vis_data(test_data2,test_label,'test_n_l')
train_test(train_gray,train_label,test_data2,test_label)
en=time.time()
print('总计用时{:.2f}'.format((en-be)/60),'分钟')
```

9.1.5 结果分析

本实验总共分为以下几组：

(1)训练集为原始数据,测试集为原始数据。

(2)训练集为原始数据,测试集为加入噪声数据。

(3)训练集为原始数据,测试集为加入噪声和图像增强后数据。

并且每一组实验又分为以下几种情况：

(1)SVM 核函数为多项式函数(poly)。

(2)SVM 核函数为高斯径向核函数(rbf)。

图 9.5 分别给出了原始测试数据、加入噪声测试数据、加入噪声和图像增强后测试数据的示例,实验结果见表 9.1。

(a) 原始测试数据　　(b) 加入噪声测试数据

图 9.5 测试数据示例

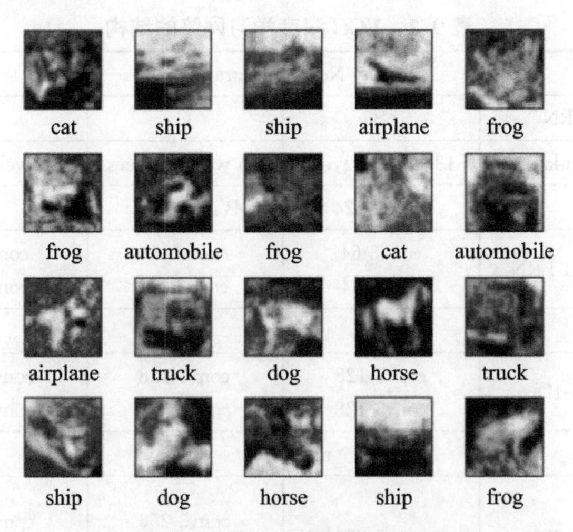

(c) 加入噪声和图像增强后测试数据

图 9.5　测试数据示例(续)

表 9.1　不同模型在不同数据下的结果

测试数据	SVM 的核函数	识别准确率/%	所需时间/min
原始数据	多项式	34.44	5.03
原始数据	高斯径向核	39.25	4.83
加噪数据	多项式	30.22	4.96
加噪数据	高斯径向核	38.57	4.81
加噪、增强后的数据	多项式	34.84	4.96
加噪、增强后的数据	高斯径向核	38.82	4.83

由表 9.1 可以获得以下结论：

(1)选择高斯径向核函数构建的分类器识别准确率比多项式核函数构建的分类器略高。

(2)加入高斯噪声后会导致识别准确率降低。

(3)经过图像增强后会提高带噪图像的识别准确率。

9.2　基于 VGG-19 的图像分类

9.2.1　基础理论

1. 网络结构

VGG-19 模型很好地适用于分类和定位任务，其名称来自牛津大学几何组(Visual Geometry Group)的缩写。根据卷积核的大小和卷积层数，VGG 共有 6 种配置，分别为 A、A-LRN、B、C、D、E，其中 D 和 E 两种是最为常用的 VGG-16 和 VGG-19。

VGG 深度学习网络的结构见表 9.2。

表 9.2　VGG 深度学习网络的结构

Conv Net Contiguration					
A	A-LRN	B	C	D	E
11 weight layers	11 weigh layers	13 weight layers	16 weight layers	16 weigh layers	19 weight layers
input(224×224 RGB image)					
conv3-64	conv3-64 LRN	conv3-64 conv3-64	conv 3-64 conv 3-64	conv3-64 conv3-64	conv3-64 conv3-64
max pool					
conv 3-128	conv3-128	conv3-128 conv3-128	conv3-128 conv3-128	conv3-128 conv3-128	conv3-128 conv3-128
max pool					
conv3-256 conv3-256	conv3-256 conv3-256	conv3-256 conv3-256	conv3-256 conv3-256 conv1-256	conv3-256 conv3-256 conv3-256	conv3-256 conv3-256 conv3-256 conv3-256
max pool					
conv3-512 conv3-512	conv3-512 conv3-512	conv3-512 conv3-512	conv3-512 conv3-512 conv1-512	conv3-512 conv3-512 conv3-512	conv3-512 conv3-512 conv3-512 conv3-512
max pool					
conv3-512 conv3-512	conv3-512 conv3-512	conv3-512 conv3-512	conv3-512 conv3-512 conv1-512	conv3-512 conv3-512 conv3-512	conv3-512 conv3-512 conv3-512 conv3-512
max pool					
FC-4096					
FC-4096					
FC-1000					
soft-max					

表 9.2 中需要注意以下几点：

(1)conv3-64：是指该层有 64 个卷积核，conv3-128 是指该层有 128 个卷积核，卷积后代表变为图像尺寸乘以对应的卷积核数。

(2)input(224×224 RGB image)：是指需要输入的图片大小为 224×244 的彩色图像，即大小为即 224×224×3。

(3)max pool：最大池化，在 VGG-19 中，通常使用大小为 2×2 的最大池化方法。

(4)FC-4096、FC-1000：FC 指的是全连接层，4096、1000 分别指的是该全连接层分别有 4 096 和 1 000 个节点。

(5)padding：指的是对图像矩阵进行填充，当 padding=1 时意味着对矩阵周围填充一圈，若原来矩阵大小为 5×5，填充后大小变为 7×7。

(6) VGG-19 每层卷积的滑动步长 stride=1，padding=1，卷积核大小为 3×3。

VGG-19 的网络结构见表 9.2，由 5 层卷积层、3 层全连接层、softmax 输出层构成，层与层之间使用 max-pooling(最大化池)分开，所有隐层的激活单元都采用 ReLU 函数。具体信息如下：

(1)卷积-卷积-池化-卷积-卷积-池化-卷积-卷积-卷积-卷积-池化-卷积-卷积-卷积-卷积-池化-卷积-卷积-卷积-卷积-池化-全连接-全连接-全连接。

(2)通道数分别为 64、128、512、512、512、4 096、4 096、1 000。卷积层通道数翻倍，直到 512 时不再增加。通道数的增加，使更多的信息被提取出来。全连接的 4 096 是经验值，当然也可以是别的数，但是不要小于最后的类别。1 000 表示要分类的类别数。

(3)用池化层作为分界，VGG-19 共有 6 个块结构，每个块结构中的通道数相同。因为卷积层和全连接层都有权重系数，又称权重层，其中卷积层 16 层，全连接 3 层，池化层不涉及权重。所以共有 16+3=19 层。

(4)对于 VGG-19 卷积神经网络而言，其 16 层卷积层和 5 层池化层负责进行特征的提取，最后的 3 层全连接层负责完成分类任务。

2. VGG-19 的卷积核

VGG 使用多个较小卷积核(3×3)的卷积层代替一个卷积核较大的卷积层，一方面可以减少参数，另一方面相当于进行了更多的非线性映射，可以增加网络的拟合能力。卷积层全部都是 3×3 的卷积核，用表 9.2 中的 conv3-xxx 表示，xxx 表示通道数。其步长为 1，用 padding same 填充，池化层的池化核大小为 2×2。

池化层的池化核为 2×2，具体的过程如下：

(1)输入图像尺寸为 224×224×3，经 64 个大小为 3×3 的卷积核 2 次卷积，再经 ReLU 函数激活，输出的尺寸大小为 224×224×64。

(2)经 max pooling(最大化池化)，滤波器为 2×2，步长为 2，图像尺寸减半，池化后的尺寸大小变为 112×112×64。

(3)经 128 个大小为 3×3 的卷积核 2 次卷积，ReLU 函数激活，尺寸变为 112×112×128。

(4)经过和上面相同的池化，尺寸变为 56×56×128。

(5)经 256 个大小为 3×3 的卷积核 4 次卷积，ReLU 函数激活，尺寸变为 56×56×256。

(6)经过和上面相同的池化，尺寸变为 28×28×256。

(7)经 512 个大小为 3×3 的卷积核 4 次卷积，ReLU 函数激活，尺寸变为 28×28×512。

(8)经过和上面相同的池化，尺寸变为 14×14×512。

(9)经 512 个大小为 3×3 的卷积核 4 次卷积，ReLU 函数激活，尺寸变为 14×14×512。

(10)经过和上面相同池化，尺寸变为 7×7×512。

(11)经 Flatten()函数将数据拉平成向量，变成一维 512×7×7=25 088。

(12)再经过两层 1×1×4 096，一层 1×1×1 000 的全连接层(共三层)，经 ReLU 函数激活。

(13)通过 softmax 输出 1 000 个预测结果，在本实验中，最终为 10 个预测结果，因此需要将 1 000 改为 10。

9.2.2 流程设计

本实验使用 VGG-19 模型基于 CIFAR-10 数据集实现图像分类。

第一步：预处理数据集。

第二步：创建 VGG-19 模型。

第三步：训练与测试。

9.2.3 运行环境

本实验在 Python 3.7 下进行。VGG-19 模型使用深度学习框架 Pytorch 进行搭建。

9.2.4 模块实现

1. 数据加载与预处理

用到的数据库依然是 CIFAR-10-Python，使用的训练数据还是第一部分，即随机选取的 10 000 张图片，测试集全部使用。数据的读取和 9.1 中类似，这里不再做过多介绍。在获取到数据后，要为模型的准备输入数据，使用到了 torch.utils.data 中的 DataLoader()函数，同时又自定义了本实验用的数据类 My_Data 和数据预处理模块 data_pre。具体如下：

```
class My_Data(Data.Dataset):
    def __init__(self,data,label,transform=None):
        super(My_Data,self).__init__()
        self.img=data
        self.transform=transform
        self.targets=label
    def __getitem__(self,index):
        img=re_built(self.img[index])
        img=Image.fromarray(img)
        imge=self.transform(img)
        label=self.targets[index]
        return imge,label
    def __len__(self):
        return len(self.img)
def data_pre(train_data,train_label,test_data,test_label):
    train_data_transforms=transforms.Compose([
        transforms.RandomResizedCrop(128),
        transforms.RandomHorizontalFlip(),
        transforms.ToTensor(),
        transforms.Normalize([0.485,0.456,0.406],[0.229,0.224,0.225])]
    )
    val_data_transforms=transforms.Compose([
        transforms.RandomResizedCrop(128),
        transforms.RandomHorizontalFlip(),
        transforms.ToTensor(),
        transforms.Normalize([0.485,0.456,0.406],[0.229,0.224,0.225])
    ])
```

```
    train_data=My_Data(train_data,train_label,train_data_transforms)
    train_data_loader=Data.DataLoader(
        dataset=train_data,
        batch_size=8,
        shuffle=True,
        num_workers=0,
    )
    val_data=My_Data(test_data,test_label,val_data_transforms)
    val_data_loader=Data.DataLoader(
        dataset=val_data,
        batch_size=8,
        shuffle=True,
        num_workers=0,
    )
    print('训练样本数:',train_data.__len__())
    print('验证样本数:',val_data.__len__())
    return train_data_loader,val_data_loader
```

需要注意的是，在使用 transforms.RandomResizedCrop()函数时，分别将图像重构成了 224 和 128 大小的图像作为训练数据，来对比不同数字图像处理结果对实验结果的影响。上述只给出了 128 的代码，其余读者自行修改。

2. 搭建 VGG-19 模型

根据表 9.2 的结构，对 VGG-19 进行构建，具体示例代码如下所示：

```
class My_Vgg19(nn.Module):
    def __init__(self):
        super().__init__()
        self.conv1=nn.Sequential(
            nn.Conv2d(3,64,kernel_size=3,padding=1),
            nn.ReLU(),
            nn.Conv2d(64,64,kernel_size=3,padding=1),
            nn.ReLU(),
            nn.BatchNorm2d(64,eps=1e-5,momentum=0.1,affine=True),
            nn.MaxPool2d(kernel_size=2,stride=2),
        )
        self.conv2=nn.Sequential(
            nn.Conv2d(64,128,kernel_size=3,padding=1),
            nn.ReLU(),
            nn.Conv2d(128,128,kernel_size=3,padding=1),
            nn.ReLU(),
            nn.BatchNorm2d(128,eps=1e-5,momentum=0.1,affine=True),
            nn.MaxPool2d(kernel_size=2,stride=2))
        self.conv3=nn.Sequential(
```

```
            nn.Conv2d(128,256,kernel_size=3,padding=1),
            nn.ReLU(),
            nn.Conv2d(256,256,kernel_size=3,padding=1),
            nn.ReLU(),
            nn.Conv2d(256,256,kernel_size=3,padding=1),
            nn.ReLU(),
            nn.Conv2d(256,256,kernel_size=3,padding=1),
            nn.ReLU(),
            nn.BatchNorm2d(256,eps=1e-5,momentum=0.1,affine=True),
            nn.MaxPool2d(kernel_size=2,stride=2))
        self.conv4=nn.Sequential(
            nn.Conv2d(256,512,kernel_size=3,padding=1),
            nn.ReLU(),
            nn.Conv2d(512,512,kernel_size=3,padding=1),
            nn.ReLU(),
            nn.Conv2d(512,512,kernel_size=3,padding=1),
            nn.ReLU(),
            nn.Conv2d(512,512,kernel_size=3,padding=1),
            nn.ReLU(),
            nn.BatchNorm2d(512,eps=1e-5,momentum=0.1,affine=True),
            nn.MaxPool2d(kernel_size=2,stride=2,padding=1))
        self.conv5=nn.Sequential(
            nn.Conv2d(512,512,kernel_size=3,padding=1),
            nn.ReLU(),
            nn.Conv2d(512,512,kernel_size=3,padding=1),
            nn.ReLU(),
            nn.Conv2d(512,512,kernel_size=3,padding=1),
            nn.ReLU(),
            nn.Conv2d(512,512,kernel_size=3,padding=1),
            nn.ReLU(),
            nn.BatchNorm2d(512,eps=1e-5,momentum=0.1,affine=True),
            nn.MaxPool2d(kernel_size=2,stride=2))
        self.fc1=nn.Sequential(
            nn.Linear(4*4*512,4096),
            nn.Linear(4096,4096),
            nn.Linear(4096,10)
        )
    def forward(self,x):
        x=self.conv1(x)
        x=self.conv2(x)
        x=self.conv3(x)
        x=self.conv4(x)
        x=self.conv5(x)
        x=x.view(x.size(0),-1)
```

```
        output=self.fc1(x)
        return output
```

同时需要注意，上述代码中图像输入大小需要调整为 128＊128 的，如果使用 224×224 的，则需要将 nn.Linear(4＊4＊512,4096)修改成 nn.Linear(7＊7＊512,4096)。训练函数、结果的评价和结果绘图与第 8 章的 VGG-16 模型相同，这里不再过多介绍。

3. 训练与评价

定义上述函数后即可进行模型的训练与评价，示例代码如下：

```
if __name__=='__main__':
    be=time.time()
    train_data,train_label=load_data('data/chapt9/cifar-10-python/cifar-10-batches-py/data_batch_1')
    test_data,test_label=load_data('data/chapt9/cifar-10-python/cifar-10-batches-py/test_batch')
    train_data_loader,val_data_loader=data_pre(train_data,train_label,test_data,test_label)
    epoch=30
    num_classes=10
    device=torch.device("cuda" if torch.cuda.is_available() else "cpu")
    model=My_Vgg19()
    my_vgg=model.to(device)
    optimizer=torch.optim.Adam(my_vgg.parameters(),lr=0.0001)
    loss_func=nn.CrossEntropyLoss()
    train_process=train(my_vgg,train_data_loader,val_data_loader,epoch,optimizer,loss_func,device)
    vs_train(train_process)
```

9.2.5　结果分析

本次实验所训练的数据只使用了第一部分数据，即 10 000 张训练图像、10 000 张测试图像。实验分为两组，分别为将图像大小重置为 128×128 和 224×224 进行实验，结果见表 9.3 和表 9.4。

表 9.3　图像大小重置为 128×128 实验结果

迭代次数	训练损失	训练准确率	测试损失	测试准确率
5	1.893 1	0.290 8	1.875 8	0.305 6
10	1.710 2	0.369 2	1.652 2	0.377 6
15	1.579 8	0.425 7	1.676 1	0.408 8
20	1.423 4	0.486 3	1.428 9	0.482 5
25	1.345 8	0.513 7	1.359 4	0.512 1
30	1.247 3	0.555 6	1.298 7	0.541 9

表9.4 图像大小重置为224×224实验结果

迭代次数	训练损失	训练准确率	测试损失	测试准确率
5	1.941 7	0.277 6	1.859 5	0.289 5
10	1.767 0	0.347 1	1.713 9	0.379 4
15	1.636 5	0.412 5	1.599	0.418 6
20	1.411 1	0.497 5	1.396 8	0.500 7
25	1.283 1	0.540 8	1.339 5	0.529 9
30	1.178 9	0.576 7	1.248 6	0.561 2

VGG-19网络模型凭借着19层的深度和巨大的参数量，具有强大的拟合能力并在图像分类任务上取得了较好的效果，但同时VGG也有部分不足的地方：

(1)在本次实验中训练数据只使用了10 000张图像的情况下，将图像大小重置为224×224时，整个训练过程需要100 min，测试结果较好。将图像大小重置为128×128时，整个训练过程需要50 min，测试结果稍差。综合来看，该模型巨大的参数量导致训练时间过长，调参难度较大。

(2)模型所需内存容量大，当输入图像大小重置为224×224时，模型的权值文件大小为532 MB，当图像大小重置为128×128时，模型的权值文件大小为268 MB。若想将其应用于移动端或嵌入式系统，较为困难。

9.3 基于GoogLeNet的图像分类

虽然VGG-19能够很好地实现图像分类，同时随着网络深度或宽度的增加，结果会越来越好。但同时也会引来其他问题，如梯度消失、过拟合、计算时间长等。基于此GoogLeNet使用系数链接代替全连接和卷积操作，这样就能够大大提高训练效率。

9.3.1 基础理论

GoogLeNet是2014年ILSVRC的冠军模型，GoogLeNet做了更大胆的网络尝试，而不是像VGG继承了LeNet以及AlexNet的一切框架，其框架如图9.6所示。

GoogLeNet的核心改进就是引入了Inception结构，该结构能够在增加网络宽度的同时减少参数，同时增加网络的适应性，从而在增加网络表现的同时不降低资源的使用效率。同时在结构中也可以看到，该网络还使用1×1的卷积核进行降维，添加了两个辅助分类器，并且用平均池化层替代了全连接层。

图9.7给出了Inception模块，图9.7(a)所示为原始结构，图9.7(b)所示为Inception带有降维结构后的图。从中可以看出，Inception结构共有4个分支，这4个分支为并联模式，然后将处理后的数据通过过滤器进行维度上的串联。为了降低维度，在9.7(b)中的3个分支后加上了卷积层，降低数据的度。

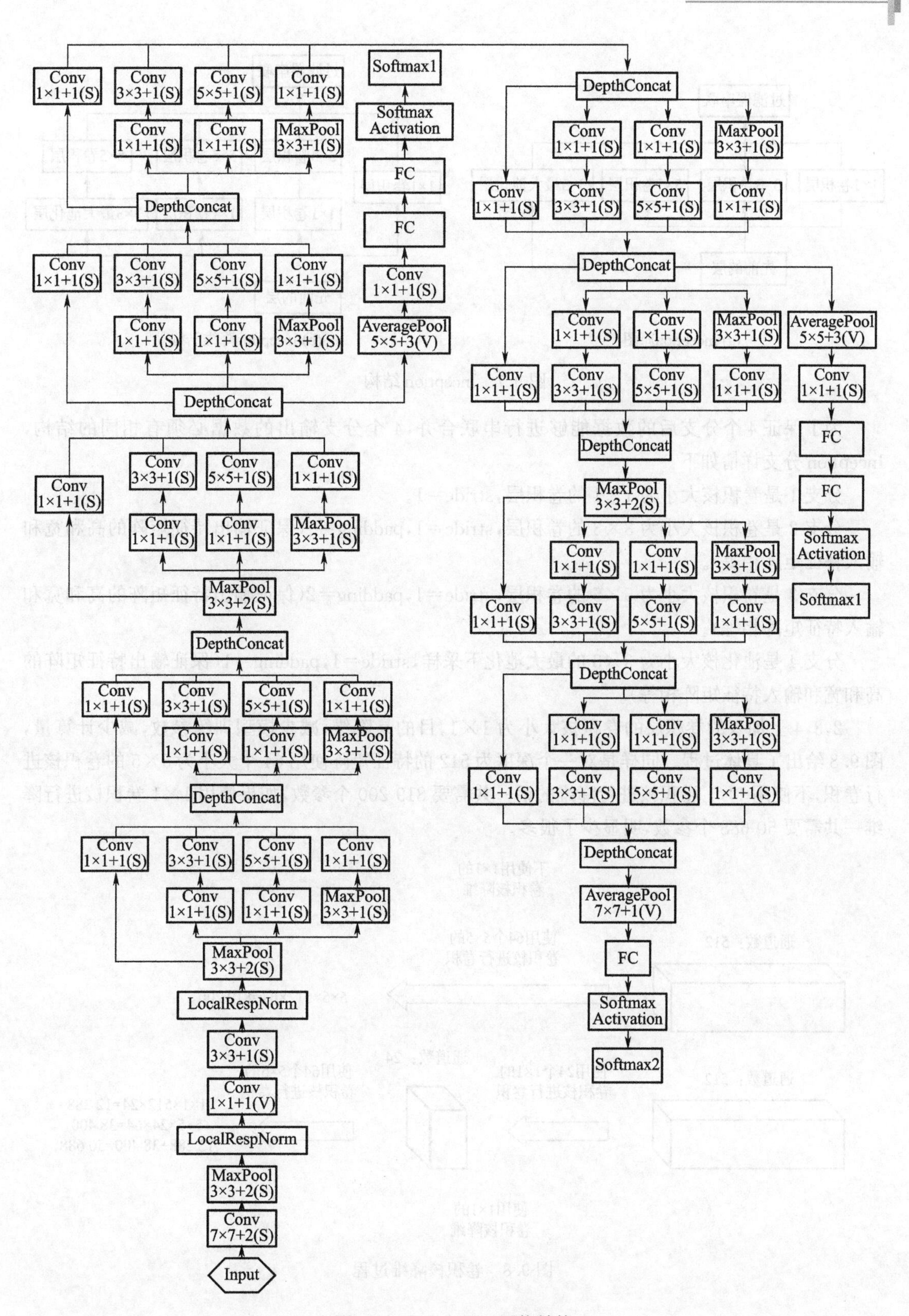

图 9.6　GoogLeNet 网络结构

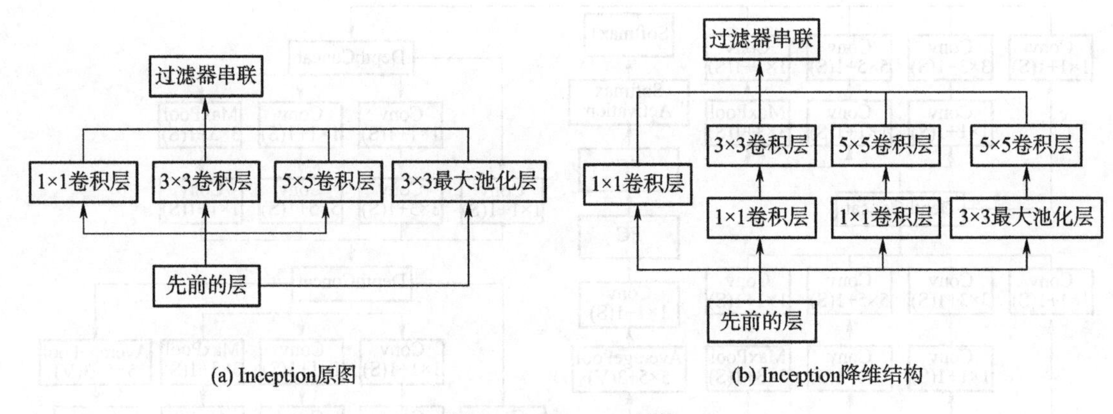

图 9.7 Inception 结构

为了保证 4 个分支后的数据能够进行串联合并,4 个分支输出的数据必须有相同的结构,Inception 分支详情如下:

分支 1 是卷积核大小为 1×1 的卷积层,stride=1。

分支 2 是卷积核大小为 3×3 的卷积层,stride=1,padding=1(保证输出特征矩阵的高和宽和输入特征矩阵相等)。

分支 3 是卷积核大小为 5×5 的卷积层,stride=1,padding=2(保证输出特征矩阵的高和宽和输入特征矩阵相等)。

分支 4 是池化核大小为 3×3 的最大池化下采样,stride=1,padding=1(保证输出特征矩阵的高和宽和输入特征矩阵相等)。

2,3,4 上加入的卷积层的卷积核大小为 1×1,目的是降维,减少模型训练参数,减少计算量,图 9.8 给出了具体过程。同样是对一个深度为 512 的特征矩阵使用 64 个大小为 5×5 的卷积核进行卷积,不使用 1×1 卷积核进行降维的话一共需要 819 200 个参数,如果使用 1×1 卷积核进行降维一共需要 50 688 个参数,明显少了很多。

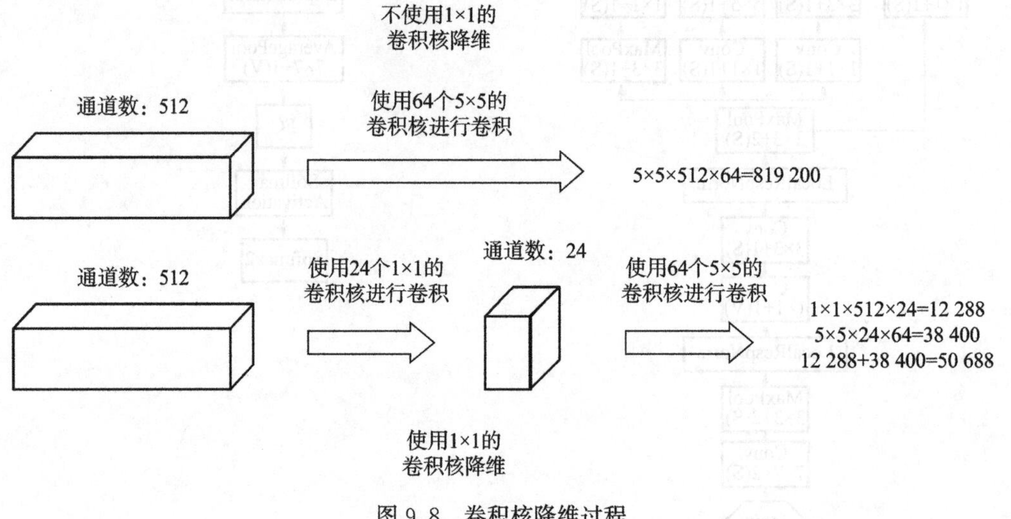

图 9.8 卷积核降维过程

每个卷积层卷积中的具体参数见表 9.5，其中“#3*3 reduce”、“#5*5 reduce”表示在 3×3、5×5 卷积操作之前使用 1×1 卷积的数量。通常搭建的 Inception 模块需要使用到的参数有 #1*1、#3*3reduce、#3*3、#5*5reduce、#5*5、poolproj，这 6 个参数，分别对应着所使用的卷积核个数。

表 9.5　模型参数表

type	Palchsize/stride	Output size	depth	#1*1	#3*3 reduce	#3*3	#5*5 reduce	#5*5	poolprej	params	ops
convolutionm	7×7/2	112×112×64								2.7 K	34 M
max pool	3×3/2	56×56×64	0								
com volution	3×3/1	56×56×192	2		64	192				112 K	360 M
max pool	3×3/2	28×28×192	0								
inception(3a)		28×28×256	2	64	96	128	16	32	32	159 K	128 M
inception(3b)		28×28×480	2	128	128	192	32	96	64	380 K	304 M
max pool	3×3/2	14×14×480	0								
inception(4a)		14×14×512	2	192	96	208	16	48	64	364 K	73 M
inception(4b)		14×14×512	2	160	112	224	24	64	64	437 K	88 M
inception(4c)		14×14×512	2	128	128	256	24	64	64	463 K	100 M
inception(4d)		14×14×528	2	112	144	288	32	64	64	580 K	119 M
inception(4c)		14×14×832	2	256	160	320	32	128	128	S40 K	170 M
max pool	3×3/2	7×7×832	0								
inception(5a)		7×7×832	2	256	160	320	32	128	128	1 072 K	54 M
inception(5b)		7×7×1 024	2	384	192	384	48	128	128	1 388 K	71 M
avg poo	7×7/1	1×1×1 024	0								
dropout(40%)		1×1×1 024	0								
linear		1×1×1 000	1							1 000 K	1 M
soft max		1×1×1 000	0								

如图 9.9 所示，Inception 模块使用到的参数信息标注在每个分支上，其中 #1*1 对应着分支 1 上 1×1 的卷积核个数，#3*3 reduce 对应着分支 2 上 1×1 的卷积核个数，#3*3 对应着分支 2 上 3×3 的卷积核个数，#5*5 reduce 对应着分支 3 上 1×1 的卷积核个数，#5*5 对应着分支 3 上 5×5 的卷积核个数，poolproj 对应着分支 4 上 1×1 的卷积核个数。

两个辅助分类器的输入分别来自 Inception(4a) 和 Inception(4d)。

(1)第一层是一个平均池化下采样层，池化核大小为 5×5，stride=3。

(2)第二层是卷积层，卷积核大小为 1×1，stride=1，卷积核个数是 128。

(3)第三层是全连接层，节点个数是 1 024。

(4)第四层是全连接层，节点个数是 1 000(对应分类的类别个数，本节中该数据为 10)。

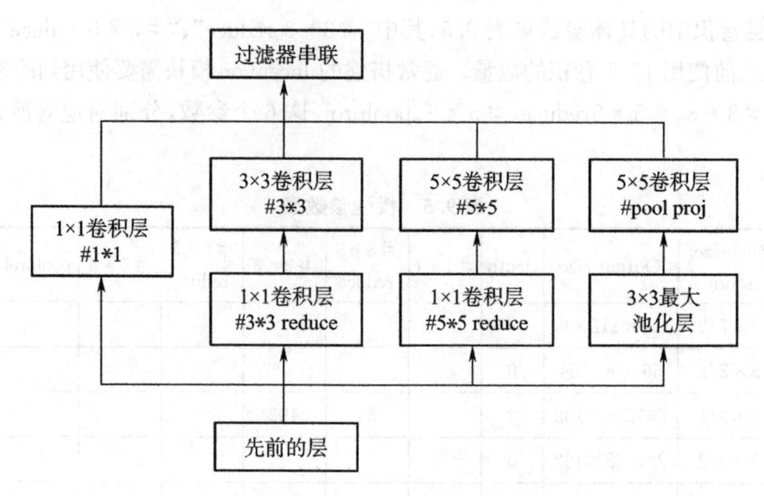

图 9.9 Inception 模块对应参数

9.3.2 流程设计

本实验使用 GoogLeNet 模型基于 CIFAR－10 数据集实现普适物体图像识别。

第一步:预处理数据集。

第二步:创建 GoogLeNet 模型。

第三步:加载数据,训练模型。

第四步:测试模型。

9.3.3 运行环境

本实验在 Python 3.7 下进行。GoogLeNet 模型使用深度学习框架 Pytorch 进行搭建。

9.3.4 模块实现

1. 数据的预处理和加载

数据的预处理和加载和 9.2 节中的数据加载过程相同,同样在数据加载模块将输入图像分别设置为 128×128×3 和 224×224×3。

2. GoogLeNet 模型构建

1)基本卷积

该模型中需要有 1 个卷积加 ReLU 激活函数的基本卷积层结构,定义如下:

```
class BasicConv2d(nn.Module):
    def __init__(self,in_channels,out_channels,**kwargs):
        super(BasicConv2d,self).__init__()
        self.conv=nn.Conv2d(in_channels,out_channels,**kwargs)
        self.relu=nn.ReLU(inplace=True)
    def forward(self,x):
        x=self.conv(x)
        x=self.relu(x)
        return x
```

2)Inception 结构

该结构由 4 个分支构成,本实验中使用的是 Inception v1,即对应图 9.9 的结构。定义函数如下:

```
class Inception(nn.Module):
    def __init__(self,in_channels,ch1,ch3r,ch3,ch5r,ch5,pj):
        super(Inception,self).__init__()
        self.branch1=BasicConv2d(in_channels,ch1,kernel_size=1)
        self.branch2=nn.Sequential(
            BasicConv2d(in_channels,ch3r,kernel_size=1),
            BasicConv2d(ch3r,ch3,kernel_size=3,padding=1)
        )
        self.branch3=nn.Sequential(
            BasicConv2d(in_channels,ch5r,kernel_size=1),
            BasicConv2d(ch5r,ch5,kernel_size=5,padding=2)
        )
        self.branch4=nn.Sequential(
            nn.MaxPool2d(kernel_size=3,stride=1,padding=1),
            BasicConv2d(in_channels,pj,kernel_size=1)
        )
    def forward(self,x):
        out1=self.branch1(x)
        out2=self.branch2(x)
        out3=self.branch3(x)
        out4=self.branch4(x)
        return torch.cat([out1,out2,out3,out4],1)
```

3)辅助分类器

辅助分类器在训练时起作用,会产生两个损失,按照 0.3 的权重加到总损失中,优化训练效果。在测试时,辅助分类器不工作。定义如下:

```
class InceptionAux(nn.Module):
    def __init__(self,in_channels,num):
        super(InceptionAux,self).__init__()
        self.part1=nn.Sequential(
        nn.AvgPool2d(kernel_size=5,stride=3),
        BasicConv2d(in_channels,128,kernel_size=1)
        )
        self.partfc=nn.Sequential(
            nn.Dropout(0.5),
            nn.Linear(2048,1024),
            nn.Dropout(0.5),
            nn.Linear(1024,num)
        )
    def forward(self,x):
```

```
        x=self.part1(x)
        out=self.fc(x)
        return out
```

4)模型构建

定义好上述类后,即可构建网络,示例代码如下:

```
class GoogLeNet(nn.Module):
    def __init__(self,num_classes=10,aux_logits=True,init_weights=True):
        super(GoogLeNet,self).__init__()
        self.aux_logits=aux_logits
        self.part1=nn.Sequential(
            BasicConv2d(3,64,kernel_size=7,stride=2,padding=3),
            nn.MaxPool2d(3,stride=2,ceil_mode=True)
        )
        self.part2=nn.Sequential(
            BasicConv2d(64,64,kernel_size=1),
            BasicConv2d(64,192,kernel_size=3,padding=1),
            nn.MaxPool2d(3,stride=2,ceil_mode=True)
        )
        self.part3=nn.Sequential(
            Inception(192,64,96,128,16,32,32),
            Inception(256,128,128,192,32,96,64),
            nn.MaxPool2d(3,stride=2,ceil_mode=True)
        )
        self.inception=Inception(480,192,96,208,16,48,64)
        self.part4=nn.Sequential(
            Inception(512,160,112,224,24,64,64),
            Inception(512,128,128,256,24,64,64),
            Inception(512,112,144,288,32,64,64),
        )
        self.inception1=Inception(528,256,160,320,32,128,128)
        self.part5=nn.Sequential(
            nn.MaxPool2d(3,stride=2,ceil_mode=True),
            Inception(832,256,160,320,32,128,128),
            Inception(832,384,192,384,48,128,128)
        )
        if self.aux_logits:
            self.aux1=InceptionAux(512,num_classes)
            self.aux2=InceptionAux(528,num_classes)
        self.avgpool=nn.AdaptiveAvgPool2d((1,1))
        self.part6=nn.Sequential(
            nn.Dropout(0.4),
            nn.Linear(1024,num_classes),
        )
```

```
        if init_weights:
            self._initialize_weights()
    def forward(self,x):
        x=self.part1(x)
        x=self.part2(x)
        x=self.part3(x)
        x=self.inception(x)
        if self.training and self.aux_logits:
            aux1=self.aux1(x)
        x=self.part4(x)
        if self.training and self.aux_logits:
            aux2=self.aux2(x)
        x=self.part5(x)
        x=self.avgpool(x)
        x=torch.flatten(x,1)
        out=self.part6(x)
        if self.training and self.aux_logits:
            return out,aux2,aux1
        return out
    def _initialize_weights(self):
        for m in self.modules():
            if isinstance(m,nn.Conv2d):
                nn.init.kaiming_normal_(m.weight,mode='fan_out',nonlinearity='relu')
                if m.bias is not None:
                nn.init.constant_(m.bias,0)
            elif isinstance(m,nn.Linear):
                nn.init.normal_(m.weight,0,0.01)
                nn.init.constant_(m.bias,0)
```

3. 训练和测试

构建模型后即可进行训练和测试，其过程和 9.2 节中的相同，这里不再进行介绍。

9.3.5　结果分析

实验总共分为 4 组：

(1)重置图像大小为 128×128×3 作为输入，无初始化模型权重进行实验，迭代次数为 30，优化器使用 adam，学习率为 0.000 1。

(2)重置图像大小为 128×128×3 作为输入，初始化模型权重进行实验，迭代次数为 30，优化器使用 adam，学习率为 0.000 1。

(3)重置图像大小为 224×224×3 作为输入，无初始化模型权重进行实验，迭代次数为 30，优化器使用 adam，学习率为 0.000 1。

(4)重置图像大小为 224×224×3 作为输入，初始化模型权重进行实验，迭代次数为 30，优化器使用 adam，学习率为 0.000 1。

结果分别见表 9.6 至表 9.9。

表 9.6 重置图像大小为 128×128 无初始化权重实验结果

迭代次数	训练损失	训练准确率	测试损失	测试准确率
5	3.018 0	0.289 1	1.857 1	0.287 7
10	2.738 9	0.367 1	1.682 0	0.365 4
15	2.528 0	0.426 7	1.562 5	0.423 9
20	2.323 6	0.479 4	1.506 5	0.453 3
25	2.184 8	0.513 2	1.357 4	0.503 7
30	2.009 5	0.551 9	1.286 6	0.542 0

表 9.7 重置图像大小为 128×128 初始化权重实验结果

迭代次数	训练损失	训练准确率	测试损失	测试准确率
5	2.736 9	0.367 0	1.669 9	0.385 5
10	2.353 7	0.471 2	1.438 4	0.480 2
15	2.119 4	0.534 3	1.414 8	0.488 9
20	1.955 6	0.573 2	1.362 7	0.523 8
25	1.811 8	0.614	1.219 9	0.571 8
30	1.729 1	0.634	1.198 9	0.582 0

表 9.8 重置图像大小为 224×224 无初始化权重实验结果

迭代次数	训练损失	训练准确率	测试损失	测试准确率
5	2.908 4	0.318 4	1.772 0	0.323 1
10	2.607 7	0.391 8	1.600 6	0.401 7
15	2.362 0	0.466 7	1.477 0	0.466 6
20	2.200 2	0.509 0	1.422 9	0.485 9
25	2.050 6	0.545 1	1.324 8	0.525 1
30	1.913 3	0.577 0	1.276 6	0.546 0

表 9.9 重置图像大小为 224×224 初始化权重实验结果

迭代次数	训练损失	训练准确率	测试损失	测试准确率
5	2.728 8	0.355 3	1.616 4	0.394 7
10	2.344 6	0.470 7	1.454 3	0.474 9
15	2.072 5	0.541 7	1.283 1	0.540 4
20	1.889 3	0.589 2	1.259 4	0.551 2
25	1.740 9	0.626 4	1.163 8	0.587 0
30	1.632 4	0.657 5	1.204 3	0.594 6

第 1 组实验用时约 53 min,训练好的模型参数存储大小为 27.4 MB;第 2 组实验用时约 54 min,

训练好的模型参数存储大小为 27.4 MB；第 3 组实验用时约 58 min，训练好的模型参数存储大小为 39.4 MB；第 4 组实验用时约 59 min，训练好的模型参数存储大小为 39.4 MB。相对于 VGG-19 来说，GoogLeNet 只在一半时间内完成训练测试，同时模型参数存储所需大小不足其十分之一。同时从表中所列数据还可以发现，GoogLeNet 拥有更好的测试结果。

综上所述，得出以下结论：

(1)权重初始后能够获得更好的训练和测试效果。

(2)重置输入图像大小为 224×224×3 的训练效果略好于重置为 128×128×3。

(3)GoogLeNet 在本实验中综合性能优于 VGG-19。

习　题

更换图像数据，实现对不同类别图像的分类。

第 10 章 目标检测实验

目标检测是计算机视觉的重点研究内容之一，目的是能够在图片中找到目标物体所在位置，并对位置进行标注或者提取。本章以目标检测为学习对象，以实例的形式对目标检测理论和实现进行学习。

10.1 基于 HOG+SVM 的目标检测

前期的目标检测研究中，比较典型的是基于 SVM 的目标检测，之后随着 HOG 特征的加入，目标检测的准确程度得到了提升。

目标检测基本框架通常分为三步：

(1)选定感兴趣区域，即选出若干个可能存在目标的区域。

(2)特征提取，提取感兴趣区域的特征，为后续判断做好准备。

(3)检测分类，通过特征判断是否为目标区域。

在深度神经网络广泛应用之前，通常采用滑动窗口加模型分类的方法进行目标检测，即利用滑块选定感兴趣区域，然后把问题变成分类问题，去判断每个区域是不是目标。下面以 HOG+SVM 方法为例展示传统的目标检测方法。

10.1.1 HOG

HOG(Histogram of Oriented Gradients，方向梯度直方图)是一种提取图像数据特征的特征描述子，其通过图像局部的梯度方向来构成，统计图像局部梯度方向的出现次数，使用梯度的大小和角度计算特征。

获取要计算 HOG 特征的输入图像，需要计算图像的梯度，梯度的计算类似于空域锐化滤波，不过此时需要考虑大小和角度。在水平和垂直方向各有一个梯度，梯度的大小通过差分的方式计算，即每个方向上的梯度通过当前像素点在每个方向上的前后灰度值来计算：

$$G_x = f(x+1, y) - f(x-1, y) \tag{10.1}$$

$$G_y = f(x, y+1) - f(x, y-1) \tag{10.2}$$

其中，G_x 为水平方向梯度，G_y 为垂直方向梯度，$f(x,y)$为坐标(x,y)下的灰度值。得到两个方向的梯度后，继续使用下面的公式计算每个像素梯度的大小和角度：

$$G_{(x,y)} = \sqrt{G_x^2 + G_y^2} \tag{10.3}$$

$$\theta = \arctan\frac{G_y}{G_x} \tag{10.4}$$

接下来需要将图像划分成若干个 8×8 的块，此时每个块中包含 128 个值(每个像素点有梯度的大小和角度)。计算获得每个块的梯度直方图,此时的梯度直方图中只有 9 个值,因为根据每个灰度值梯度的角度,将所有值划分到了 9 个区间,区间划分如图 10.1 所示。从图中可以看出,每个区间的范围为 20 度。而图中的每个角度,对应的是最终 9 个值的具体位置。

梯度值									
区间(角度)	0	20	40	60	80	100	120	140	160

图 10.1　直方图示例

因为每个块的大小为 8×8,分别有 64 个梯度大小和角度,要将这些数据以角度为标准,划分到 9 个区间,获得 9 个值。每个区间最终的值并不是简单对应关系,而是要看实际的角度和区间角度大小关系,具体过程如下:

(1)根据梯度的角度确定该梯度所处区间。

(2)计算梯度角度与所属区间和下一区间的距离。

(3)将梯度值大小根据距离比例增加到对应区间。

图 10.2 截取的 8×8 块的第一行数据,说明了 9 区间直方图的计算,从中可以看出梯度直方图计算的基本过程。第一个位置角度为 80 梯度为 2,那么梯度值将直接增加到区间为 80 度的地方;第二个位置角度为 30 梯度为 6,该角度离区间 20 度的距离为 10,离区间 30 度的距离为 10 ,因此该梯度大小被均分,即在区间为 20 度的增加值增加 3,区间为 40 度的值也增加 3。

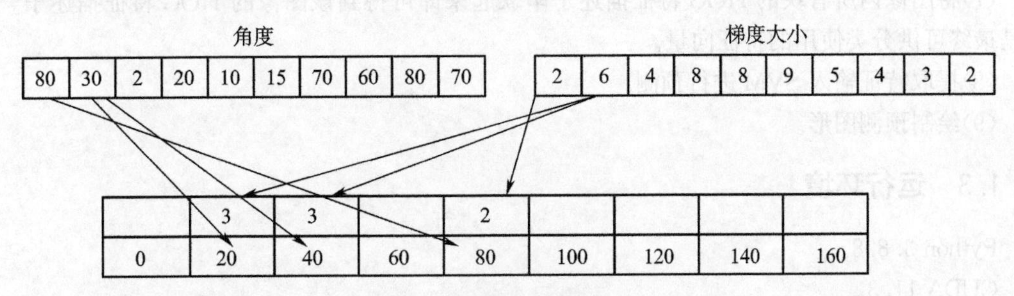

图 10.2　梯度直方图计算

接下来需要进行梯度大小归一化,通常是把若干个 8×8 的块组合成大的、空间上连通的区域,然后计算该区域的 HOG 特征。从中可以看出,这些大的、空间上连通的区域是会重叠的,因此每个 8×8 块会多次出现在最后的特征向量中。

常见示例中的图像大小为 128×64,选择 2×2 个 8×8 的块作为大的连通区域进行归一化,即 16×16 的大区域。对于一个大区域中的所有 4 个单元,将每个组成单元的所有 9 个点直方图连接起来,形成一个 36 维特征向量,如式 10.5 所示。

$$\boldsymbol{t}=(b_1,b_2,b_3,\cdots,b_{36}) \tag{10.5}$$

其中,b_i 指特征值。然后对每个区域的值 $f_i(i=1,2,\cdots)$由 L2 范数归一化:

$$f_i=\frac{f_i}{\sqrt{\|f_i\|^2+\varepsilon}} \tag{10.6}$$

其中,ε 是为避免零除法误差而设置,通常设为 1.0×10^{-5}。

此时,在每个大区域中,有 36 个点的特征向量。对于小为 128×64 的图像,水平方向有 7 个块,垂直方向有 15 个块。最终,获得总长度为 3 780(7×15×36)的 HOG 特征。如图 10.3 所示,左边的图像为原始图像,右边的图像为 HOG 特征图像。

10.1.2 流程设计

HOG 特征提取的步骤如下:

(1)图像灰度化。

(2)采用 Gamma 校正法对输入图像进行颜色空间的标准化(归一化);目的是调节图像的对比度,降低图像局部的阴影和光照变化所造成的影响,同时可以抑制噪声的干扰。

(3)计算图像每个像素的梯度(包括大小和方向);主要是为了捕获轮廓信息,同时进一步弱化光照的干扰。

图 10.3 HOG 特征图片

(4)切割图像为多个单元。

(5)统计每个单元的梯度直方图,即可形成每个单元的描述子。

(6)将每几个单元组成一个块,一个块内所有单元的特征描述子串联起来便得到该块的 HOG 特征描述子。

(7)将图像内所有块的 HOG 特征描述子串联起来即可得到该图像的 HOG 特征描述子。这就是最终可供分类使用的特征向量。

(8)提取特征输入 SVM 进行预测。

(9)绘制预测图形。

10.1.3 运行环境

Python 3.8.8。

CUDA 11.3。

Pytorch 1.8.1+cu111。

GPU:NVIDIA Tesla P100。

10.1.4 模块实现

整个实验分为训练和测试两个阶段,训练模块分别利用原始图像数据和 HOG 特征训练两个模型,测试阶段分别使用两个模型对图像进行目标检测。包含数据加载、模型训练、图片检测、滑块设计、重叠块面积计算、非极大值抑制、确定检测块、检测结果展示。

1. 数据加载

本次实验中分别使用了图像的原始数据和 HOG 对模型进行训练,因此加载的数据包括图像本身和 HOG 特征。定义了数据加载函数 data_loader()、特征提取函数 get_feat()、特征加载函数 feat_loader()。示例代码如下:

```
def data_loader(train_path):
    p_data_lists=glob.glob(os.path.join(train_path,'pos*'))
```

```
    n_data_lists=glob.glob(os.path.join(train_path,'neg*'))
    data,label=[],[]
    for p_path in p_data_lists:
        img=cv2.imread(p_path,0)
        data.append(img.flatten())
        label.append(1)
    for n_path in n_data_lists:
        img=cv2.imread(n_path,0)
        data.append(img.flatten())
        label.append(0)
    return data,label
def get_feat(train_path,feat_p_path,feat_n_path):
    p_lists=glob.glob(os.path.join(train_path,'pos*'))
    n_lists=glob.glob(os.path.join(train_path,'neg*'))
    for p_path in p_lists:
        p_img=cv2.imread(p_path,0)
        p_hog=hog(p_img)
        feat_p_name=os.path.splitext(os.path.basename(p_path))[0]+'.feat'
        joblib.dump(p_hog,os.path.join(feat_p_path,feat_p_name))
    for n_path in n_lists:
        n_img=cv2.imread(n_path,0)
        n_hog=hog(n_img)
        feat_n_name=os.path.splitext(os.path.basename(n_path))[0]+'.feat'
        joblib.dump(n_hog,os.path.join(feat_n_path,feat_n_name))
def feat_loader(feat_p_path,feat_n_path):
    train_feat_p=glob.glob(os.path.join(feat_p_path,'*.feat'))
    train_feat_n=glob.glob(os.path.join(feat_n_path,'*.feat'))
    feater,label=[],[]
    for feat_p in train_feat_p:
        feat_p_data=joblib.load(feat_p)
        feater.append(feat_p_data)
        label.append(1)
    for feat_n in train_feat_n:
        feat_n_data=joblib.load(feat_n)
        feater.append(feat_n_data)
        label.append(0)
    return feater,label
```

2. 模型训练

模型训练时要将两种数据训练模型分别保存，以保证后面的测试时使用。训练示例代码如下：

```
def train(kind):
    if kind=='hot':
```

```
        train_path='data/chapt10/exp01/CarData/TrainImages'
        feat_p_path='data/chapt10/exp01/features/pos'
        feat_n_path='data/chapt10/exp01/features/neg'
        get_feat(train_path,feat_p_path,feat_n_path)
        train_data,train_label=feat_loader(feat_p_path,feat_n_path)
        clf=LinearSVC()          # 线性 SVM
        clf.fit(train_data,train_label)
        model_path='data/chapt10/exp01/model'
        joblib.dump(clf,os.path.join(model_path,'svm_feature.model'))
    elif kind=='original':
        train_path='data/chapt10/exp01/CarData/TrainImages'
        train_data,train_label=data_loader(train_path)
        clf=LinearSVC()          # 线性 SVM
        clf.fit(train_data,train_label)
        model_path='data/chapt10/exp01/model'
        joblib.dump(clf,os.path.join(model_path,'svm_original.model'))
```

3. 图像检测

该模块用来将图片进行目标检测，是综合模块，下面的模块都属于该模块的子块。示例代码如下：

```
def dect_img(kind):
    window=(40,100)
    step=(5,5)
    img=cv2.imread('data/chapt10/exp01/CarData/TestImages/test-8.pgm',0)
    plt.imshow(img,'gray')
    plt.show()
    downscale=1.5
    if kind=='hog':
        model_path='data/chapt10/exp01/model/svm_feature.model'
        detections=find_boxs(img,window,step,model_path,downscale,'hog')
        draw_box(img,detections,NMS=False)
        detections_nms=NMS(detections,0.2)
        draw_box(img,detections_nms,NMS=True)
    elif kind=='original':
        model_path='data/chapt10/exp01/model/svm_original.model'
        detections=find_boxs(img,window,step,model_path,downscale,'original')
        draw_box(img,detections,NMS=False)
        detections_nms=NMS(detections,0.2)
        draw_box(img,detections_nms,NMS=True)
```

4. 滑块设计

滑动窗口通过扫描较大图像的较小区域来解决定位问题，进而在同一图像的不同尺度下重复扫描。示例代码如下：

```
def slid_box(img,box,step):
    for row in range(0,img.shape[0],step[0]):
        for col in range(0,img.shape[1],step[1]):
            yield(row,col,img[row:row+box[0],col:col+box[1]])
```

5. 重叠块面积计算

该模块用来计算两个块重叠区域占两个块面积的比例，如果大于阈值就舍弃，如果小于阈值就保留。示例代码如下：

```
def over_area(box1,box2):
    x_o=max(0,min(box1[0]+box1[3],box2[0]+box2[3])-max(box1[0],box2[0]))
    y_o=max(0,min(box1[1]+box1[4],box2[1]+box2[4])-max(box1[1],box2[1]))
    o_area=x_o*y_o
    area1=box1[3]*box2[4]
    area2=box2[3]*box2[4]
    total_area=area1+area2-o_area
    return o_area/total_area
```

6. 非极大值抑制

该模块通过重叠块面积占比，用非极大值抑制方法把不适合的块剔除掉。示例代码如下：

```
def NMS(det_box,threshold=0.5):
    if len(det_box)==0:
        return []
    det_boxs=sorted(det_box,key=lambda det_box: det_box[2],reverse=True)
    get_boxs=[]
    get_boxs.append(det_boxs[0])
    del det_boxs[0]
    for index,box in enumerate(det_boxs):
        overlapping_small=True
        for new_detection in get_boxs:
            if over_area(box,new_detection)>threshold:
                overlapping_small=False
                del det_boxs[index]
                break
        if overlapping_small:
            get_boxs.append(box)
            del det_boxs[index]
    return get_boxs
```

7. 确定检测块

该模块使用训练好的模型对图像进行检测，找到目标块，该模块的输出是非极大值抑制模块的输入。示例代码如下：

```
def find_boxs(src,box,step,model_path,downscale,kind):
    image=src.copy()
    det_boxs=[]
```

```
        scale=0
        model=joblib.load(model_path)
        for img in pyramid_gaussian(image,downscale=downscale):
            if img.shape[0]<box[0] or img.shape[1]<box[1]:
                break
            for(row,col,s_image) in slid_box(img,box,step):
                if s_image.shape!=box:
                    continue
                if kind=='hog':
                    s_image_hog=hog(s_image)
                elif kind=='original':
                    s_image_hog=s_image
                s_image_hog=s_image_hog.reshape(1,-1)
                pred=model.predict(s_image_hog)
                if pred==1:
                    pred_prob=model.decision_function(s_image_hog)
                    box_h,box_w=box

                    det_boxs.append((int(col*downscale**scale),int(row*downscale*
*scale),pred_prob,int(box_w*downscale**scale),int(box_h*downscale**scale)))
            scale+=1
            return det_boxs
```

8. 检测结果展示

该模块将图片的目标块在图像上进行标识,示例代码如下:

```
def draw_box(src,det_boxs,NMS):
    image_detect=src.copy()
    for box in det_boxs:
        cv2.rectangle(image_detect,(box[0],box[1]),
                             (box[0]+box[3],box[1]+box[4]),  color=(255,255,255))
    if NMS==False:
        plt.title('without NMS')
        plt.imshow(image_detect,'gray')
        plt.show()
    else:
        plt.title('NMS')
        plt.imshow(image_detect,'gray')
        plt.show()
```

上述各模块建立好后,给出主函数,实现目标检测训练的测试。训练代码如下:

```
import joblib
from sklearn.svm import LinearSVC
import os
import glob
```

```
from skimage.feature import hog
import cv2
if __name__=='__main__':
    dect_img('original')
    dect_img('hog')
```

测试代码如下：

```
import matplotlib.pyplot as plt
import joblib
import os
from skimage.feature import hog
from skimage.transform import pyramid_gaussian
import cv2
if __name__=='__main__':
    dect_img('original')
    dect_img('hog')
```

10.1.5　结果分析

本实验使用的图像数据为 UIUC Image Database for Car Detection，用来实现汽车的目标检测。以原始图像数据为训练数据训练的 SVM 模型对图像的测试结果如图 10.4 所示。以 HOG 特征为训练数据训练的 SVM 模型对图像的测试结果如图 10.5 所示。

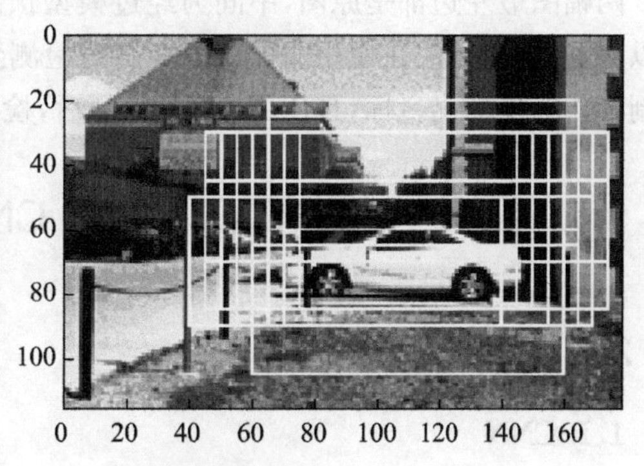

图 10.4　原始数据训练模型测试结果

图 10.5 HOG训练模型测试结果

两幅图最左边都是原图,中间为经过模型预测的目标,右边为经过非极大值抑制效果。从中可以看到,两种方法在使用非极大值抑制时检测到的目标块是很多个交互的区域,经过非极大值抑制都能够检测出目标,且使用 HOG 特征后,检测结果更加准确。

10.2 基于 CNN 的目标检测

10.2.1 基础理论

1. R-CNN

Regions with CNN features(R-CNN),是目标检测领域首次引入 CNN 的方法,由加州大学伯克利分校的一组研究人员提出。传统的对象检测技术遵循图 10.6 中给出的 3 个主要步骤。

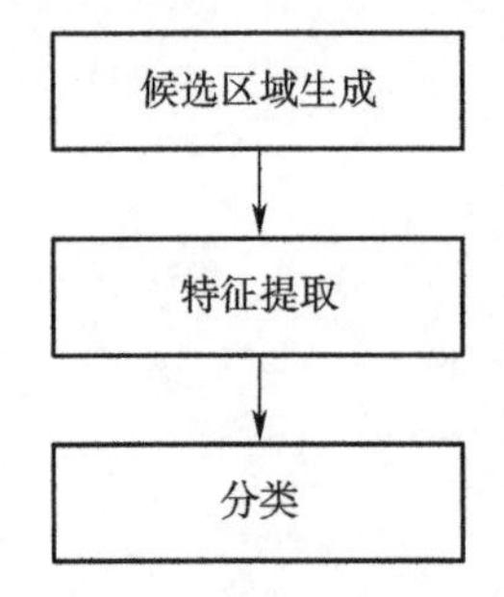

图 10.6 目标检测流程图

第一步涉及生成几个候选区域。这些候选区域是可能在其中包含对象的候选框。这些区域的数量通常为数千个。例如,从每个候选区域中,使用各种图像描述符(如 HOG)提取固定长度的特征向量。该特征向量对于目标检测器的成功至关重要。向量应该充分描述一个对象,即使它由于某些变换(如缩放或平移)而发生变化。然后使用特征向量将每个候选区域识别为背景类或对象类之一。随着种类数量的增加,构建可以区分所有这些对象的模型的复杂性也会增加。用于对候选区域进行分类的流行模型之一是支持向量机(SVM)。

R-CNN 的主要贡献只是第一次基于卷积神经网络(CNN)提取特征,除此之外,一切都类似于传统的目标检测流程。如图 10.7 所示,R-CNN 由三个模块组成:选择性搜索算法生成类别独立的候选区域、从各个区域提取固定长度特征向量的大型卷积神经网络、一组类别特定的线性 SVM 分类器进行分类。但是由于 R-CNN 每个阶段都是独立的模块,不能实现端到端的训练,而且选择性搜索算法的使用以及每个候选区域都独立地输入到 CNN 以进行特征提取,这使得运行时需要大量时间,将 R-CNN 作为一个实时运行的模型是十分困难的。图 10.7 给出了 R-CNN 的基本流程。

2. Fast R-CNN

Fast R-CNN 由 Facebook AI 研究员和前微软研究员 Ross Girshick 单独开发。Fast R-CNN 克服了 R－CNN 中的几个问题。顾名思义,Fast R-CNN 相对于 R－CNN 的一个优势是它的速度。

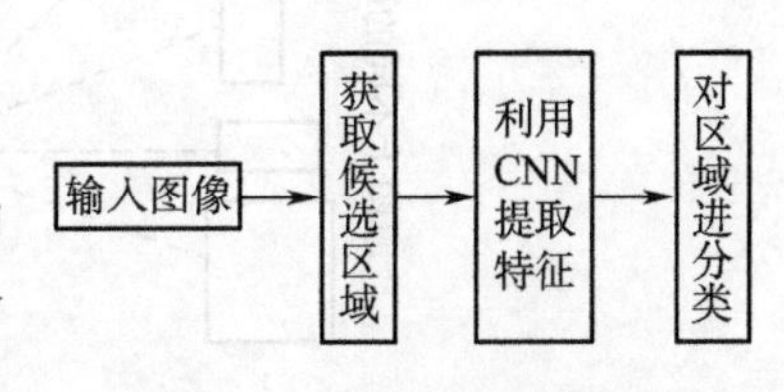

图 10.7 R-CNN 的流程图

该方法类似于 R-CNN。但是,Fast R-CNN 没有将候选区域输入给 CNN,而是将输入图像输入给 CNN 以生成卷积特征图。从卷积特征图中,模型识别出候选区域,并通过使用 Region of interest pooling(RoI 池化层)从同一图像的所有候选区域中提取等长的特征向量,以便可以将其输入全连接层。最后使用 softmax 层预测候选区域的类别以及边界框的偏移值。与 R-CNN 中的 3 个阶段相比,该模型由一个阶段组成。它只接受图像作为输入并返回检测到的对象的类别概率和边界框偏移值。最后一个卷积层的特征图被输入到 RoI 池化层。目的是从每个候选区域中提取一个固定长度的特征向量。RoI 池化层通过将每个候选区域分成一个单元格网格来工作,将最大池化应用于网格中的每个单元格以返回单个值。图 10.8 给出了 Fast R-CNN 的基本流程。

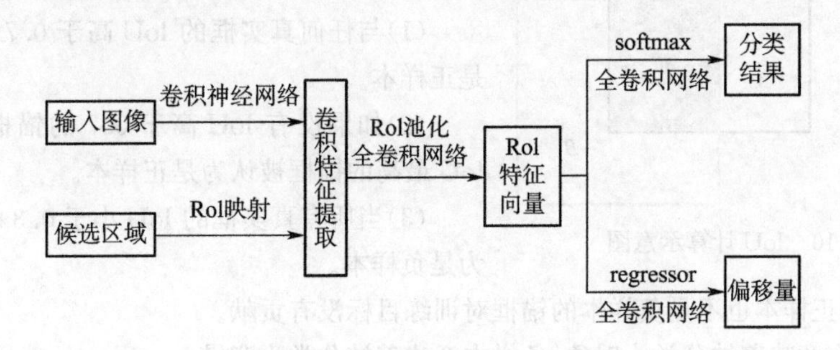

图 10.8 Fast R-CNN 的流程图

因为 Fast R-CNN 在所有候选区域之间共享计算,每个图像只进行一次卷积操作,并从中生成特征图,而不是独立地为每个候选区域进行计算。这使得 Fast R-CNN 比 R-CNN 更快。

3. RPN 网络

RPN 网络根据检测任务进行训练和定制的网络生成候选区域。同时 RPN 使用 Fast R-CNN 网络中使用的相同卷积层处理图像。因此,与选择性搜索等算法相比,RPN 不需要额外的时间来生成候选区域。由于共享相同的卷积层,RPN 和 Fast R-CNN 可以统一到一个网络中。

RPN 处理从与 Fast R-CNN 共享的最后一个卷积层返回的输出特征图。如图 10.9 所示,基于大小为 $n\times n$ 的矩形滑动窗口通过特征图,对于每个窗口,以中心点为中心使用 k 锚框(anchor box)生成不同尺度的候选区域,因为对于输出特征图中的每个点,网络必须了解输入图像中相应位置是否存在对象并估计其大小,因此使用了具有不同大小和纵横比的锚框,其结构如图 10.9 所示,针对每个特征图像的点,k 个锚框对应 $2k$ 个得分(背景和前景),$4k$ 个坐标对应的是区域偏移坐标。

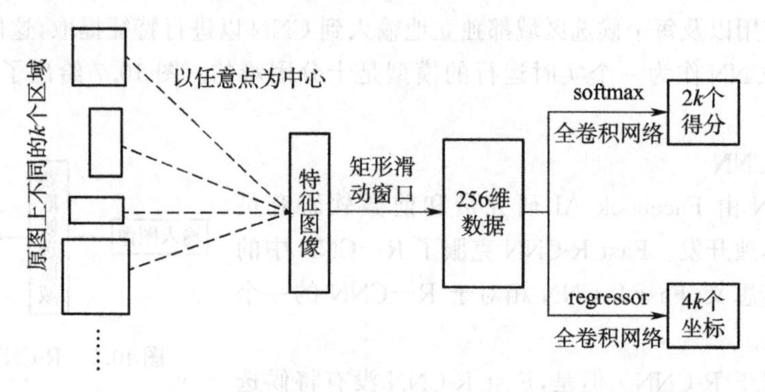

图 10.9 RPN 结构图

接下来对于每个候选区域,提取一个特征向量输送到两个同级全连接层。cls 表示一个二元分类器,判断该区域是否包含对象,还是背景的一部分。reg 返回一个定义区域边界框的向量。

为了训练 RPN,每个锚点都基于交并集(Intersection-over-Union,IoU)给予分数。IoU 是锚框和真实框相交面积与两个框的并集面积之比,如图 10.10 所示。其中 IoU∈[0,1],当没有交集时,IoU 为 0,随着两个框彼此靠近,IoU 会增加到 1,也就是两个框完全重合之时。

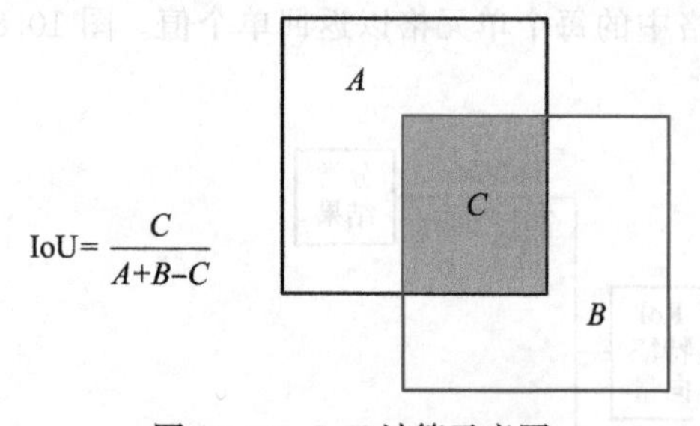

图 10.10 IoU 计算示意图

接下来在 4 个条件下根据 IoU 确定锚框是正样本还是负样本:

(1)与任何真实框的 IoU 高于 0.7 的锚框被认为是正样本。

(2)如果没有 IoU 高于 0.7 的锚框,则真实框的 IoU 最高的锚框被认为是正样本。

(3)当所有真实框的 IoU 小于 0.3 时,锚框将被认为是负样本。

(4)既不是正样本也不是负样本的锚框对训练目标没有贡献。

其中正样本意味着被分类为对象,负样本意味着被分类为背景。

10.2.2 流程设计

(1)加载 VOC 数据集并进行预处理。

(2)传入特征提取网络(backbone),得到特征图。

(3)特征图传入 PRN 网络。

(4)特征图信息以及 RPN 的输出传入 Roi_heads,即由 ROI pooling、Two MLPHead、Fast RCNN Predictor 以及 Post process Detections 组成的结构。

(5)将 bbox 信息绘制到原图。

10.2.3 运行环境

Python 3.8.8。

CUDA 11.3。

Pytorch 1.8.1+cu111。

GPU:NVIDIA Tesla P100。

10.2.4 模块实现

1. 数据预处理

VOC原始数据集的标注信息是xml格式的,为了方便检索数据集,首先预处理数据集。

xml是标签嵌套的标记语言,目标检测的标记信息包含在<object>标签下,如图10.11所示。

```
<object>
    <name>horse</name>
    <pose>Rear</pose>
    <truncated>0</truncated>
    <difficult>0</difficult>
    <bndbox>
        <xmin>87</xmin>
        <ymin>97</ymin>
        <xmax>258</xmax>
        <ymax>427</ymax>
    </bndbox>
</object>
```

图10.11 标签示例

使用xml.etree.ElementTree模块解析xml脚本,遍历脚本中所有的<object>标签,如果当前标注的物体类别包含在voc_classes.txt中,则将其标注信息写入到txt中,否则不写入。

```
import xml.etree.ElementTree as ET
classes_path='model_data/voc_classes.txt'
def convert_xml2txt(year,image_id,list_file):
    xml_path=os.path.join(VOCdevkit_path,'VOC%s/Annotations/%s.xml'%(year,image_id))
    file=open(xml_path,encoding='utf-8')
    tree=ET.parse(file)
    root=tree.getroot()
    objs=root.iter('object')

    for obj in objs:
        difficult=0
        if obj.find('difficult')!=None:
            difficult=obj.find('difficult').text
        item=obj.find('name').text
        if item not in classes or int(difficult)==1:
            continue
        cls_id=classes.index(item)
        xmlbox=obj.find('bndbox')
        b=(int(float(xmlbox.find('xmin').text)),int(float(xmlbox.find('ymin').text)),int
(float(xmlbox.find('xmax').text)),int(float(xmlbox.find('ymax').text)))
        list_file.write(" "+",".join([str(a) for a in b])+','+str(cls_id))

        nums[classes.index(item)]=nums[classes.index(item)]+1
```

2. 模型设计

Faster R-CNN 的特征提取器是可选的,可以使用多种不同的迁移模型,这里考虑使用 VGG 和 ResNet。

首先使用特征提取器获得图片特征图,然后经过 RPN 网络获得候选框,最后获得分类结果和回归结果。主要示例代码如下:

```
from nets.classifier import Resnet50RoIHead,VGG16RoIHead
from nets.rpn import RegionProposalNetwork

class FasterRCNN(nn.Module):
    def __init__(self,  num_classes,
                        mode="training",
                        feat_stride=16,
                        anchor_scales=[8,16,32],
                        ratios=[0.5,1,2],
                        backbone='vgg',
                        pretrained=False):
        super(FasterRCNN,self).__init__()
        self.feat_stride=feat_stride

        if backbone=='vgg':
            self.extractor,classifier=decom_vgg16(pretrained)
            self.rpn=RegionProposalNetwork(
                512,512,
                ratios=ratios,
                anchor_scales=anchor_scales,
                feat_stride=self.feat_stride,
                mode=mode
            )
            self.head=VGG16RoIHead(
                n_class=num_classes+1,
                roi_size=7,
                spatial_scale=1,
                classifier=classifier
            )
        elif backbone=='resnet50':
            self.extractor,classifier=resnet50(pretrained)
            self.rpn=RegionProposalNetwork(
                1024,512,
                ratios=ratios,
                anchor_scales=anchor_scales,
                feat_stride=self.feat_stride,
                mode=mode
            )
```

```
                self.head=Resnet50RoIHead(
                        n_class=num_classes+1,
                        roi_size=14,
                        spatial_scale=1,
                        classifier=classifier
                )

        def forward(self,x,scale=1):
            img_size=x.shape[2:]
            base_feature=self.extractor.forward(x)
            _,_,rois,roi_indices,_=self.rpn.forward(base_feature,img_size,scale)
            roi_cls_locs,roi_scores=self.head.forward(base_feature,rois,roi_indi-
ces,img_size)
            return roi_cls_locs,roi_scores,rois,roi_indices
```

对于RPN模块,首先通过一个3×3的卷积做特征整合,然后回归预测对先验框进行调整并分类判断其内部是否包含物体,最后生成锚框。在实际训练时只需要rois、roi_indices与锚框相关的参数。其主要代码如下:

```
    class ProposalCreator():
        def __init__(
            self,
            mode,
            nms_iou=0.7,
            n_train_pre_nms=12000,
            n_train_post_nms=600,
            n_test_pre_nms=3000,
            n_test_post_nms=300,
            min_size=16

        ):
            self.mode=mode
            self.nms_iou=nms_iou
            self.n_train_pre_nms=n_train_pre_nms
            self.n_train_post_nms=n_train_post_nms
            self.n_test_pre_nms=n_test_pre_nms
            self.n_test_post_nms=n_test_post_nms
            self.min_size=min_size

        def __call__(self,loc,score,anchor,img_size,scale=1.):
            if self.mode=="training":
                n_pre_nms=self.n_train_pre_nms
                n_post_nms=self.n_train_post_nms
            else:
                n_pre_nms=self.n_test_pre_nms
```

```
                n_post_nms=self.n_test_post_nms

            anchor=torch.from_numpy(anchor).type_as(loc)
            roi=loc2bbox(anchor,loc)
            roi[:,[0,2]]=torch.clamp(roi[:,[0,2]],min=0,max=img_size[1])
            roi[:,[1,3]]=torch.clamp(roi[:,[1,3]],min=0,max=img_size[0])

            min_size=self.min_size*scale
            keep=torch.where(((roi[:,2]-roi[:,0])>=min_size) &((roi[:,3]-roi[:,1])
>=min_size))[0]
            roi=roi[keep,:]
            score=score[keep]
            order=torch.argsort(score,descending=True)
            if n_pre_nms>0:
                order=order[:n_pre_nms]
            roi=roi[order,:]
            score=score[order]
            keep=nms(roi,score,self.nms_iou)
            if len(keep)<n_post_nms:
                index_extra=np.random.choice(range(len(keep)),size=(n_post_nms
-len(keep)),replace=True)
                keep=torch.cat([keep,keep[index_extra]])
            keep=keep[:n_post_nms]
            roi=roi[keep]
            return roi

    class RegionProposalNetwork(nn.Module):
        def __init__(
            self,
            in_channels=512,
            mid_channels=512,
            ratios=[0.5,1,2],
            anchor_scales=[8,16,32],
            feat_stride=16,
            mode="training",
        ):
            super(RegionProposalNetwork,self).__init__()
            self.anchor_base=generate_anchor_base(anchor_scales=anchor_scales,
ratios=ratios)
            n_anchor=self.anchor_base.shape[0]

            self.conv1=nn.Conv2d(in_channels,mid_channels,3,1,1)
            self.score=nn.Conv2d(mid_channels,n_anchor*2,1,1,0)
            self.loc=nn.Conv2d(mid_channels,n_anchor*4,1,1,0)
```

```
            self.feat_stride=feat_stride
            self.proposal_layer=ProposalCreator(mode)
            normal_init(self.conv1,0,0.01)
            normal_init(self.score,0,0.01)
            normal_init(self.loc,0,0.01)

        def forward(self,x,img_size,scale=1.):
            n,_,h,w=x.shape
            x=F.relu(self.conv1(x))
            rpn_locs=self.loc(x)
            rpn_locs=rpn_locs.permute(0,2,3,1).contiguous().view(n,-1,4)
            rpn_scores=self.score(x)
            rpn_scores=rpn_scores.permute(0,2,3,1).contiguous().view(n,-1,2)
            rpn_softmax_scores=F.softmax(rpn_scores,dim=-1)
            rpn_fg_scores=rpn_softmax_scores[:,:,1].contiguous()
            rpn_fg_scores=rpn_fg_scores.view(n,-1)
            anchor=_enumerate_shifted_anchor(np.array(self.anchor_base),self.feat
_stride,h,w)
            rois=list()
            roi_indices=list()
            for i in range(n):
                  roi=self.proposal_layer(rpn_locs[i],rpn_fg_scores[i],anchor,img
_size,scale=scale)
                  batch_index=i*torch.ones((len(roi),))
                  rois.append(roi.unsqueeze(0))
                  roi_indices.append(batch_index.unsqueeze(0))
            rois=torch.cat(rois,dim=0).type_as(x)
            roi_indices=torch.cat(roi_indices,dim=0).type_as(x)
            anchor=torch.from_numpy(anchor).unsqueeze(0).float().to(x.device)
            return rpn_locs,rpn_scores,rois,roi_indices,anchor

    def normal_init(m,mean,stddev,truncated=False):
        if truncated:
            m.weight.data.normal_().fmod_(2).mul_(stddev).add_(mean)
        else:
            m.weight.data.normal_(mean,stddev)
            m.bias.data.zero_()
```

分类器以 VGG 构成的网络为例，这里使用 Pytorch 的 torchvision.ops 提供的 RoI Pooling，最后通过分类器获得预测结果。示例代码如下：

```
    from torchvision.ops import RoIPool
    class VGG16RoIHead(nn.Module):
        def __init__(self,n_class,roi_size,spatial_scale,classifier):
            super(VGG16RoIHead,self).__init__()
```

```
        self.classifier=classifier
        self.cls_loc=nn.Linear(4096,n_class*4)
        self.score=nn.Linear(4096,n_class)
        normal_init(self.cls_loc,0,0.001)
        normal_init(self.score,0,0.01)
        self.roi=RoIPool((roi_size,roi_size),spatial_scale)

    def forward(self,x,rois,roi_indices,img_size):
        n,_,_,_=x.shape
        if x.is_cuda:
            roi_indices=roi_indices.cuda()
            rois=rois.cuda()
        rois=torch.flatten(rois,0,1)
        roi_indices=torch.flatten(roi_indices,0,1)
        rois_feature_map=torch.zeros_like(rois)
        rois_feature_map[:,[0,2]]=rois[:,[0,2]]/img_size[1]*x.size()[3]
        rois_feature_map[:,[1,3]]=rois[:,[1,3]]/img_size[0]*x.size()[2]
        indices_and_rois=torch.cat([roi_indices[:,None],rois_feature_map],dim=1)
        pool=self.roi(x,indices_and_rois)
        pool=pool.view(pool.size(0),-1)
        fc7=self.classifier(pool)
        roi_cls_locs=self.cls_loc(fc7)
        roi_scores=self.score(fc7)
        roi_cls_locs=roi_cls_locs.view(n,-1,roi_cls_locs.size(1))
        roi_scores=roi_scores.view(n,-1,roi_scores.size(1))
        return roi_cls_locs,roi_scores
```

目标检测结果如图 10.12 所示。

图 10.12 目标检测结果示例

10.2.5 结果分析

以mAP作为评价指标，在使用VGG16模型训练和测试时，batch_size设为24，学习率为0.01，衰减率为10，训练50轮(Epoch)的情况下，结果如图10.13所示。从图中可以看到，随着迭代次数的不断增加，训练和测试数据的损失(Loss)都在逐渐降低，在50轮训练后，测试集损失低于1.15，训练集接近于0.95。同时mAP接近76%，说明能够较好地实现目标检测。

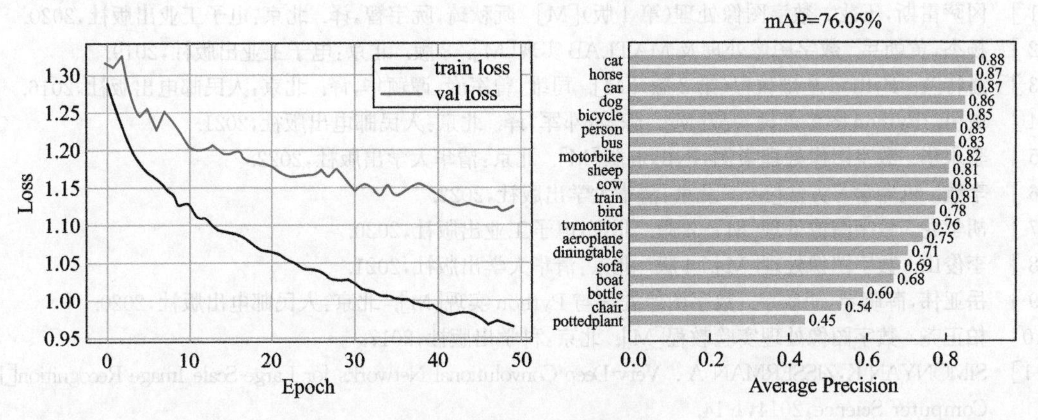

图10.13 第50轮训练结果

习 题

对图像进行图像增强后实现目标的检测。

参 考 文 献

[1] 冈萨雷斯,伍兹. 数字图像处理(第4版)[M]. 阮秋琦,阮宇智,译. 北京:电子工业出版社,2020.

[2] 杨杰,黄朝兵. 数字图像处理及MATLAB实现[M]. 3版. 北京:电子工业出版社,2019.

[3] 赫特兰. Python基础教程(第2版)[M]. 司维,曾军崴,谭颖华,译. 北京:人民邮电出版社,2016.

[4] 戴伊. Python图像处理实战[M]. 陈盈,邓军,译. 北京:人民邮电出版社,2021.

[5] 李永华. 数字图像处理案例:Python版[M]. 北京:清华大学出版社,2022.

[6] 李航. 机器学习方法[M]. 北京:清华大学出版社,2022.

[7] 胡学龙. 数字图像处理[M]. 4版. 北京:电子工业出版社,2020.

[8] 李俊山. 数字图像处理[M]. 4版. 北京:清华大学出版社,2021.

[9] 岳亚伟,薛晓琴,胡欣宇. 数字图像处理与Python实现[M]. 北京:人民邮电出版社,2020.

[10] 柏正尧. 数字图像处理实验教程[M]. 北京:科学出版社,2017.

[11] SIMONYAN K,ZISSERMAN A. Very Deep Convolutional Networks for Large-Scale Image Recognition[J]. Computer Science,2014,1-14.

[12] SZEGEDY C,LIU W,JIA Y,et al. Going Deeper with Convolutions[J]. IEEE Computer Society,2014,1-9.

[13] 王琳. 基于HOG和SVM的车辆检测算法研究[D]. 武汉:华中科技大学,2017.

[14] ZHU C,HE Y,SAVVIDES M. Feature Selective Anchor-Free Module for Single-Shot Object Detection[C]//2019 IEEE/CVF Conference on Computer Vision and Pattern Recognition (CVPR). IEEE,2019.

[15] GIRSHICK R,DONAHUE J,DARRELL T,et al. Rich Feature Hierarchies for Accurate Object Detection and Semantic Segmentation[J]. IEEE Computer Society,2014.

[16] GIRSHICK R. Fast R-CNN[C].//International Conference on Computer Vision. IEEE Computer Society,2015,169.

[17] REN S,HE K,GIRSHICK R,et al. Faster R-CNN: Towards Real-Time Object Detection with Region Proposal Networks[J]. IEEE Transactions on Pattern Analysis & Machine Intelligence,2017,39(6):1137-1149.

[18] LIN T Y,DOLLAR P,GIRSHICK R,et al. Feature Pyramid Networks for Object Detection[J]. IEEE Computer Society,2017,1-10.

[19] LIN T Y,GOYAL P,GIRSHICK R,et al. Focal Loss for Dense Object Detection[J]. IEEE Transactions on Pattern Analysis & Machine Intelligence,2017,99:2999-3007.